中国城市规划学会学术成果
“中国城乡规划实施理论与典型案例”系列丛书第7卷
总 主 编：李锦生
副总主编：叶裕民

存量规划背景下的规划实践探索

戴小平　李　庆　许良华　王薇然　陈义勇　著

中国建筑工业出版社

图书在版编目（CIP）数据

深圳存量规划背景下的规划实践探索 / 戴小平等著
. —北京：中国建筑工业出版社，2022.1
（“中国城乡规划实施理论与典型案例”系列丛书 / 李锦生总主编；第 7 卷）
ISBN 978-7-112-26616-6

Ⅰ. ①深… Ⅱ. ①戴… Ⅲ. ①城市规划—研究—深圳
Ⅳ. ① TU984.265.3

中国版本图书馆 CIP 数据核字（2021）第 190131 号

责任编辑：李　鸽　陈小娟
责任校对：张　颖

“中国城乡规划实施理论与典型案例”系列丛书第 7 卷
总主编：李锦生　副总主编：叶裕民
深圳存量规划背景下的规划实践探索
戴小平　李　庆　许良华　王薇然　陈义勇　著
*
中国建筑工业出版社出版、发行（北京海淀三里河路 9 号）
各地新华书店、建筑书店经销
北京方舟正佳图文设计有限公司制版
北京中科印刷有限公司印刷
*
开本：787 毫米 × 1092 毫米　1 / 16　印张：14¾　字数：309 千字
2022 年 1 月第一版　2022 年 1 月第一次印刷
定价：**98.00** 元
ISBN 978-7-112-26616-6
（37995）

序

一、规划实施与政策执行

改革开放 40 多年来，我国由农业和乡村大国发展成为工业化和城市化大国，经历了世界史上规模最大、内容最丰富、受益人口最多的现代化进程。城乡规划始终对我国多区域、多层次的工业化和城市化起着重要的战略引领和空间支撑作用，并逐渐积累了丰富的实践，形成了具有特色的理论体系、法律法规体系、教育体系和人才体系，特别是在中国城乡规划实施领域，产生了大量的创新实践，描绘出绚烂的中国故事。

今年是中国共产党成立 100 周年，是全面建设社会主义现代化国家新征程起步之年，也是我国构建国土空间开发与资源保护新格局的关键之年。我国整体规划架构以及规划治理的制度与政策正在发生重大转型，规划实施面临新的巨大挑战。

空间规划是具有战略性的公共政策。根据政策过程理论，规划实施过程就是公共政策执行的过程。公共政策执行可能受到来自三方面的挑战：

第一，政策制订缺陷。政策本身的不足意味着政策执行可能失败。这包括政策制订对政治形势判断失误，缺乏关注利益相关者的利益诉求，没有充分核算政策执行所需要的资源要素条件等。为避免政策制订缺陷成为政策执行障碍，必须在政策制订阶段就高度关注后续政策执行中可能产生的诸多问题。可以说，政策执行始于政策制订。

第二，政策过程的开放性和包容性不足。现代社会中，各种利益相关者相互依赖、互相依存，这也增加了公共管理者执行政策的复杂性和脆弱性。如果政策制订过程中，利益相关者不能充分地参与博弈、表达诉求，那么政策执行时就可能会缺乏必要的行政或者政治的支持，或者自上而下地仅限于来自政策发起的层级政府机构的支持。而事实上，基层政府和社会公众才是政策成功执行的关键，当他们对于被要求执行的政策缺乏了解，或者认为政策无法体现其自身利益时，就会以多种方式抵制政策执行，甚至会导致政策执行终止。

第三，政策执行能力不足。执行能力不足会导致操作困难，导致计划停留在纸面上。为了促进政策执行，必须要有相应能力的储备和建设，其中包括人力、财力、制度的准备，以及确保政府间合作的一致性，回应社会群体对政策执行反馈的社会性能力等。其中，来自政府间合作的挑战最为严峻，需要解决合作中可能产生的对部门权力的挑战、目标和手段的多部门冲突与妥协，以及如何共享信息和资源，如何联合行动等一系列艰难的问题。

空间规划作为公共政策，其实施难题与政策执行挑战具有高度的一致性。

一个规划，可否得到顺利实施，并取得良好实施效果，首先取决于该规划的科学性与合理性，取决于规划是否充分考虑了规划实施过程中可能出现的一系列难题，并尽可能将其解决方案体现在规划中，这些难题包括新型空间规划制度的建立，空间规划如何处理好发展与保护的关系、中央和地方的关系、当前与未来的关系，如何在规划方案中体现新时代我国人民对生活的美好追求，如何建构空间规划实施的监督和评估体系等。

其次，空间规划有效实施取决于规划编制和实施过程中多方合作的广度与深度，在逐步走向包容和开放的规划制度下，如果建立了多元利益群体（包括多部门，多层级政府，特别是基层政府、内部差异巨大的市场和社会公众）透明化和规则化的合作博弈制度，那么，各利益群体可以在规划中达成更加持续、稳定的妥协，从而有利于促进规划实施；否则，可能在规划实施过程中演变为激烈的利益冲突，成为阻碍规划实施的关键要素。

再次，空间规划实施过程中如何处理好与其他领域空间性规划的关系，如何处理好全国性空间规划与地方性规划的传导机制，也都是规划实施需要深入探讨和研究的重大学术课题。

二、规划实施学术委员会的系列成果

改革开放以来，我国处于前所未有的快速发展和剧烈变化之中，理论研究长期滞后于实践发展的需要。规划实施与诸多领域的发展一样，许多地方的实践创新先于理论探索。为了满足地方规划实施对理论和前沿经验学习与研究的需要，中国城市规划学会规划实施学术委员会致力于总结地方规划实施的前沿经验，其学术成果以三个系列公开出版，已出版的案例受到业内广泛欢迎和热情鼓励。

第一，专著系列，以专著的形式连续出版“中国城乡规划实施理论与典型案例”系列丛书。专著以每年年会所在城市的成功案例为主，包括该时期典型的具有推广和参考价值的其他规划实施案例，对每个案例的背景、理论基础、实践过程进行深入解析，并提炼可供推广的经验。迄今为止，已经正式出版了1 ～ 6 卷：《广州可实施性村庄规划编制探索》《诗画乡村——成都乡村规划实施实践》《广东绿道规划与实施治理》《珠海社区体育公园规划建设探索》《深圳市存量更新规划实施探索：整村统筹土地整备模式与实务》《深圳土地整备：理论解析与实践经验》。7 ～ 10 卷正在编辑出版过程中：《深圳存量规划背景下的规划实践探索》《深圳坪山城市投融资规划的探索与实践》《南京城市更新规划建设实践探索》《北京首钢老工业区转型发展与规划实践》。我们会继续努力坚持，至少一年完成一个优秀案例总结，分享给读者，为朋友们带去全国规划实施的前沿理论探索与典型经验。也欢迎全国各地的优秀规划实践案例加入本套系列丛书。

第二，“中国城乡规划实施研究——历届全国规划实施学术研讨会成果集”，基于每年规划实施学术委员会全国征集论文，并通过专家评审，对严格筛选出来的论文集合出版，迄今为止已经于 2014—2021 年出版了 8 册。

第三，《城市规划》杂志上开辟的《城乡实施》专栏。该专栏以定向邀请和投稿相结合，对典型案例进行学理或者法理的深入解析，向读者传递遇到同类问题的思考方式和解决问题的路径，成果形成论文。该专栏始于 2016 年 1 月，每季度第一期（每年 1、4、7、10 月）正式发表，迄今为止，已经顺利刊登了 13 期。

感谢中国城市规划学会给予城乡规划实施学术委员会以发展的空间，特别是学会常务副理事长兼秘书长石楠教授对学委会热情关注、学术指导和工作支持！感谢学委会各位委员坚持不懈的努力，才有我们三个系列案例研究成果的持续出版！感谢中国人民大学公共管理学院规划与管理系、广州市国土规划委、成都市规划局、深圳城市规划学会、北京市规划设计研究院、武汉市土地利用和城市空间规划研究中心、珠海市自然资源局与珠海市规划设计研究院、南京市规划和自然资源局，这些单位分别承办了学委会第 1 ~ 8 届年会“中国城乡规划实施学术研讨会”，并付出了大量辛勤劳动！感谢给学委会年会投稿和参加会议的同仁朋友们，你们对学委会的肯定与交流的热情是我们工作最大的动力！感谢多年来所有关心和支持学委会的领导、专家、规划师和各位朋友，希望我们分享的成果可以对大家有所帮助。

三、深圳坪山案例及其贡献

本次深圳坪山规划和自然资源研究中心推出两本专著：一本是戴小平、李庆、许良华等著的《深圳存量规划背景下的规划实践探索》，另一本是戴小平、古维迎等著的《深圳坪山城市投融资规划的探索与实践》，两本专著都探讨当前深圳存量发展背景下的规划实施经验。

改革开放 40 多年来城乡面貌发生巨大变迁，国家经济实力和居民生活水平得到大幅提高，全国开启工业化和城镇化发展的后半期，工业化由资本拉动转向创新驱动时代，人的发展成为新时代的新动能；城镇化由增量扩张转向存量优化时代，存量更新成为新时代城市高质量发展的战略选择。深圳作为我国改革开放的排头兵，以其独特的制度优势和资源禀赋，又一次率先探索城市系统更新之路，提出综合整治、功能改变、拆除重建、土地整备等适应于不同基础条件的多元城市存量更新模式，并于 2012 年实现了城市存量供地占供地总量的 56%，首次超过新增用地供应，标志着深圳进入存量用地供给为主的新阶段，城市进入高质量发展新时代。

坪山区位于深圳东部，远离城市核心区，社会经济发展起步晚、速度快。一方面，城市建成区已初具规模，但多为村民自发建设的厂房、城中村，建设品质不高，但密度不低。另一方面，以城中村为主的存量城区社会经济面貌落后，产业亟待转型升级、基础设施和公共服务设施严重不足、大量蓝绿生态空间被违法建设侵占，基础设施及社会民生投资需求巨大。近年来坪山区社会经济的快速发展和成功转型即始于这样的大背景下。不同于深圳市早期在一张白纸上开展的城市规划，坪山区在已建成土地上的存量规划和实施路径，对新时期存量城市规划编制与实施具有重要启示。

深圳市坪山规划和自然资源研究中心是坪山区直辖事业单位，系统参与了近年坪山城市发展的一系列重要规划，并在规划编制方法和推动规划实施方面开展了许多探索。如面对城中村地区错综复杂的产权关系问题，坪山探索“整村统筹”的土地整备办法，系统解决城中村发展及历史遗留问题，其后试点经验得以总结为公共政策并推广到全市。针对城市规划与建设缺乏有效统筹、大量急需的基础设施和公共设施项目实施难、土地财政亟须破局、增量扩展难以为继等问题，坪山探索了存量背景下的投融资规划模式，通过制定综合投融资方案，架起了城市规划和建设、开发项目和资金，以及政府和企业之间合作的桥梁。针对城市更新中存在碎片化开发、开发商挑肥拣瘦、蓝绿空间和遗产保护缺位等困境，坪山的规划师们又提出“片区统筹”的创新性规划思路，通过空间统筹重新划定单元边界，通过利益统筹确定各单元内配套要求及开发量，有效推动存量地区连片更新和公共利益用地供给。针对由原村集体转型的新型社区发展问题，坪山规划工作中探索了社区由半城市化向城市现代化发展、由被动管理向自我治理韧性发展、由对立割裂向社会融合发展的社区转型规划。此外，针对规划近远期实施失序、基础教育设施短缺、地名混乱无序、边界地争议影响统一开发等方面问题，坪山都进行了卓有成效的探索与创新。

规划实施学术委员会很早就注意到坪山的探索工作，这些基于存量背景下的一系列空间规划及不同类型案例，对于我国其他城市的存量开发具有启示和借鉴作用。因此，我们呼吁坪山的规划师们对规划编制及实施推进机制进行系统总结，推广深圳坪山的经验和做法。此次戴小平主任领衔推出的两部著作，正是对学委会呼吁的积极回应！

《深圳存量规划背景下的规划实践探索》（丛书第7卷）一书，以存量规划编制实践为主题，精选了21个不同类型的规划实施案例，分为总体规划实施、专项规划实施、片区统筹实施、土地整备利益统筹、社区规划实施五部分。这些案例探讨了存量开发背景下，坪山如何因应存量城市发展问题，编制面向实施的规划方案，在规划编制过程中如何统筹考虑空间、利益、产权等方面的关系，如何推动规划有效实施的工作机制。存量时代遇到的规划实施问题是全国城市政府面临的普遍性问题。希望坪山规划实施案例对其他地区的二次开发和高质量发展具有示范和启示价值。

《深圳坪山城市投融资规划的探索与实践》（丛书第8卷）一书，介绍了在城市发展依赖存量用地、财政资源有限的背景下，坪山的城市投融资规划实践。投融资规划通过对各项规划解析与资源统筹，架起了城市经济社会发展目标与城市建设项目的桥梁。坪山投融资规划致力于打通各项城市资源与城市建设融资的渠道，优化利用各项城市资源，高效引入各项投资，重点解决区级政府事权项目资金问题。投融资规划在服务城市经济社会发展、推动存量地区土地二次开发、改善基础设施和公共服务设施等民生保障工作中都取得了明显成效。

感谢戴小平等作者付出的艰辛努力！希望这两本专著能帮助全国规划同仁深入理解深圳存量更新规划的实施模式，并借鉴其宝贵经验，服务于各城市的发展需要，促进我国城市高质量发展。

请朋友们多提宝贵意见。对于规划实施学术委员会三个系列的所有案例成果，大家有任何意见，或者希望讨论的问题，可以随时联系秘书处，邮件地址为imp@planning.org.cn。

李锦生 叶裕民

2021年10月

前言

城市规划重在实施。

只有通过规划的实施，才能全面而完整地实现规划的意图、内容和目标，规划对城市建设和发展的作用才能得到实现。可以说，城市规划的所有相关内容——规划的编制、规划的管理以及城市规划各项制度的建设，都应当从推动城市规划实施的要求出发来进行建构，这些都是推动规划走向实施的必备条件。

诚然，城市规划实施面临诸多难题。很多“高大上”的发展蓝图在实施中可能遇到资金问题，震撼的效果图可能最终沦为“墙上挂挂”。一些规划在制定实施方案时，才发现各种矛盾冲突与不接地气，不得不重新制定。各种规划也在不断修编中，甚至上一轮规划刚获批准，下一轮规划修编就已开始。有人说计划赶不上变化，但这些问题，归根结底还是规划编制本身的问题，即在规划编制过程中没有充分考虑规划实施的可行性、社会经济形势变化、实施策略、政策支持、经费保障等，未能编制出既面向未来又面向实施、方便落地的规划方案。

进入存量时代，城市规划的可实施性愈发重要。已建成的老旧小区改造、城中村改造、工业区更新、历史文化区保护与综合整治等，成为必须面对的现实问题。规划方案的编制不再是一张白纸绘蓝图，而是需要在已开发建成的土地上，统筹考虑原业主利益、公共利益、开发者利益，形成综合效益最大化、各方可接受的方案。

深圳城市发展率先进入存量时代。深圳是一个人口大市、经济大市，也是一个名副其实的土地小市，管理人口超过 2000 万，但市域陆地面积仅 1952km^2，其中建设用地仅占一半，几乎全部形成了城市建成区，剩余一半为不适宜建设的基本生态控制线区域。2012 年，深圳市存量土地供应首次超过新增供地，标志着深圳已步入以存量土地开发为主的发展阶段。然而相较于新增建设用地，存量土地开发面临更为复杂、盘根错节的利益分配难题，成为城市规划实施的最大障碍。特别是教育、医疗、文化、体育等各类公益设施，涉及人民群众的根本福祉，但落地难度极大。

作为深圳东部中心，坪山区总面积 166km^2，东邻惠州市大亚湾区、惠阳区，是深圳市向东辐射粤东北地区的战略门户。在龙岗区坪山镇、坑梓镇、深圳大工业区的基础上，2010 年设立坪山新区，2017 年进一步升级为行政区。近十年来，坪山是深圳市人口和经济增长最快的区之一。2019 年末常住人口约 46.3 万，管理人口约 80 万，户籍人口 9 万；实现 GDP 761 亿元，是 2009 年的 5 倍。但近十年来，坪山的城市建设基本在已建成的土地上进行二次开发。新区成立之初，坪山约 80km^2 的建设用地上，基本铺满了各式的城中村、旧屋村和旧工业厂房，政府掌握的国有土地很少，空地更少。

在存量土地开发的大背景下，坪山的城市规划及实施面临着土地征转补偿、违法建筑、教育医疗等公共设施不足、公园绿地及公共空间难成体系等现实问题。特区前 30 年的快速发展，还遗留了土地和建筑产权、管理、利益等各种历史遗留问题。如何在坪山已基本建成的土地上，紧抓深圳城市快速发展的历史机遇，化解土地的各种矛盾和历史遗留问题，制定科学、合理、面向实施的城市规划，指导城市的高质量跨越式发展，是坪山城市规划工作面临的重大问题。

深圳市坪山规划和自然资源研究中心（以下简称“研究中心”，原名为坪山区规划国土事务中心，2020 年更为该名）即在这样的城市发展大背景下成立，致力于在城市规划建设和自然资源保护利用等方面加快推动发展战略、规划计划、法律法规、政策措施等的研究转化运用，为城市和区域发展、经济社会发展、空间规划布局、自然资源、公共服务等提供专业技术支撑。研究中心系统参与了深圳、坪山存量用地开发一系列重要规划计划、政策法规等的调研论证，且密切跟踪、服务相关存量用地规划的实施，曾组织编写了《深圳市存量更新规划实施探索：整村统筹土地整备模式与实务》等著作，多次荣获广东省、深圳市优秀城乡规划设计奖，是深圳城市规划建设领域一支以实施规划和实施政策为技术特点的重要力量。

全书首先介绍了坪山存量规划的大背景，总结了社会经济发展中面临的核心问题。然后精选了研究中心近年来编制的 21 个规划案例，分为总体规划实施、专项规划实施、片区统筹实施、土地整备利益统筹、社区规划实施五部分分别阐述。最后总结了从规划编制到规划实施的组织机制和保障措施。案例选取主要从代表性、探索性、实施效果好、获奖项目优先等方面综合考虑，每个案例都力求重点探讨在存量开发背景下如何编制面向实施的规划方案，以及在规划编制过程中如何统筹考虑空间、利益、产权等方面关系。

总体规划实施部分介绍了区级层面的 4 个规划案例，代表了我们在城市总体发展策略及实施层面的思考。在坪山综合发展规划的编制与实施过程中，我们进行了实施评估及重大问题研究，探索了将存量城市综合发展规划与近期建设规划、投融资规划、土地利用年度计划等融合，推动规划的实施。

专项规划实施部分选取了 7 个富有特色的存量规划案例。有的是总体规划中的一个专项，如教育专项、地名专项；有的是为解决部门近期重点工作而设置的专项研究，如产业用地专项规划、充电桩布局、边界争议地处置等。这些规划无一不是在复杂的存量城市背景下的协商式规划，无一不是围绕规划实施而展开，规划编制中充分调查了现状情况、存量问题，提出了具体实施方案、近期工作计划，一些规划的成果即以近期实施项目建议的形式呈现。

片区统筹实施部分选取了碧岭、坪山老城、坑梓、龙田 4 个案例，介绍了近年来在片区统筹编制工作方面的思考。城市更新是存量城市开发的主要抓手，深圳市在三旧改造过程中摸索出一整套以市场为主体的城市更新办法。但是由市场主体推动的城市更新项目遍地开发，存在边界不闭合、开发商挑肥拣瘦、公共利益项目难以实施、留下难啃的硬骨头等诸多问题。为系统解决这些问题，坪山区开展了片区统筹实施（城市更新）规划探索，一般以 2 ~ 3km^2 范围为片区，对片区内用地功能、交通格局、公共服务设施布局、开发模式等进行统筹，推动片区城市更新的整体实施。

土地整备利益统筹是由政府主导、社区主体、社会参与的土地清理与整合，旨在保障重点产业项目、重大基础设施和公建配套用地。在这个过程中，社区是土地整备的主体，也是关键，而深圳的社区股份公司是在原村集体基础上发展而来，不仅继承了原村集体的土地、建筑、产业等，也维系着复杂的社会经济关系，既要承担本地和大量外来人口的管理服务工作，也承担着经济社会和产业发展的重任。坪山在深圳率先开展南布、沙湖社区“整村统筹”土地整备试点，并积累总结出“整村统筹”“片区统筹”等土地整备多元化利益共享方式。2018 年 8 月，深圳在总结坪山土地整备试点工作基础上，出台了《深圳市土地整备利益统筹项目管理办法》，将土地整备利益统筹经验推广全市。土地整备利益统筹、社区规划实施两部分介绍了整村统筹规划的总体情况和南布、沙湖、沙田一期等三个案例的规划探索及实施情况，以及具有深圳特色的社区发展规划编制与实践探索。

全书由戴小平、赖伟胜、陈义勇统稿，负责案例选取、各部分内容统筹。第 1、2、3 章由古维迎、王薇然组稿。第 4、5、6、7 章分别由许良华、仝兆远、李庆、陈义勇牵头组织。各案例基本由项目负责人或项目骨干人员主笔。各节的主要作者为：1.1 ~ 1.3 王薇然，2.1 ~ 2.2 秦潇，2.3 苗芬，2.4 黄德剑、李庆、刘安铭、郑玉婷，3.1 陈艳，3.2 周红满，3.3 彭亚茜，3.4 白小梅，3.5 王薇然，3.6 李庆、黄晓冰、刘安铭，3.7 仝兆远、罗超英，4.1 高宇、吴年桦、古维迎，4.2 熊晓茜、宋学飞，4.3 陈星、彭亚茜，4.4 李庆、黄晓冰、黄德剑，5.1 仝兆远、罗超英、潘立阳，5.2 ~ 5.4 罗超英，6.1 王薇然，6.2 李庆、黄晓冰、周红满，6.3 李庆、黄晓冰，7.1 刘娟，7.2 范婉怡，7.3 汤子雄。书中引用的图表，除标明出处的外，均为项目组自绘或自制。

本书由中国城市规划学会规划实施学术委员会提出和推动，是“中国城乡规划实施理论与典型案例”系列丛书的一部分。丛书立足于推动城乡规划实施案例的征集和推广，总结我国规划实施经验、探索实施规律、提高规划实施和管理水平，为地方政府、城市管理者、规划实施相关企业和研究机构在城乡发展建设中提供可借鉴的规划实施案例库。本书的编纂得到委员会主任委员李锦生一级巡视员、副主任委员叶裕民教授、秘书长张磊教授等的大力支持。

研究中心多年来扎根于深圳坪山，参与了坪山区大多数的规划项目，在存量城市规划编制与实施方面进行了诸多实践与探索，正好借此机会对我们的工作做一次总结。选取的案例基本可以代表我们在坪山存量开发中的探索、思考与经验，希冀对业内相关人士有一定借鉴和启示。不当之处或争议之点，欢迎业内专家来电来函交流探讨和批评指正。

戴小平

2021年6月

目录

图版

第 1 章　坪山社会经济和城市发展概述

彩图 1-1　坪山区街道和社区构成

彩图 1-3　坪山区“1+7+N”重点片区分布

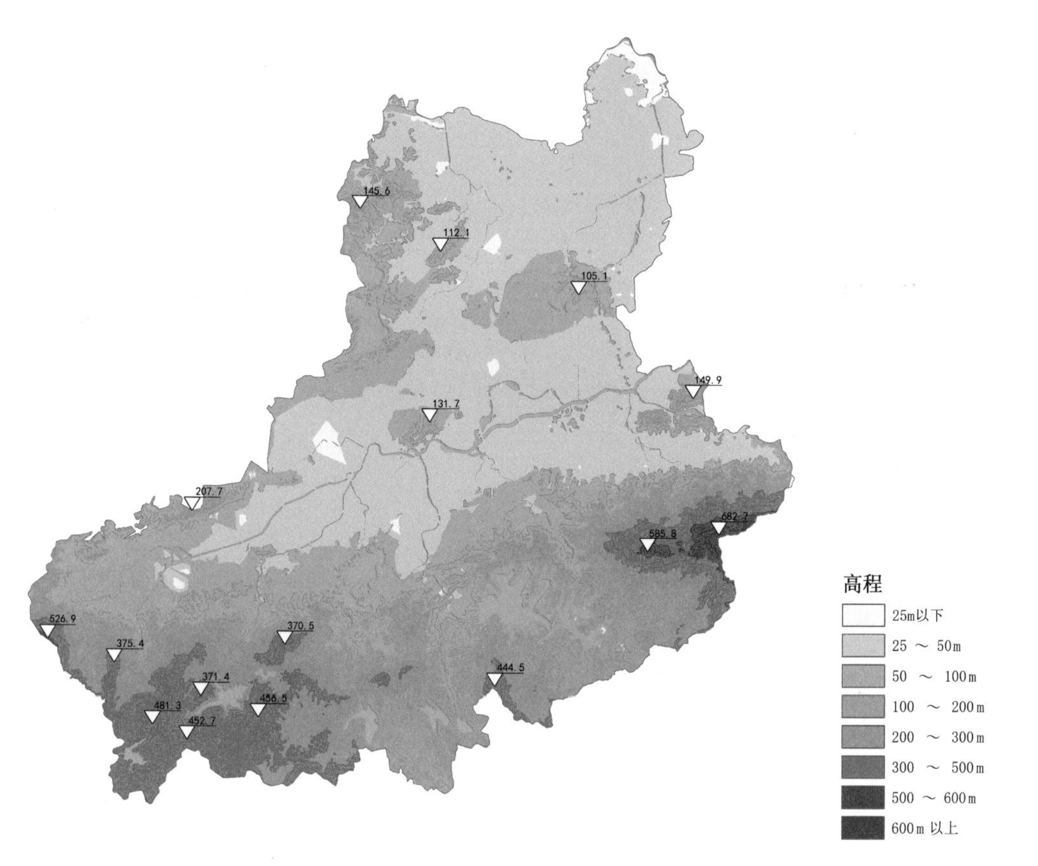

彩图 1-2　坪山区地形

彩图 1-4　坪山区历史文化遗产示意

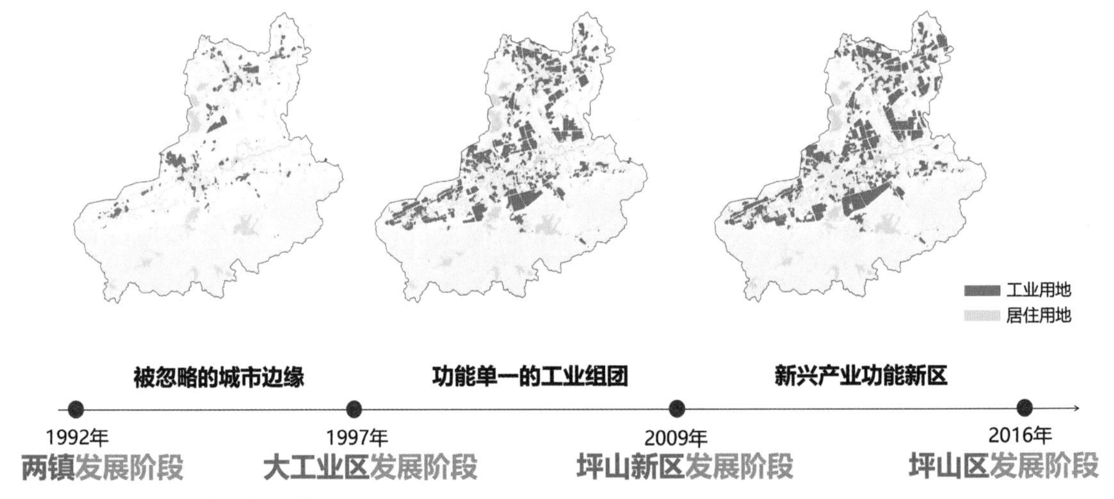

彩图 1-5　坪山区城市发展阶段示意

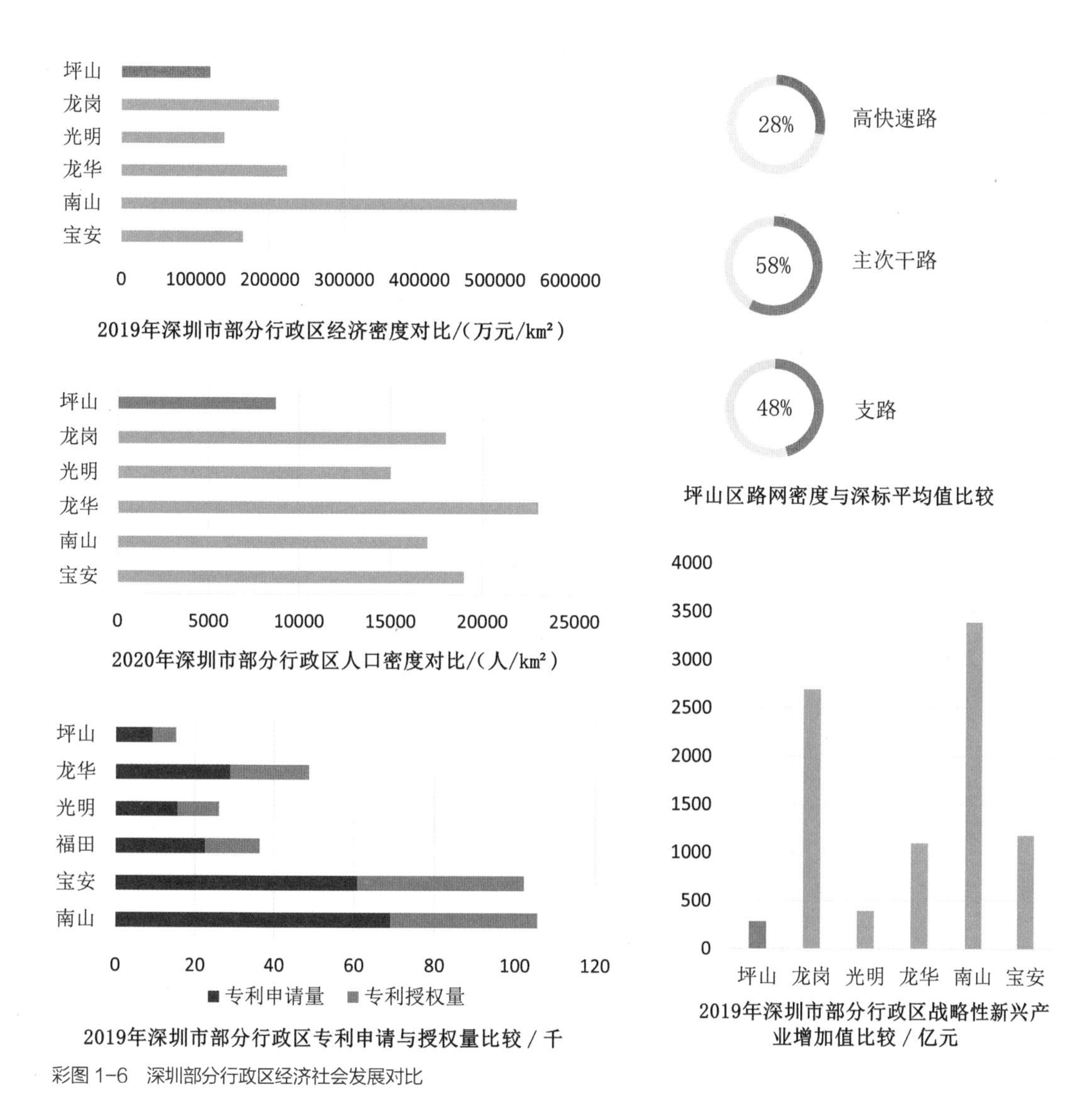

彩图 1-6 深圳部分行政区经济社会发展对比

彩图 1-7 碎片化城市形象示意

第 2 章　总体规划实施

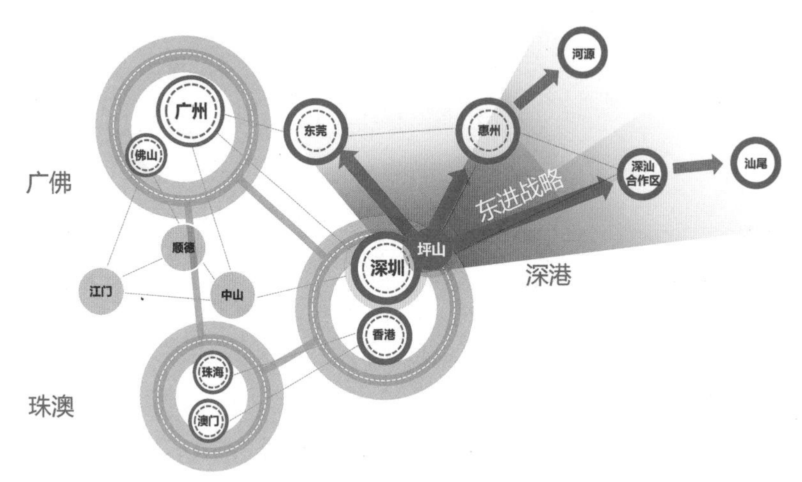

彩图 2-1　大湾区背景下的深圳东进示意

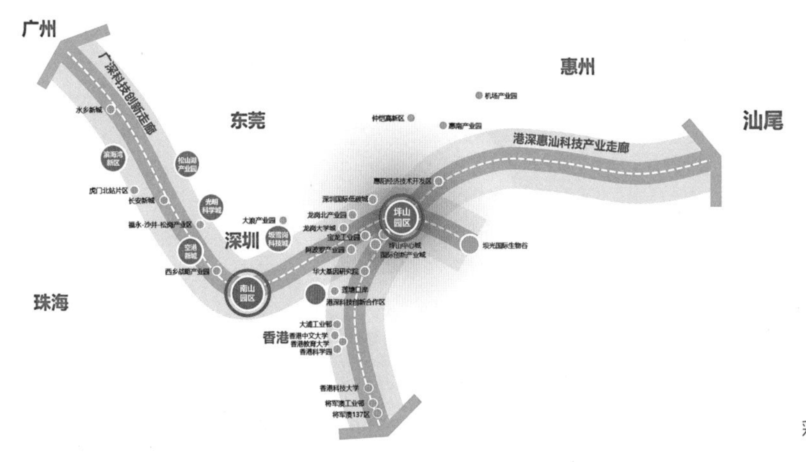

彩图 2-2　湾区创新格局示意

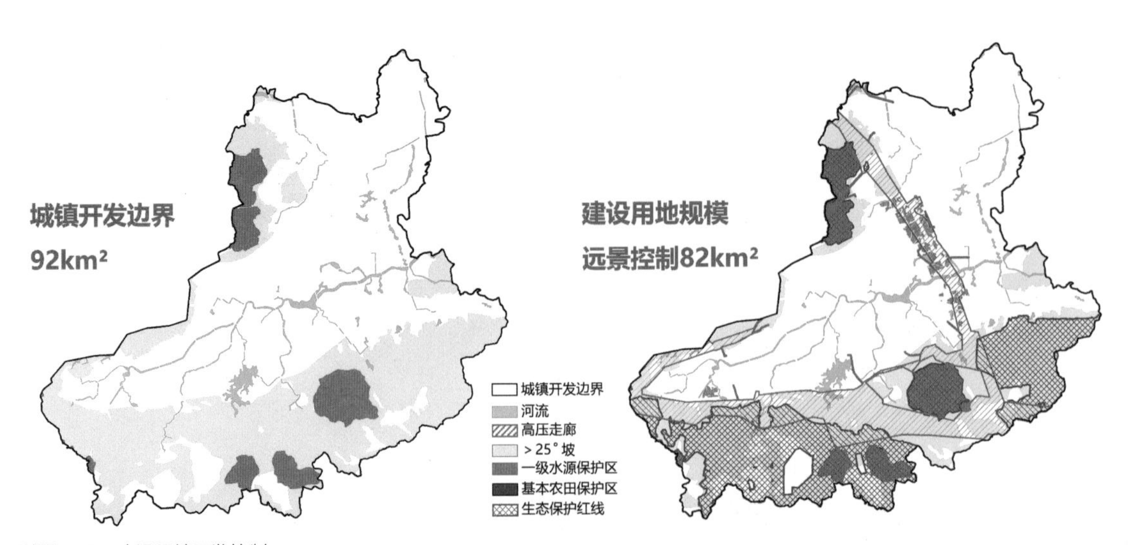

彩图 2-3　建设用地开发控制

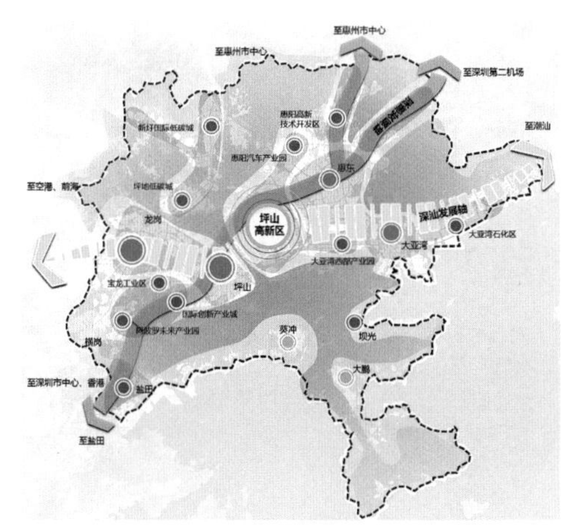

彩图 2-4　深惠集合城市空间格局示意

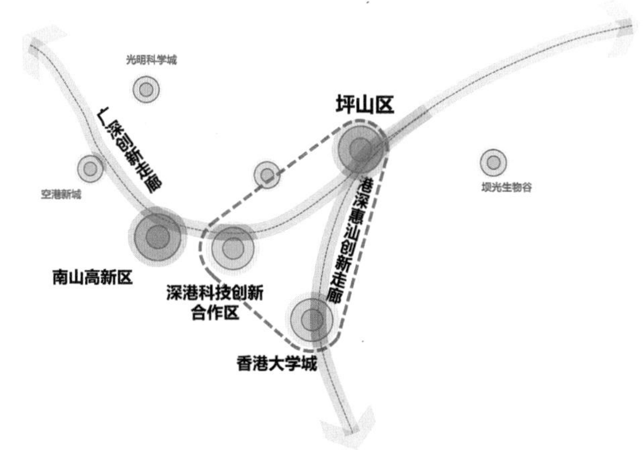

彩图 2-6　区域创新格局示意

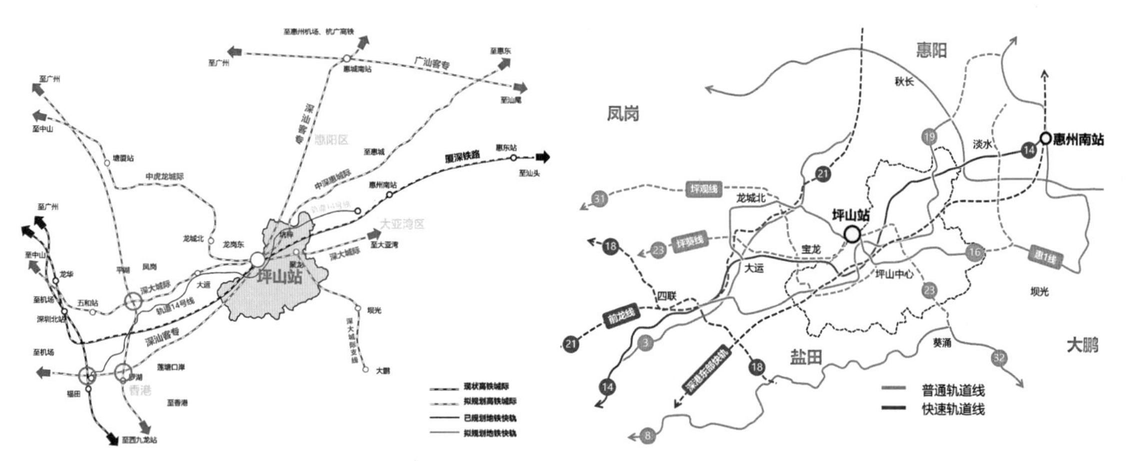

彩图 2-5　区域交通格局示意：主要轨道线、快速路

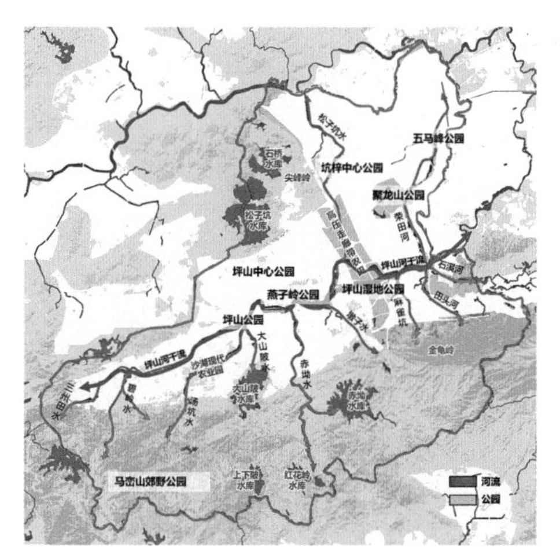

彩图 2-7　蓝绿空间网络和公共空间格局示意

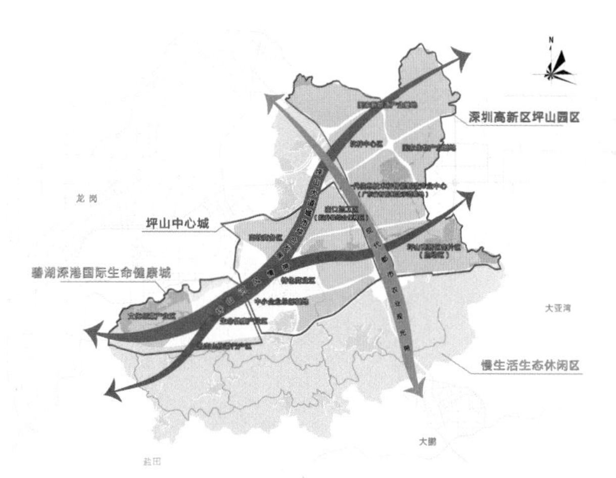

彩图 2-8　整体空间结构示意

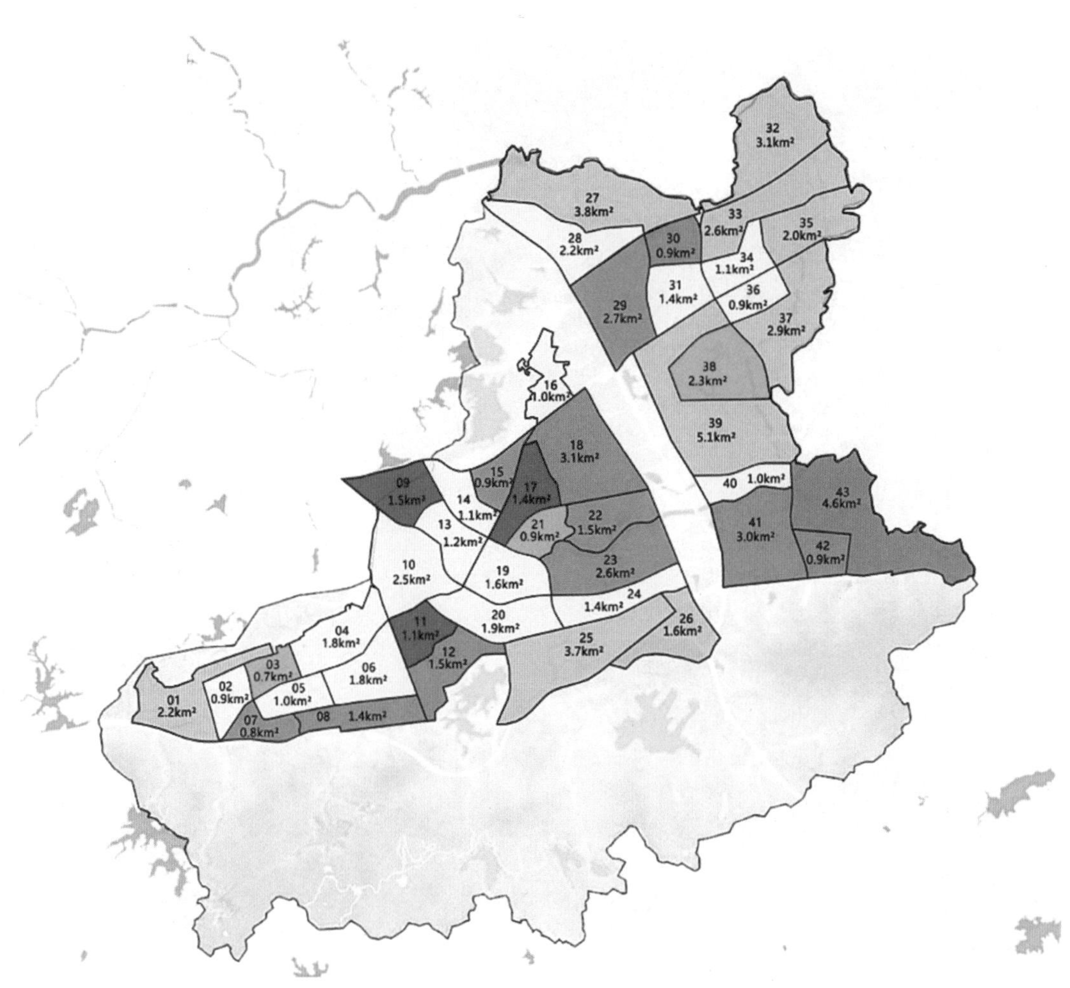

彩图 2-9　管控单元分布示意

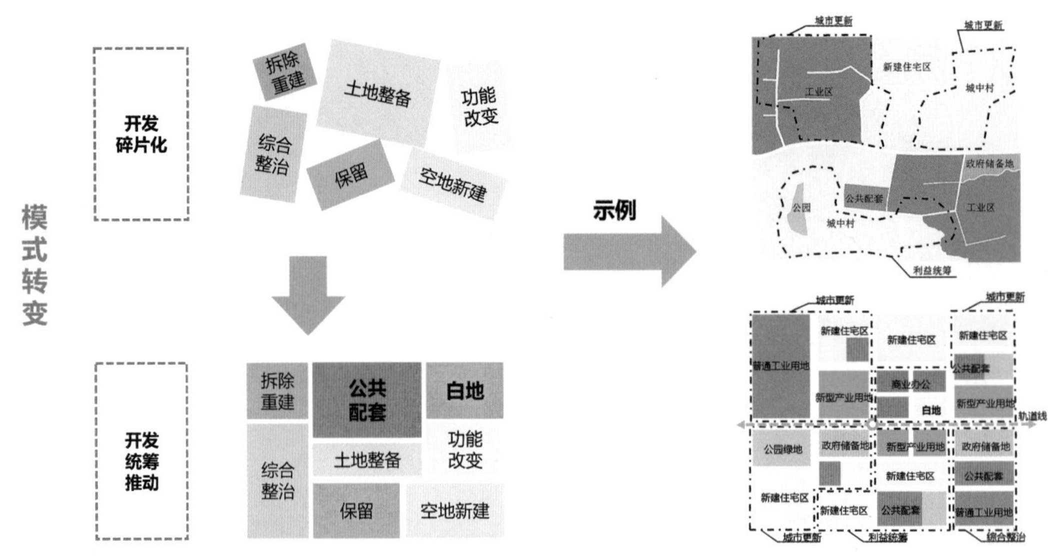

彩图 2-10　统筹实施路径示意

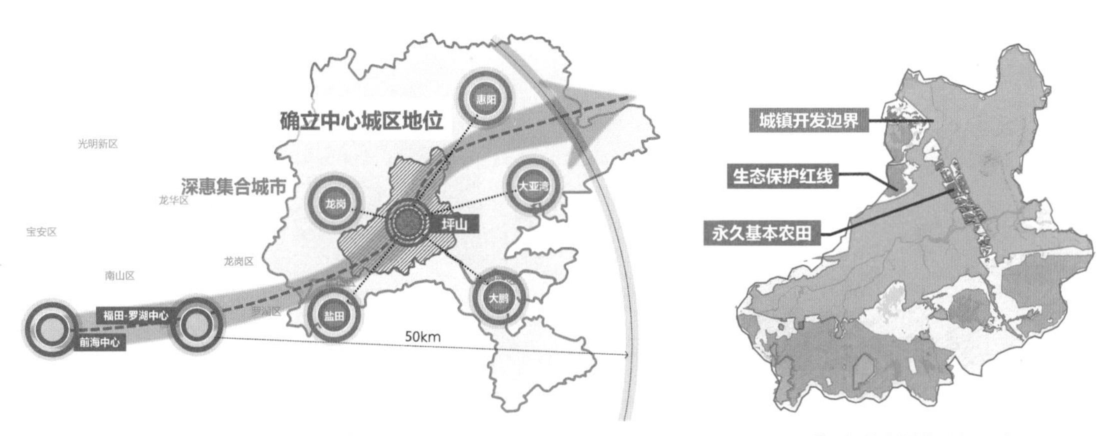

彩图 2-11　集合城市协同发展格局示意

彩图 2-12　“三条控制线”空间示意

彩图 2-13　重点发展地区空间示意

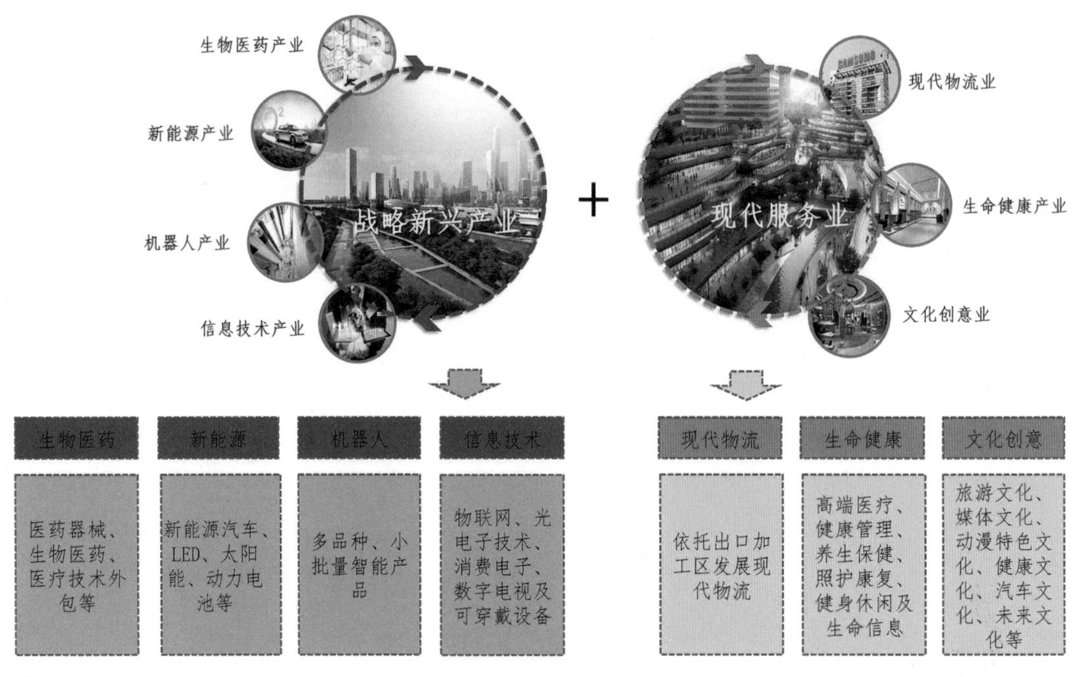

彩图 2-14 “4+3 双轮驱动”产业体系示意

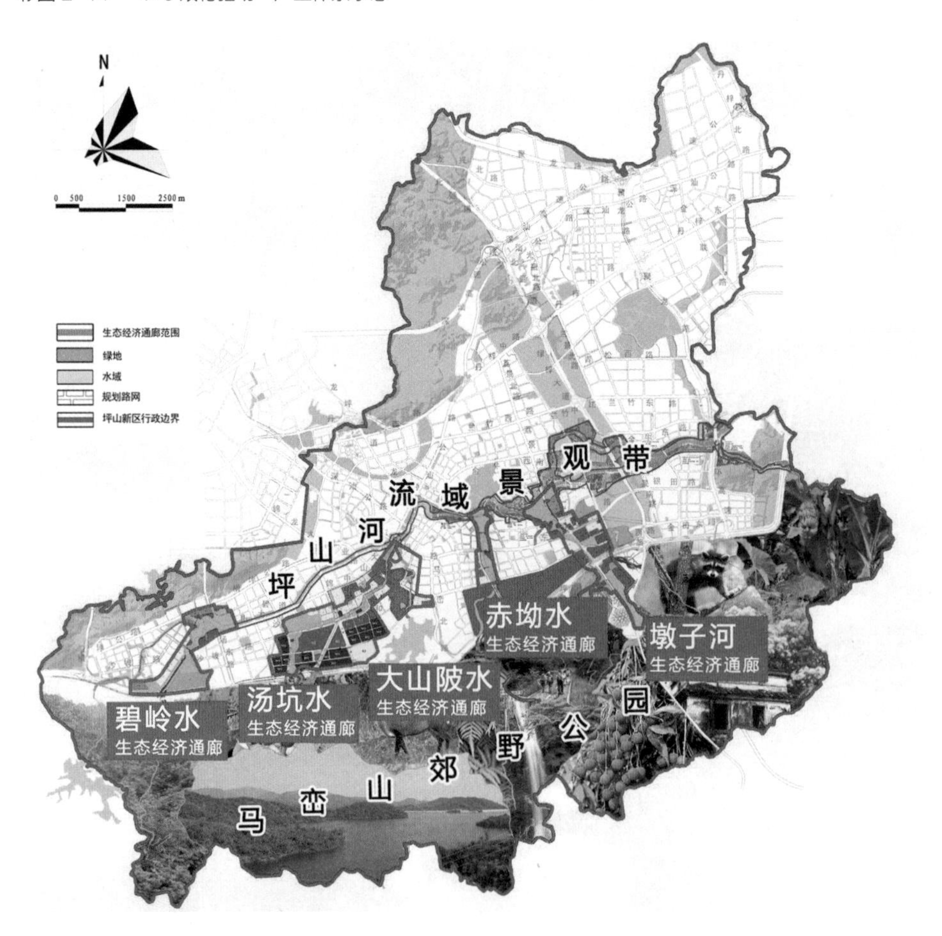

彩图 2-15 生态经济通廊空间示意

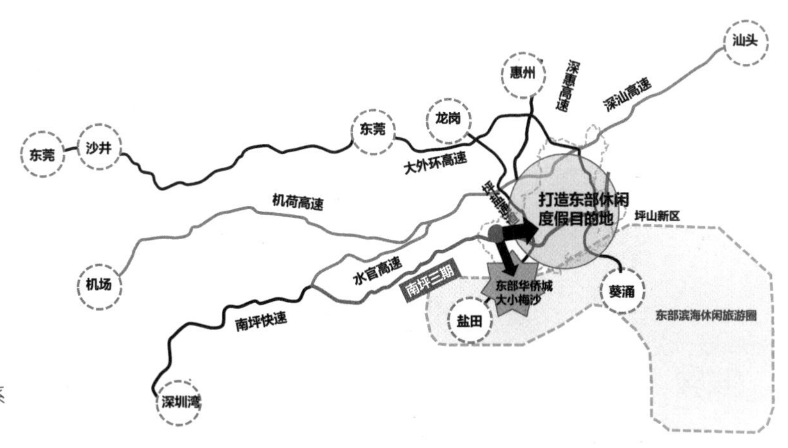

彩图 2-16　深圳东部休闲旅游体系示意

彩图 2-17　坪山中心区开发建设指引示意图

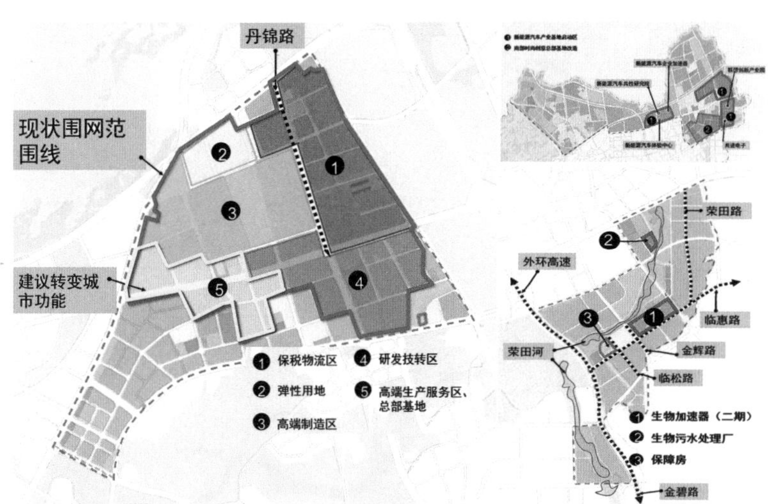

彩图 2-18　三大产业基地开发建设指引示意图

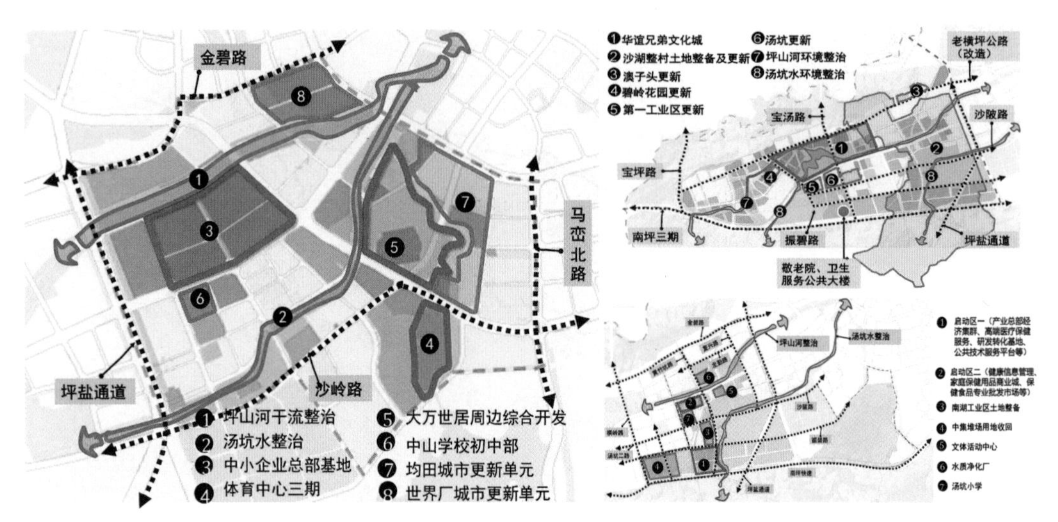

彩图 2-19　流域三启动地区开发建设指引示意图

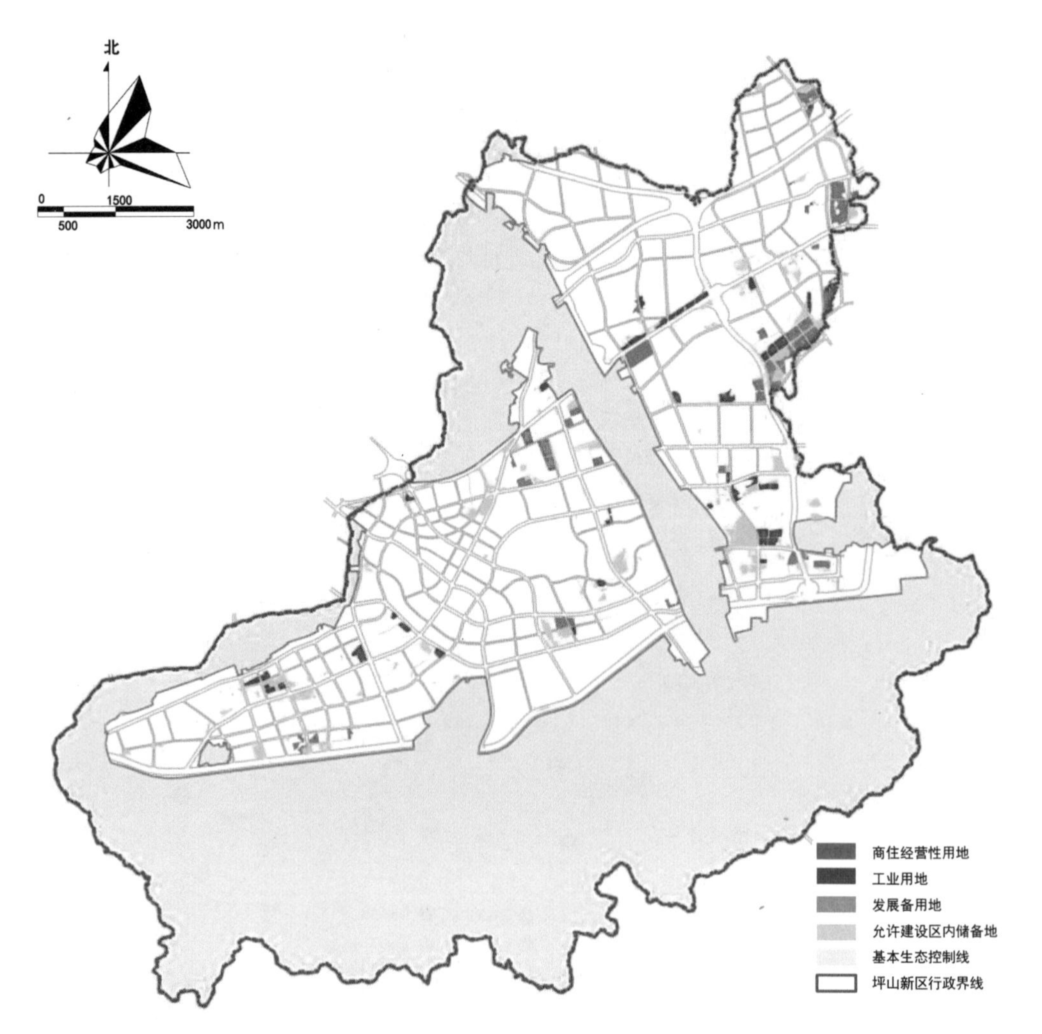

彩图 2-20　2014 年坪山可直接供应土地资源分布

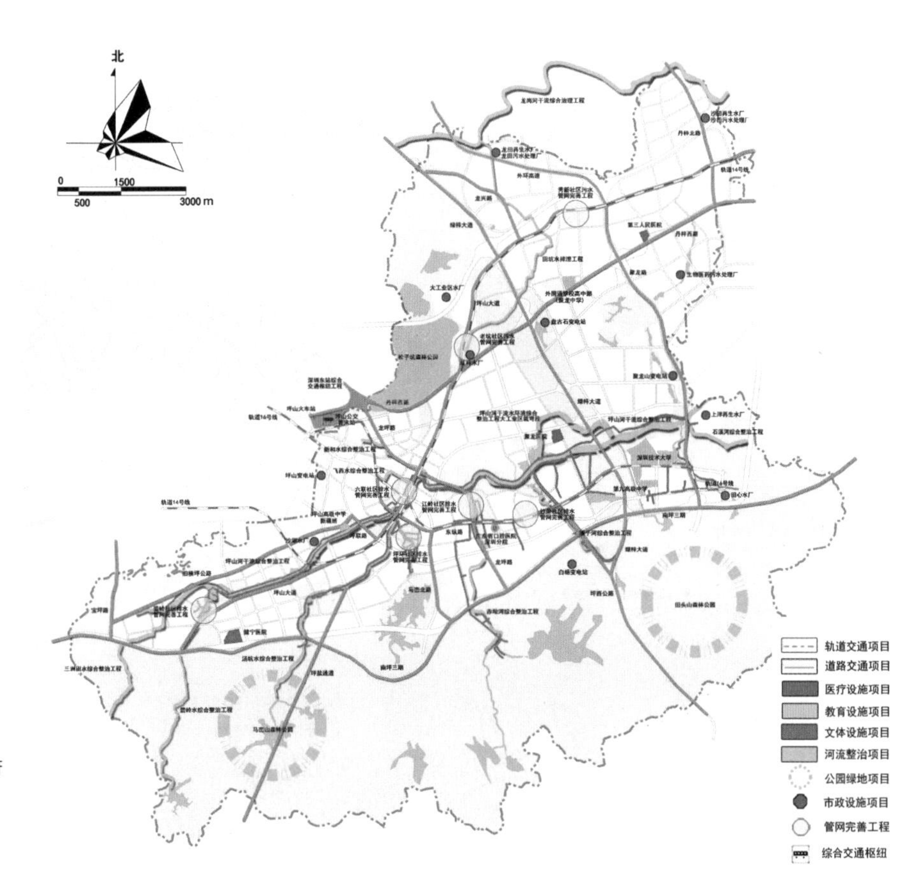

彩图 2-21　市级政府投资事权项目示意

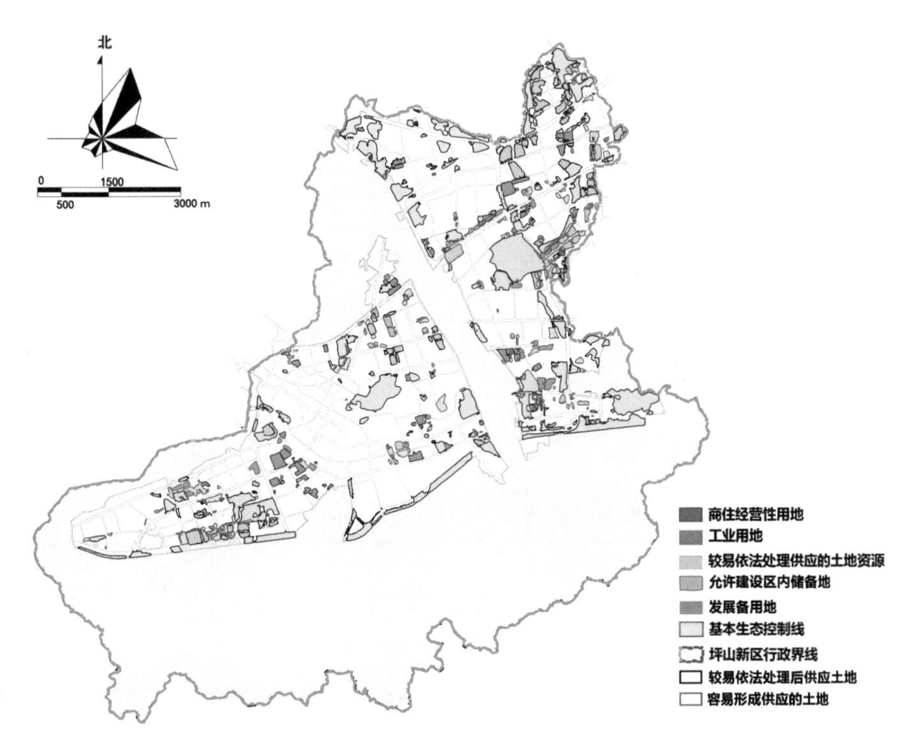

彩图 2-22　区级政府投资事权项目示意

彩图 2-23　引入社会主体片区综合开发布局示意

坪山新区2015年末核发建设道路项目预选址详表

一、基本情况		
1. 道路名称：绣湾路		
2. 地理位置：位于沙田片区。		
3. 道路等级：次干道，红线宽40m，长约2800m，双向4车道。		
4. 用地面积：7.5hm²		
5. 纳入年度计划情况：未纳入2015年度实施计划		
二、相关情况核查		
核查事项	具体情况	
1. 现状情况	空地	
2. 土地利用总体规划	涉及允许建设区74605.16㎡，另有601.46㎡未被建设用地情况覆盖。	
3. 土地权属情况	征转地情况	涉及未征未转地31.38㎡。
	权属冲突情况	涉及国有已出让用地13.78㎡。

三、项目推进存在的主要问题	
存在问题	责任主体
加快项目前期研究工作	发展和财政局
涉及未征未转地	土地整备中心、坑梓街道办
涉及国有已出让地	市规划国土委坪山管理局
四、工作节点安排	
五、工作建议	
（一）加快项目前期研究工作； （二）土地整备中心、坑梓街道办加快完善征转地手续； （三）市规划国土委坪山管理局加快土地回收工作。	

六、附图
图例

彩图 2-24　2015 年民生类某项目预选址示意

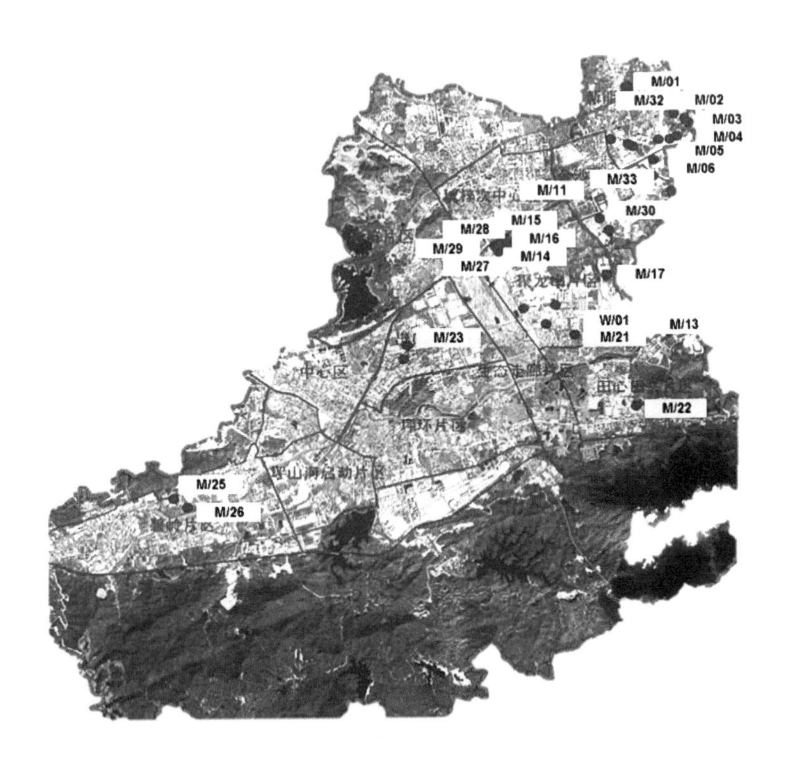

彩图 2-25　2014 年经营性用地预整备示意

第 3 章　专项规划实施

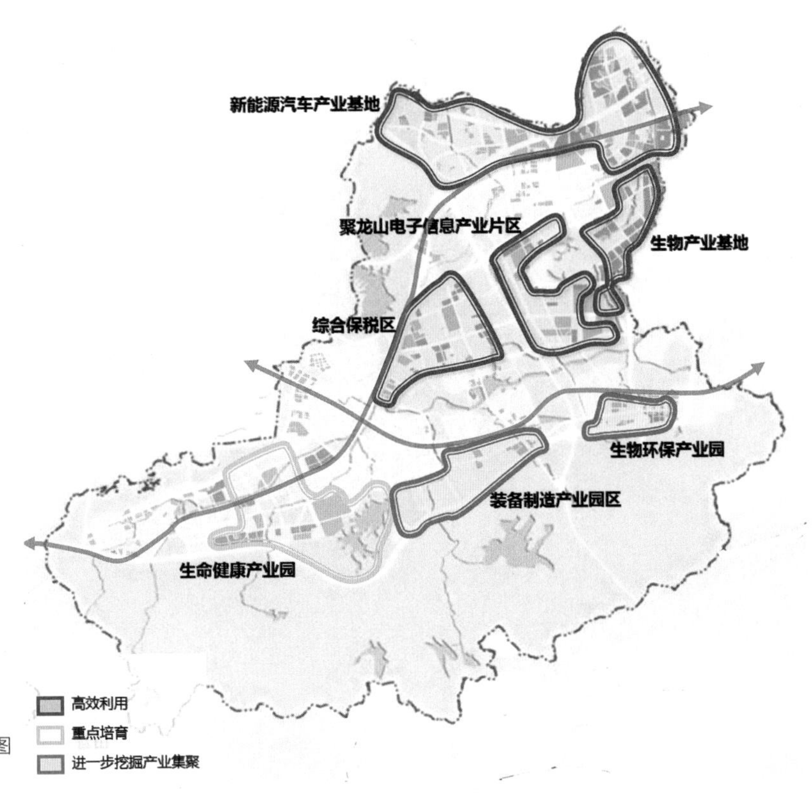

彩图 3-1　产业空间分类指引图（战略性新兴产业及先进制造业）

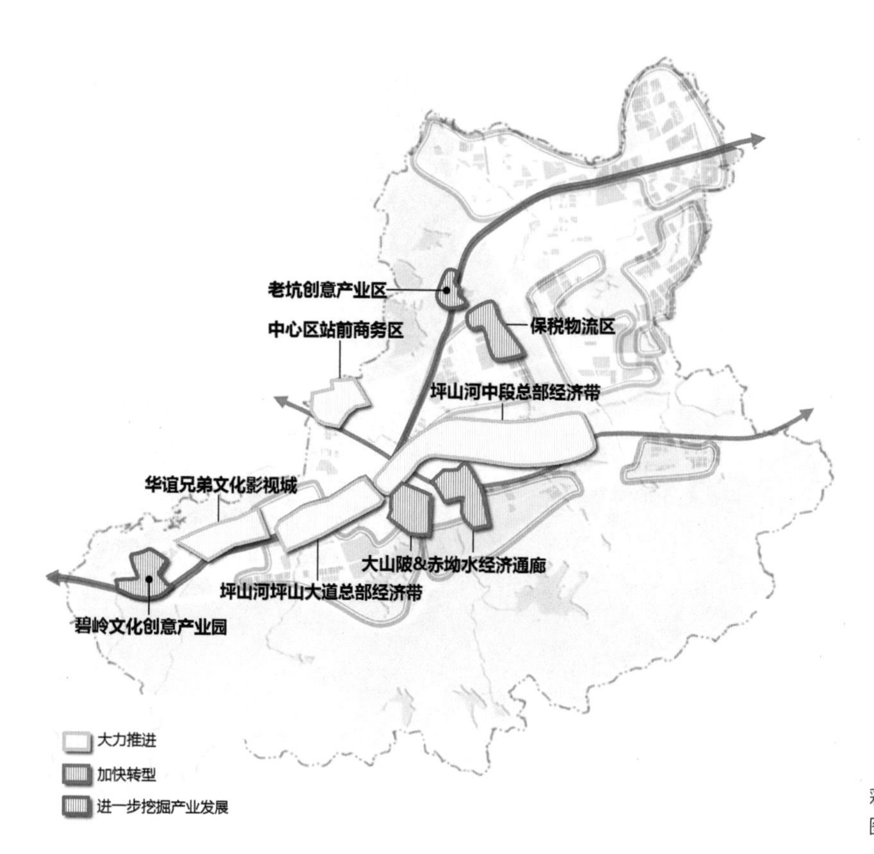

彩图 3-2　产业空间分类指引图（2.5 产业）

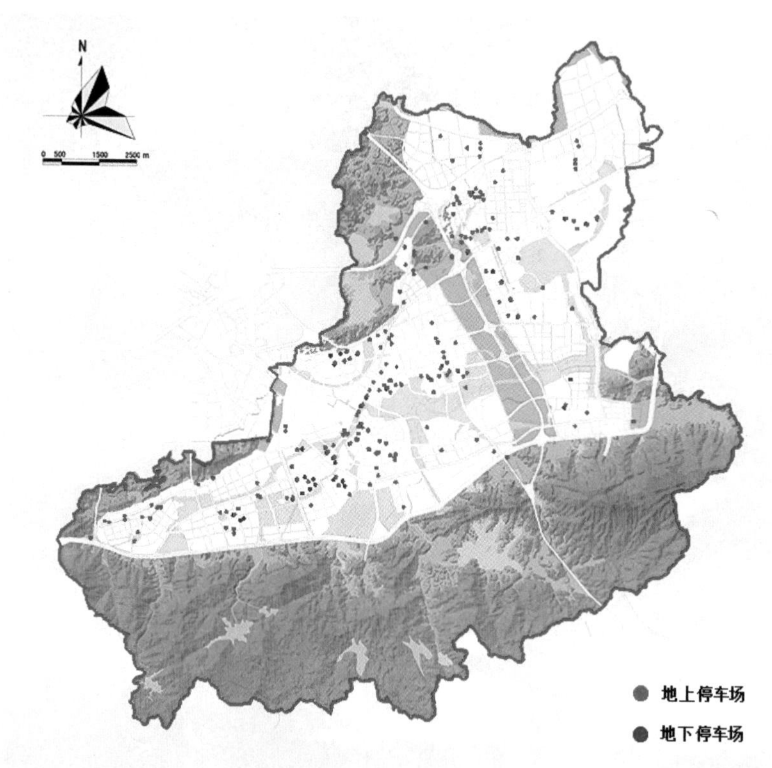

彩图 3-3　坪山区停车场分布图

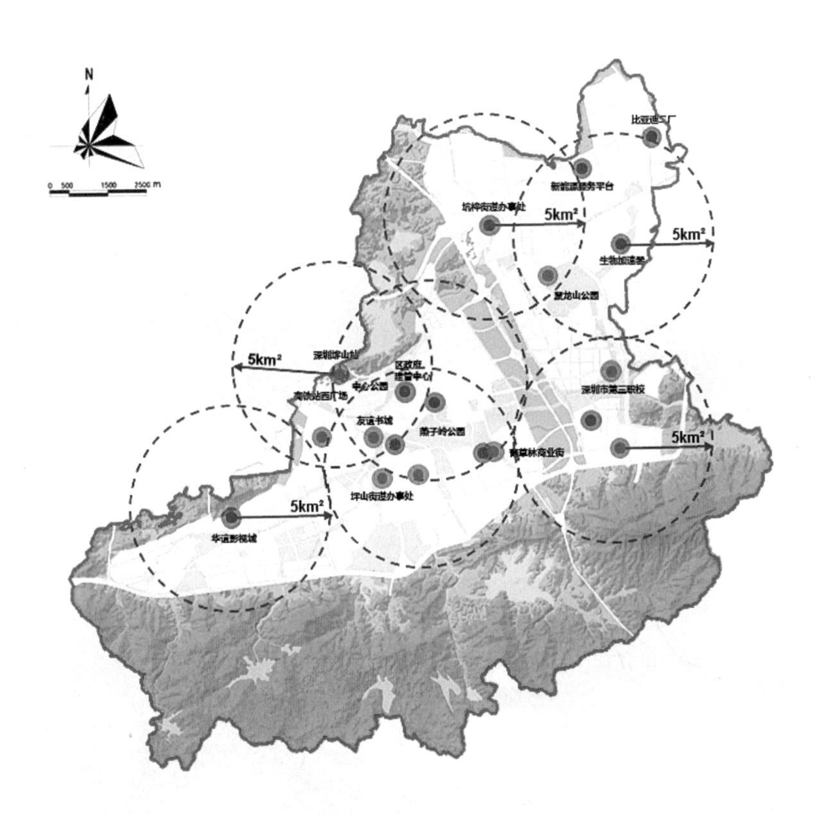

彩图 3-4 坪山新区现状新能源汽车充电桩“5 平方公里服务圈”示意

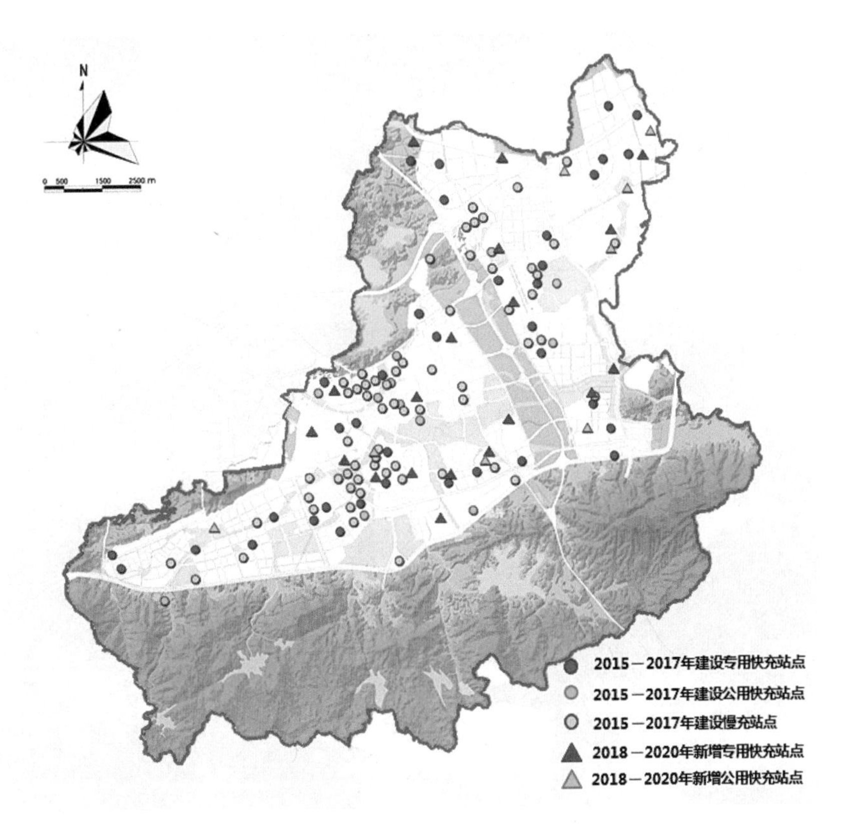

彩图 3-5 坪山新区新能源汽车充电桩布局方案

◆ 社会停车场15分钟服务水平——**96%**

◆ 公交车站5分钟服务水平——**64%**

◆ 500m服务半径覆盖范围——**84%**

彩图 3-6 沙壆社区 15 分钟停车服务圈及 5 分钟公交服务圈

◆ 幼儿园15分钟服务水平——**83%**

◆ 对照《深标》300m服务半径覆盖范围——**26%**

◆ 小学15分钟服务水平——**96%**

◆ 对照《深标》500m服务半径覆盖范围——**72%**

彩图 3-7 沙壆社区 15 分钟基础教育服务圈

◆ 文化娱乐设施15分钟服务水平——**87%**

◆ 管理服务设施15分钟服务水平——**86%**

彩图 3-8 沙壆社区 15 分钟文娱服务与管理服务圈

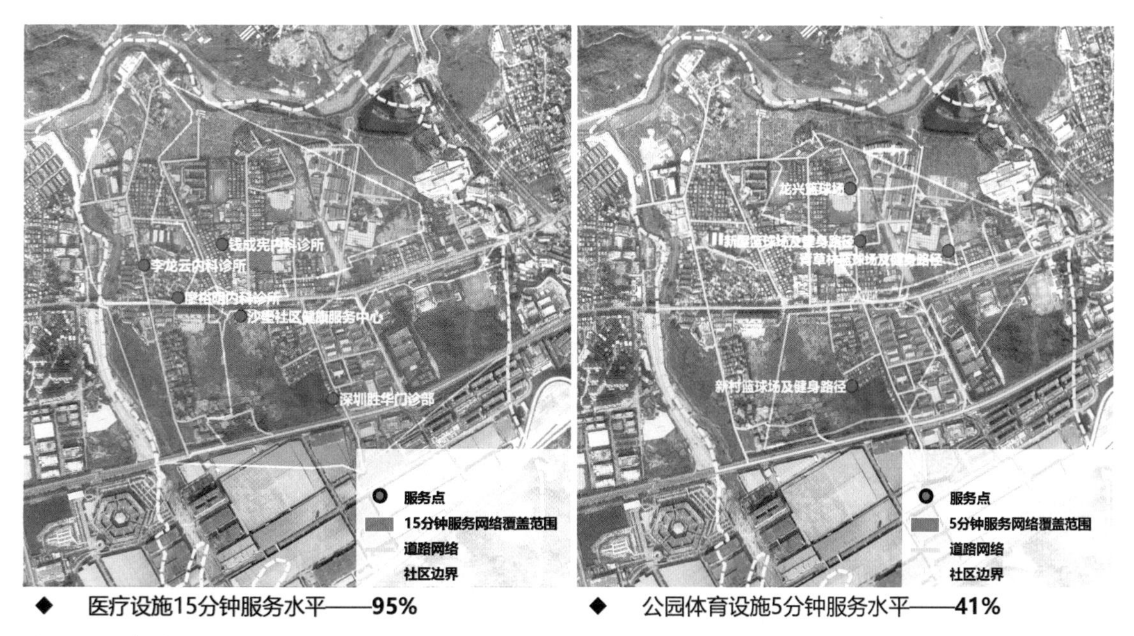

彩图 3-9　沙壆社区 15 分钟健康服务圈及 5 分钟体育运动圈

彩图 3-10　沙壆社区 5 分钟环卫服务圈

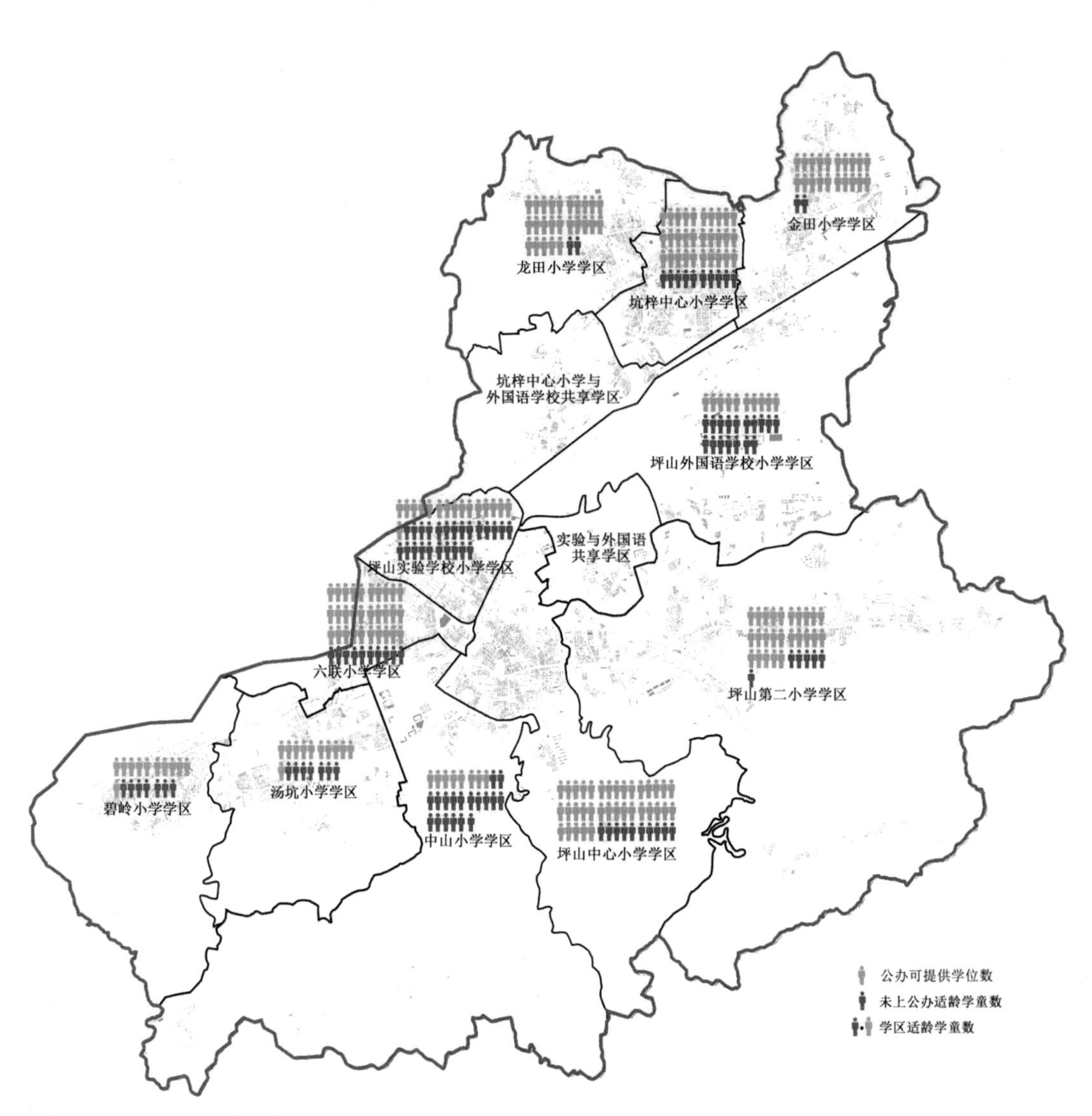

彩图 3-11　坪山区小学学位缺口分布图

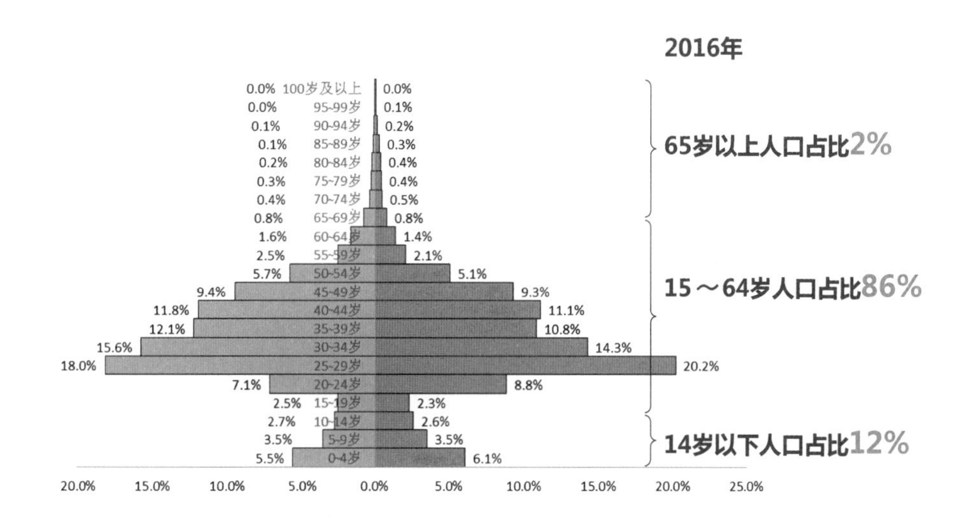

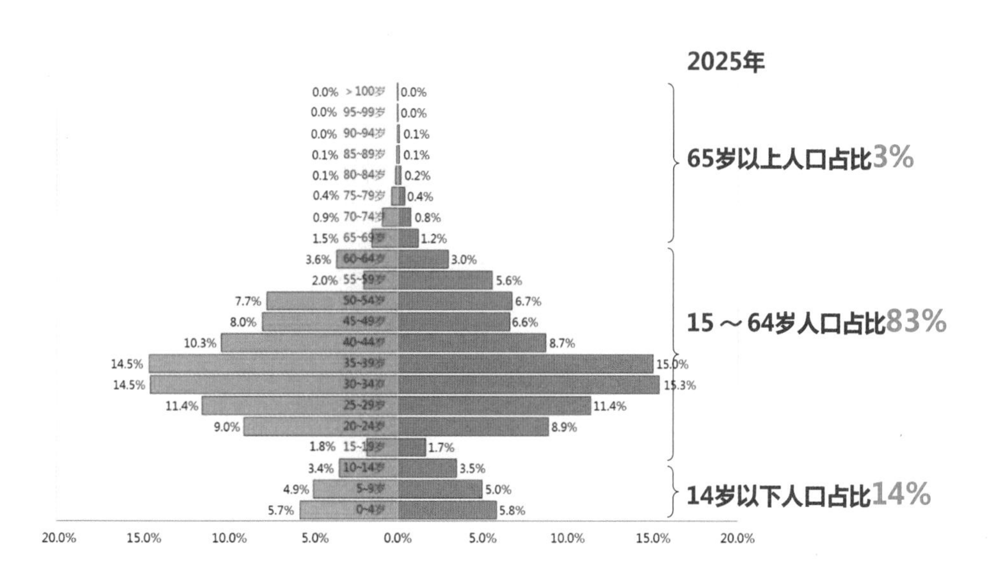

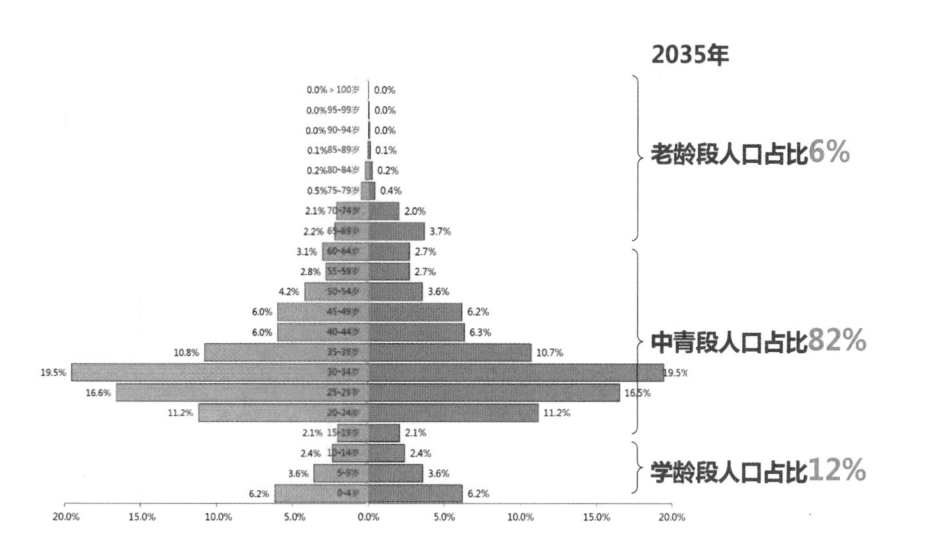

彩图 3-12 基于人口变动因素和人口队列数据的人口年龄变动情景模拟模型

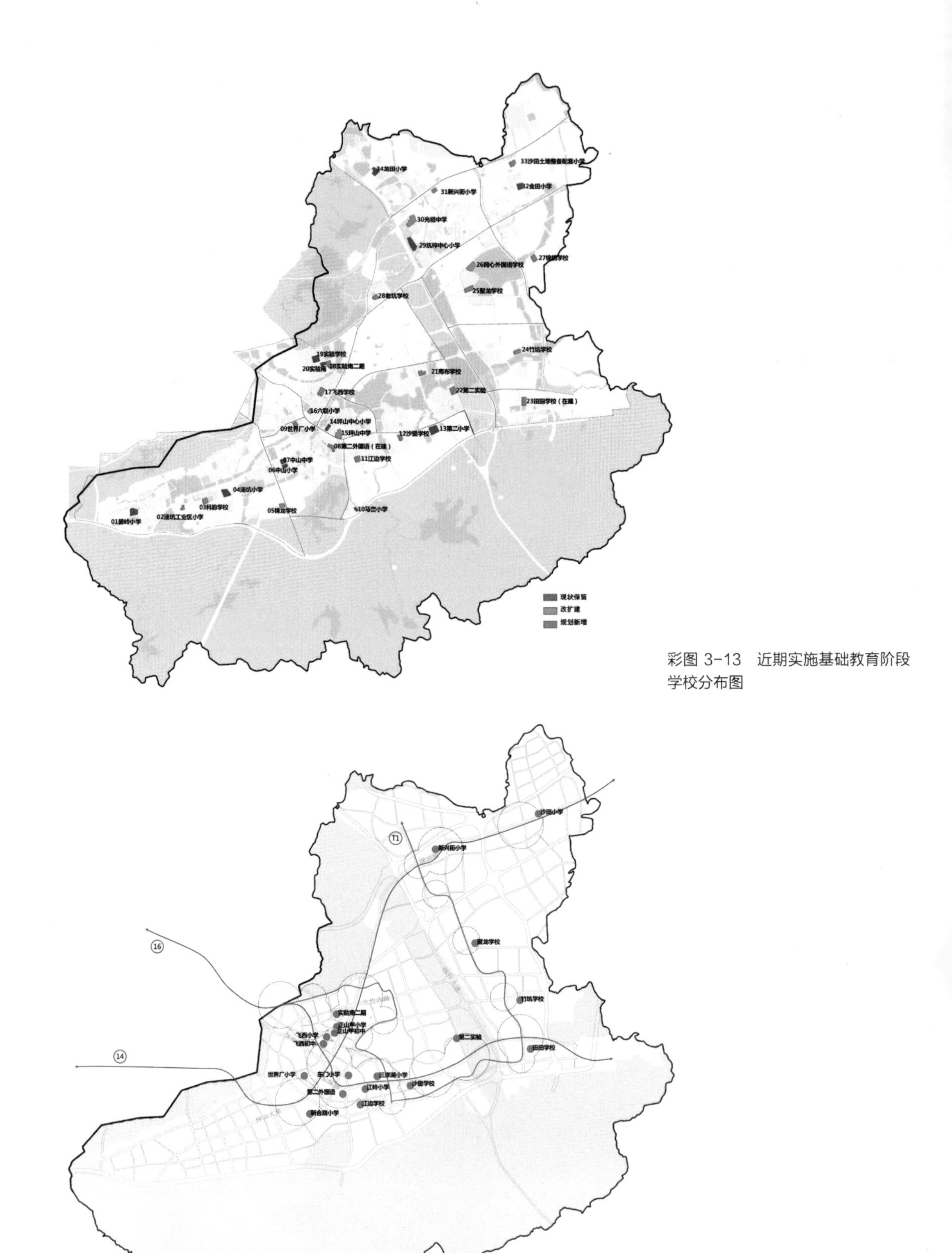

彩图 3-13　近期实施基础教育阶段学校分布图

彩图 3-14　中期基础教育阶段学校临近轨道站点分布示意

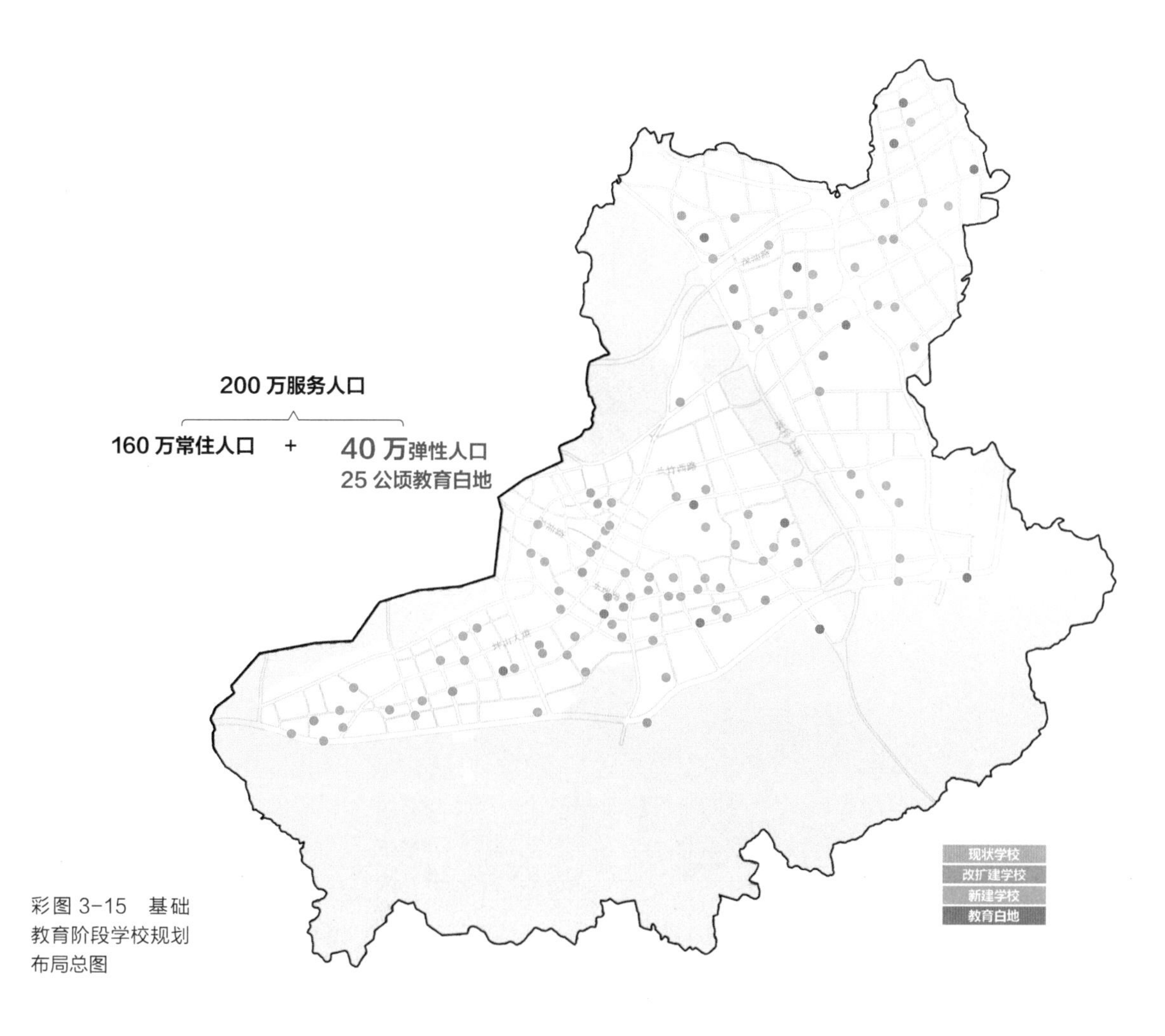

彩图 3-15 基础教育阶段学校规划布局总图

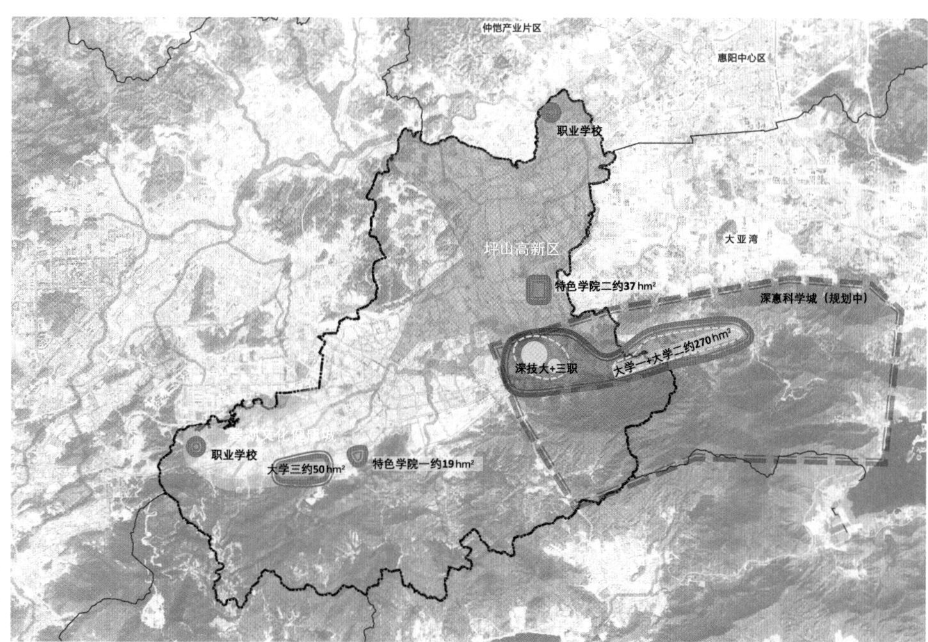

彩图 3-16 远期高等教育、职业教育学校规划布局示意

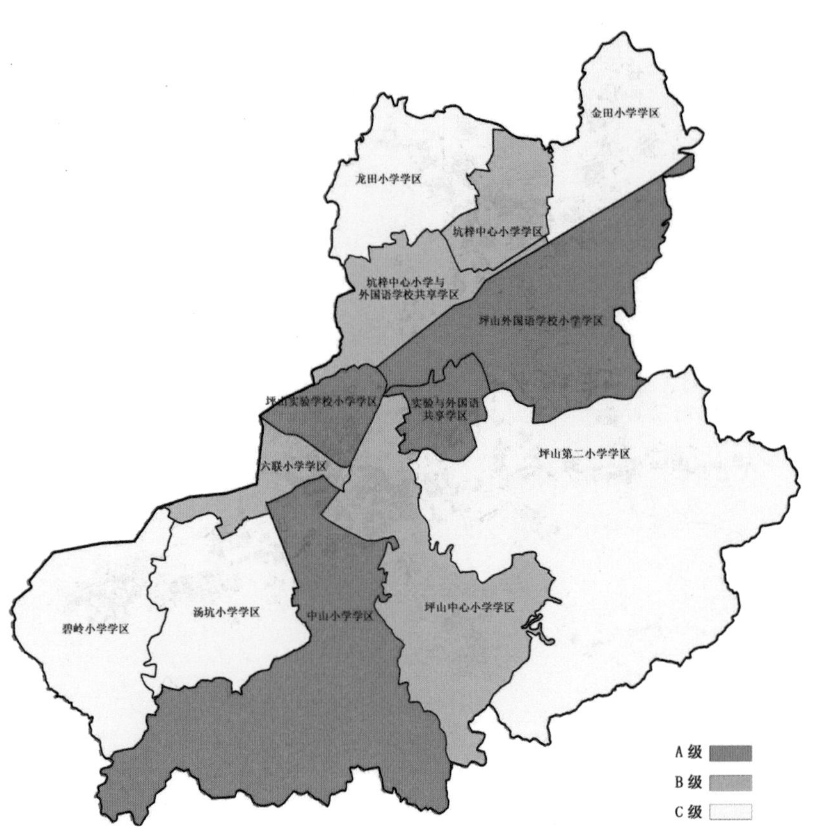

彩图 3-17　2018 年坪山区公办小一学位预警

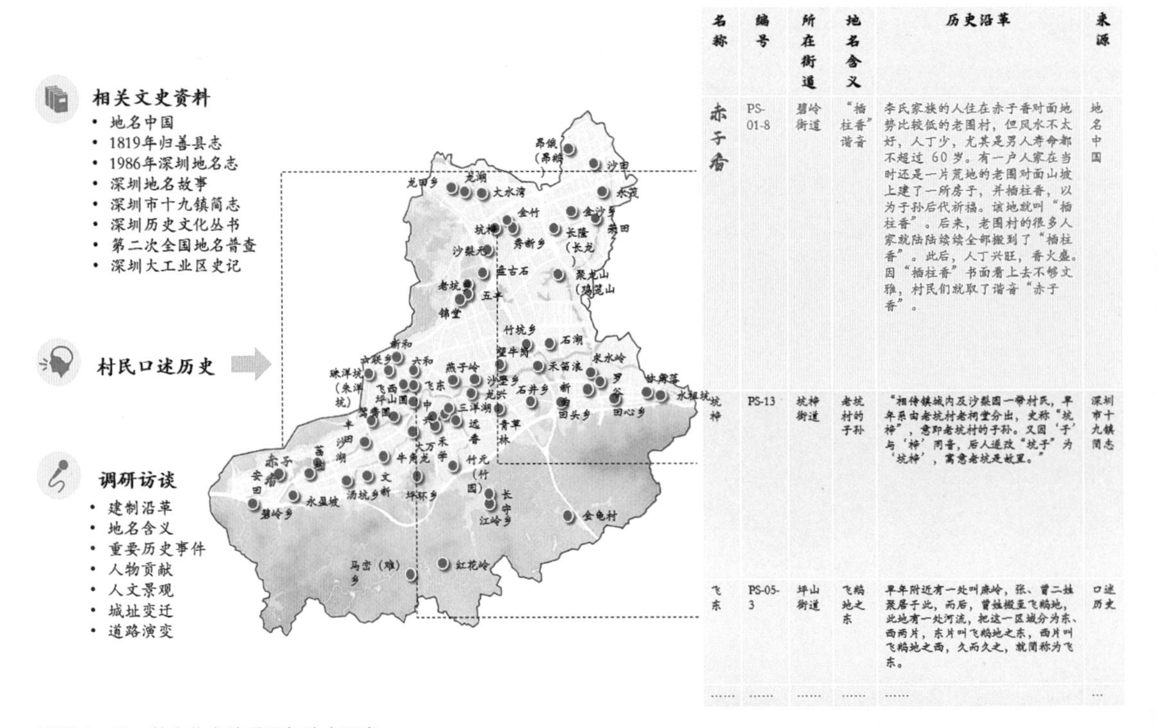

名称	编号	所在街道	地名含义	历史沿革	来源
赤子香	PS-01-8	碧岭街道	“插柱香”谐音	李氏家族的人住在赤子香对面地势比较低的老围村，但风水不太好，人丁少，尤其是男人寿命都不超过 60 岁。有一户人家在当时还是一片荒地的老围对面山坡上建了一所房子，并插柱香，以为子孙后代祈福。该地就叫“插柱香”。后来，老围村的很多人家就陆陆续续全部搬到了“插柱香”。此后，人丁兴旺，香火盛。因“插柱香”书面看上去不够文雅，村民们就取了谐音“赤子香”。	地名中国
坑梓	PS-13	坑梓街道	老坑村的子孙	“相传镇城内及沙梨园一带村民，早年系由老坑村老祠堂分出，史称“坑梓”，意即老坑村的子孙。又因‘子’与‘梓’同音，后人遂改“坑子”为‘坑梓’，寓意老坑是故里。”	深圳市十九镇简志
飞东	PS-05-3	坪山街道	飞鹅地之东	早年附近有一处叫麻岭，张、曾二姓聚居于此，而后，曾姓搬至飞鹅地，此地有一处河流，把这一区域分为东、西两片，东片叫飞鹅地之东，西片叫飞鹅地之西，久而久之，就简称为飞东。	口述历史
……	……	……	……	……	…

彩图 3-18　数字化乡愁采词备选库示意

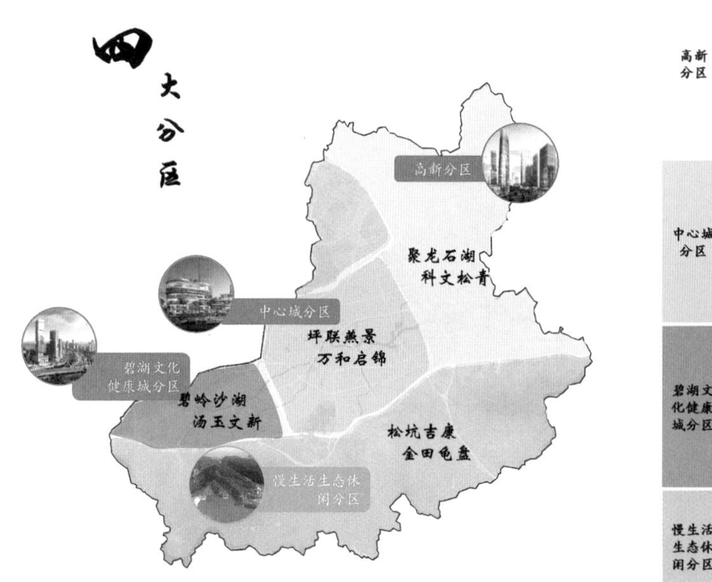

分区	区域功能与特色	命名指引
高新分区	区域功能为以先进制造、未来产业为主导的产业聚集区，着力打造新能源产业创新平台、生物产业创新平台、未来产业创新平台、聚龙智能创新平台、产学研创新平台。 区域特色为城市更新进展较快，同时又是未来的重要产业中心、教育中心，呈现出产业、教育、居住为主导的城市面貌。	以高科技产业特色和文化教育特色为主，结合原有的老地名，以“聚龙”“石湖”“文教”“青松”等词语派生地名，地名命名词汇以“聚龙石湖、科文松青”等为主。
中心城分区	区域功能为深圳都市圈东部创新与服务中心，深圳都市圈的东部创新引擎和智慧中枢、辐射粤东北的生产服务枢核、服务坪山的高品质综合服务中心。 区域特色为城市建设与环境生态和谐发展，文化传承与创新发展有机融合。	以反映坪山的中心特色和未来发展的美好愿望为主，适当继承保留老地名为辅。以未来区域功能如“启”“燕湖”及已有老地名“坪山”“锦堂”等衍生地名词汇，地名命名词汇以“坪联燕景、万和启锦”等为主。
碧湖文化健康城分区	区域功能为“山水新门户、宜居创意谷”，以信息服务、文化创意、生命健康等产业为主导功能，兼具高品质生活配套的坪山区核心门户节点。 区域特色为门户位置，山水格局，将成为坪山的“生态门户”“创新软核”“乐活住区”。	优先从传承老地名与反映分区新功能两方面入手，以“碧岭”“沙湖”“汤坑”“玉田”“文新”等词语进行派生，地名命名词汇以“碧岭沙湖、汤玉文新”等为主。
慢生活生态休闲分区	区域功能以保护生态为主，打造坪山慢生活的重要区域。 区域特色为：山水特色明显，零散布局保护较为完整的客家村落。	以原有的客家名称，如“盘古石”“吉康”“金龟”等为主，以休闲生态相关的特色命名为辅。地名命名词汇以“松坑吉康、金田龟盘”等为主。

彩图 3-19　四大地名分区空间格局及命名指引图

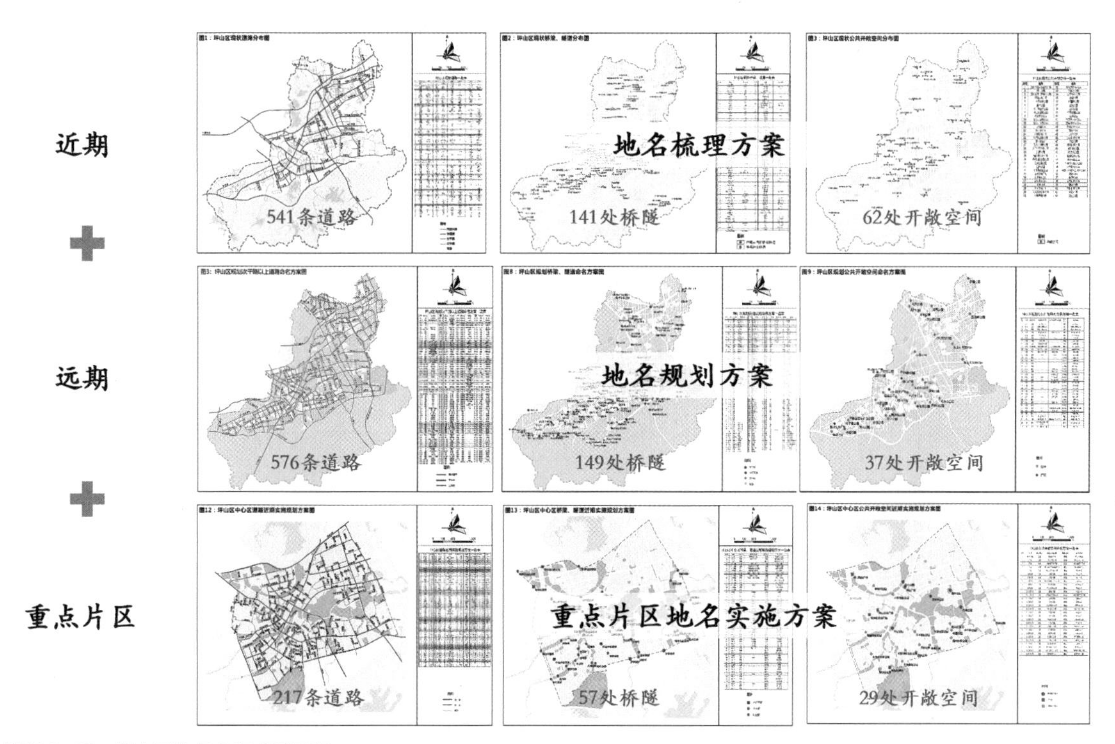

彩图 3-20　坪山区地名方案成果示意

彩图 3-21　乡愁地名保护分级图

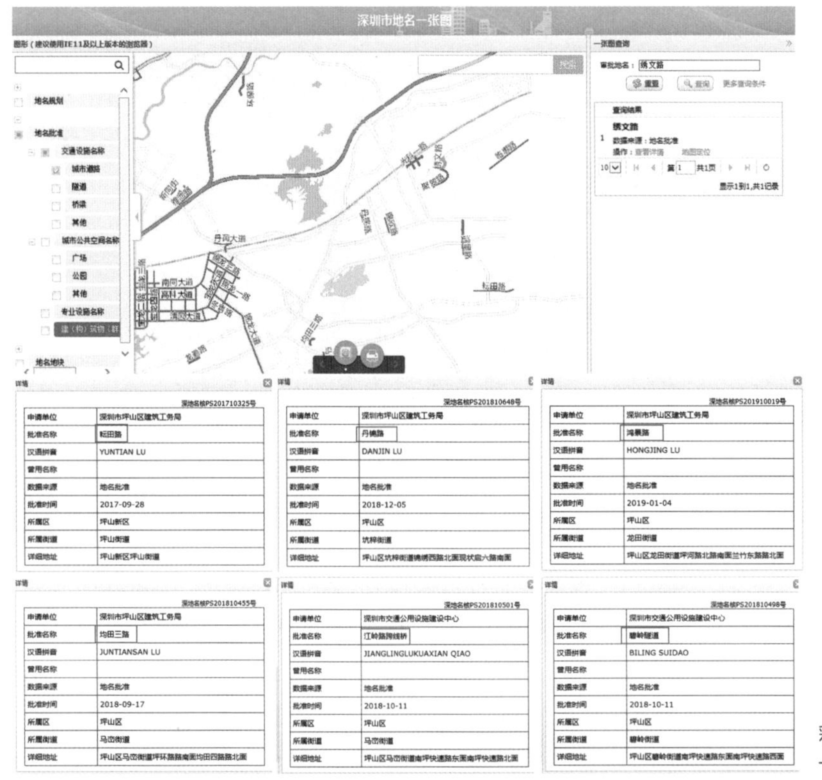

彩图 3-22　个案纳入深圳“地名一张图”系统示意

彩图 3-23　深圳惠州争议地块位置图

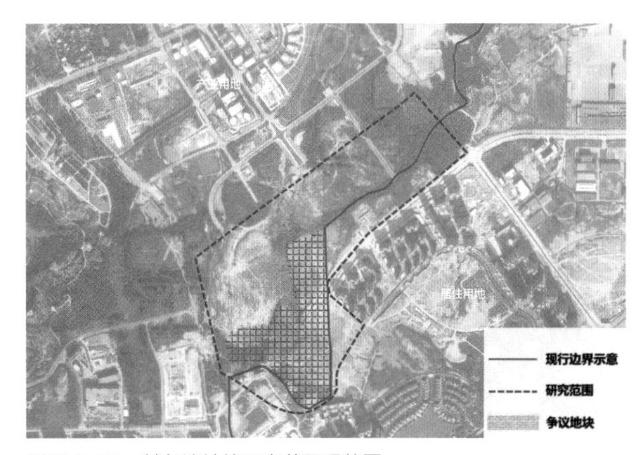

彩图 3-24　某争议地块研究范围现状图

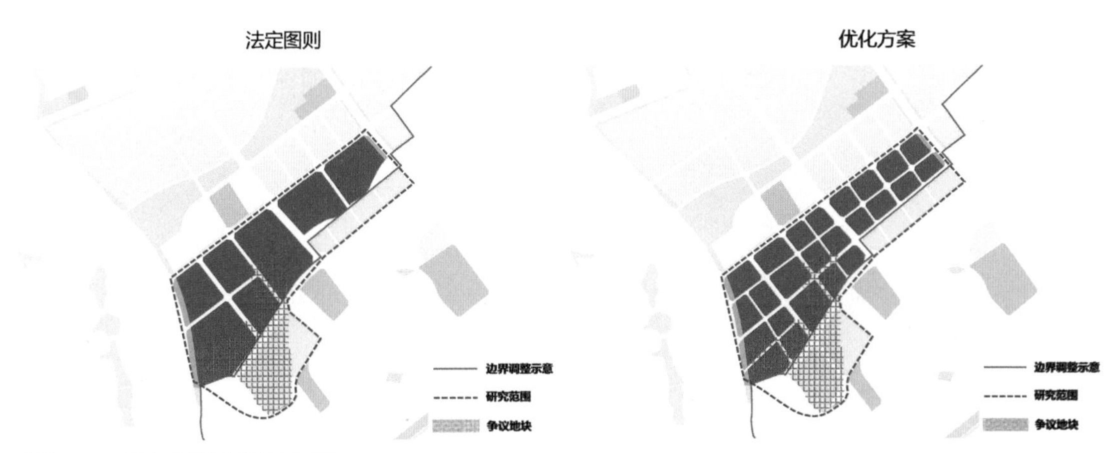

彩图 3-25　某争议地块规划方案对比

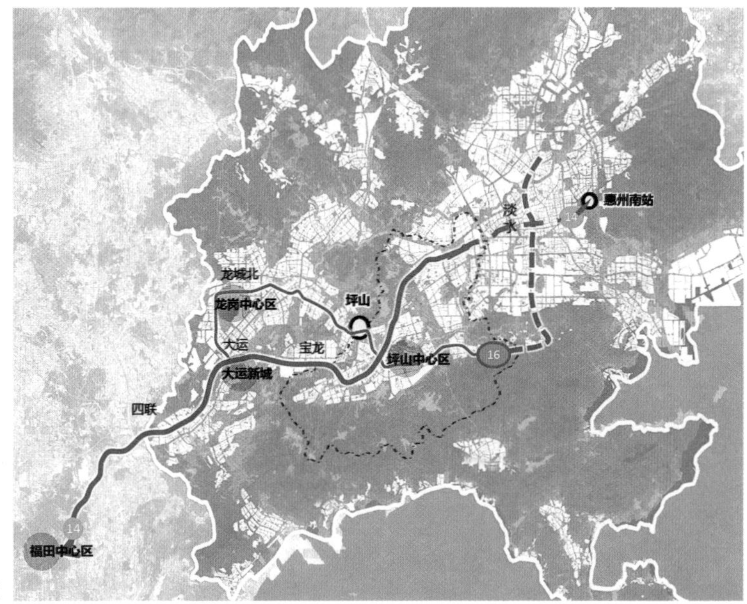

彩图 3-26　轨道 14、16 号线示意

教育设施用地增加

78.8 hm^2

新增学校

21所

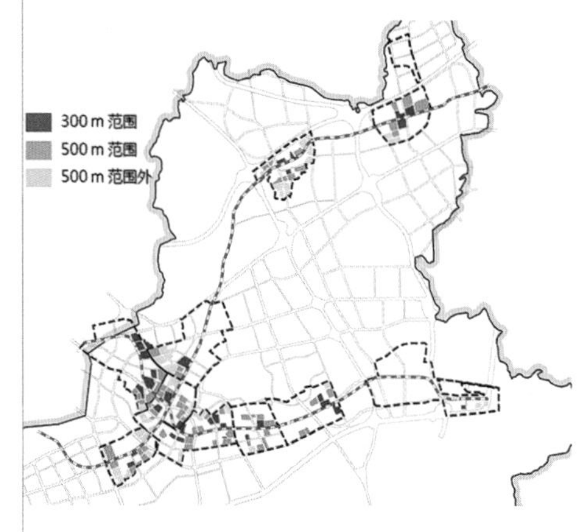

500m 范围内增加保障房配建面积

410万 m^2

彩图 3-27　公共服务配套提升示意

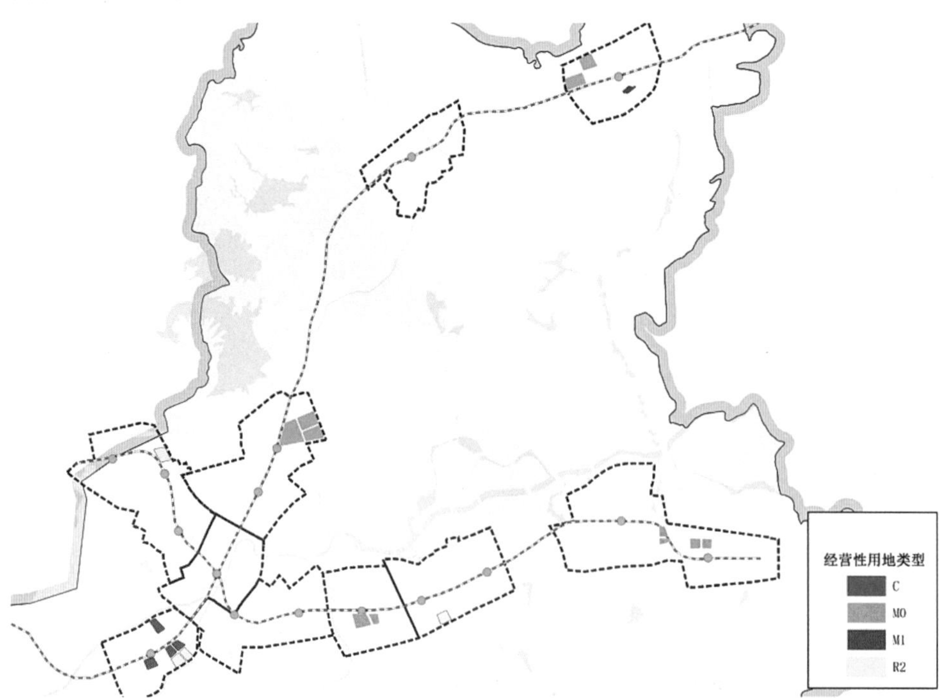

彩图 3-28　可直接招拍挂用地示意

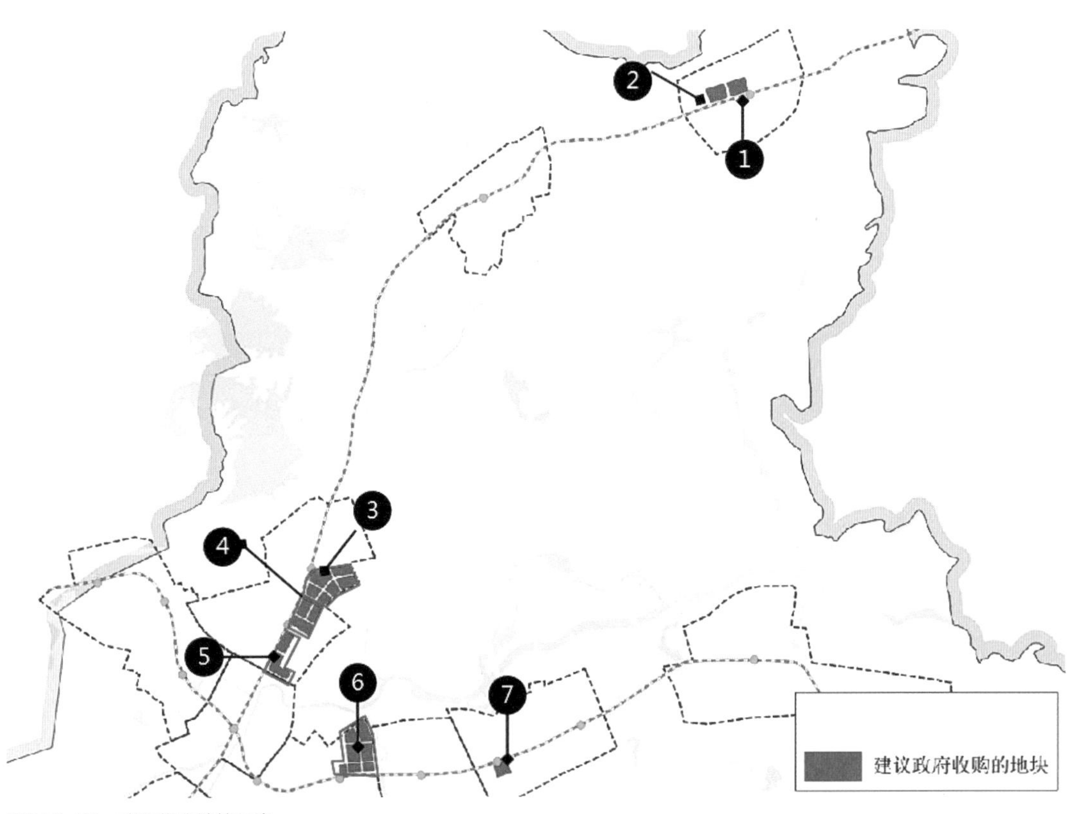

彩图 3-29　建议收购地块示意

[江岭-沙壆地区]法定图则03-12地块

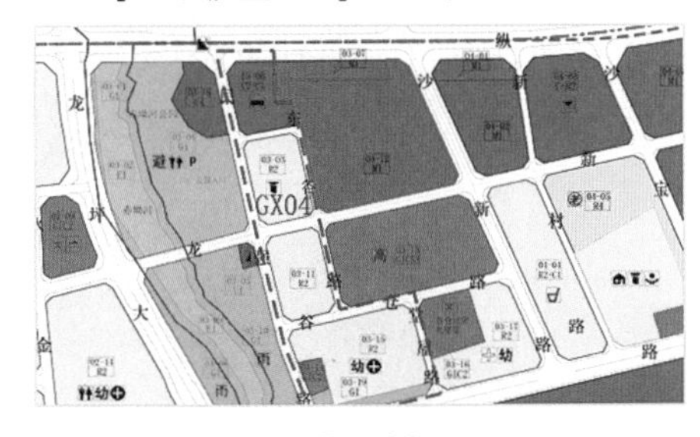

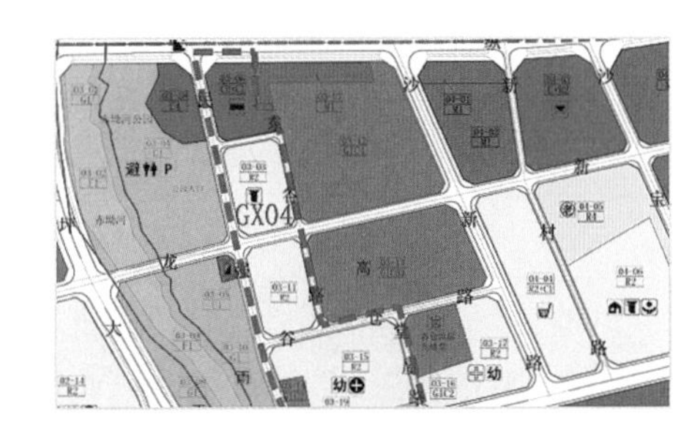

工业用地

医疗用地

[江岭-沙壆地区]法定图则04-02地块

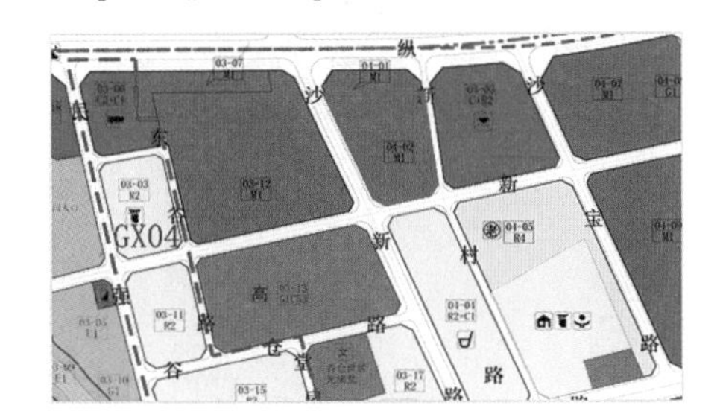

工业用地

教育用地

彩图 3-30　江岭站周边个案调整示意

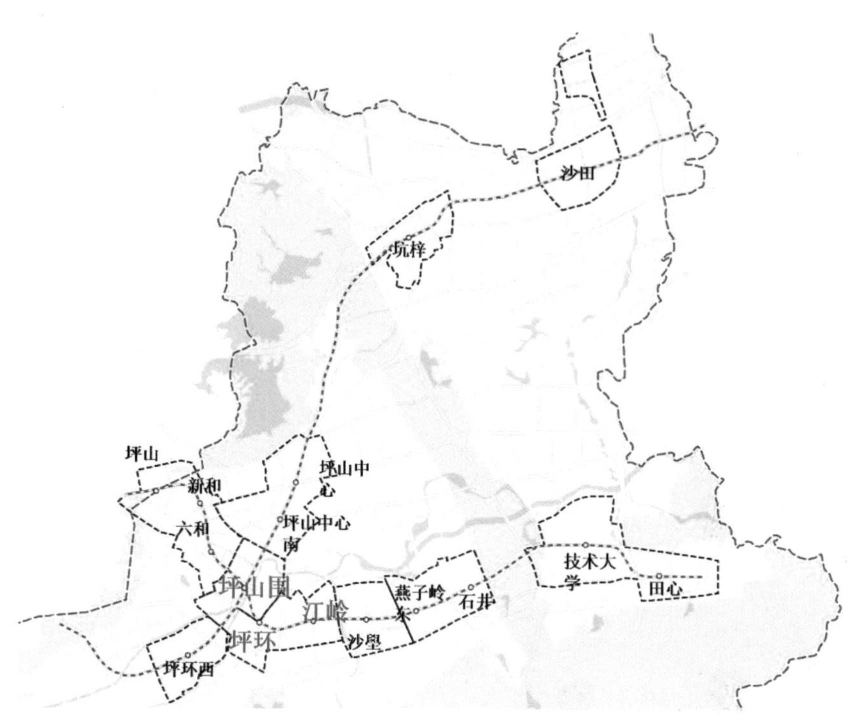

彩图 3-31 TOD 开发站点示意

第 4 章 片区统筹实施

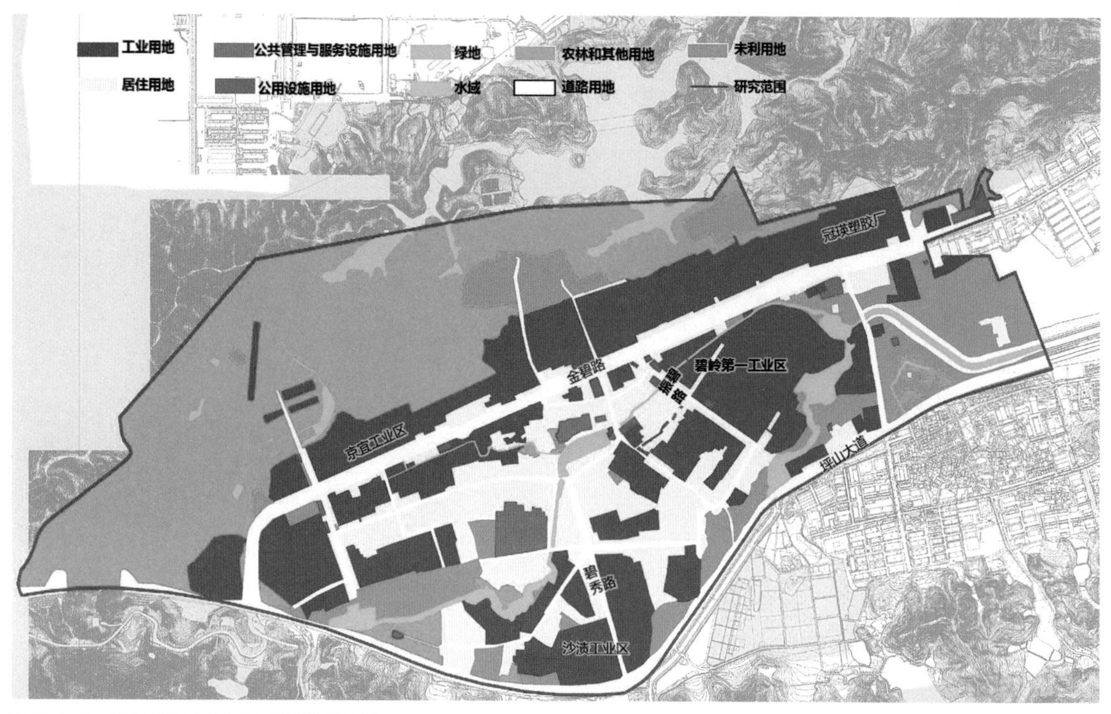

彩图 4-1 碧岭片区土地利用现状情况示意

彩图 4-2　坪山河碧水湖公园景观

彩图 4-3　碧岭片区及周边区域产业关系示意

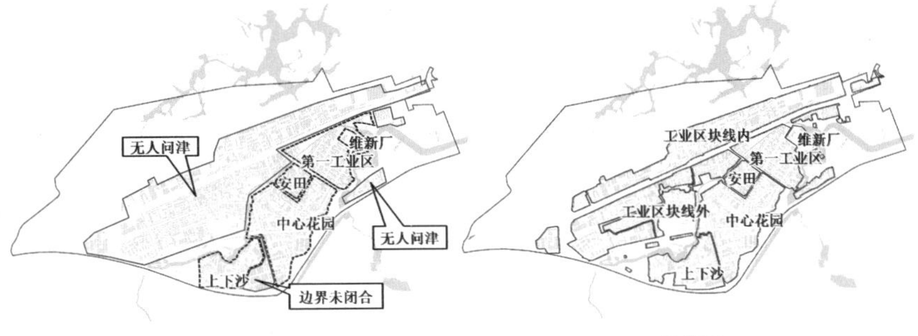

彩图 4-4　开发单元统筹前后对比示意

彩图 4-5　碧岭片区规划公共服务设施布局图

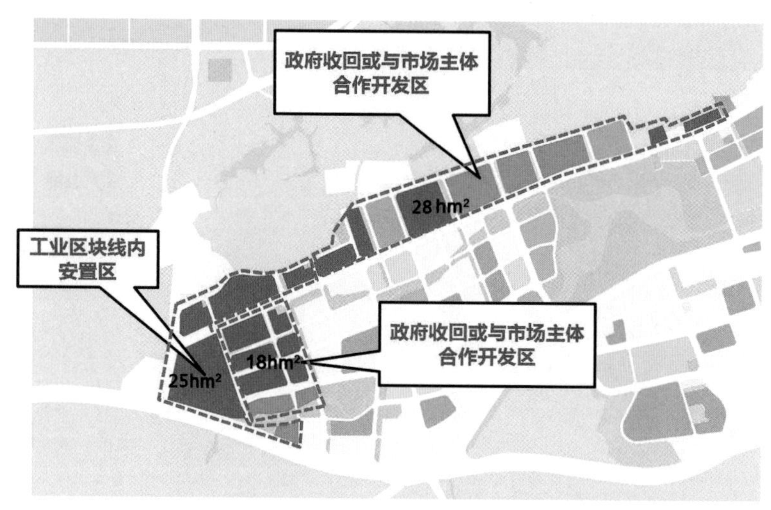

彩图 4-6　碧岭片区产业空间贡献示意

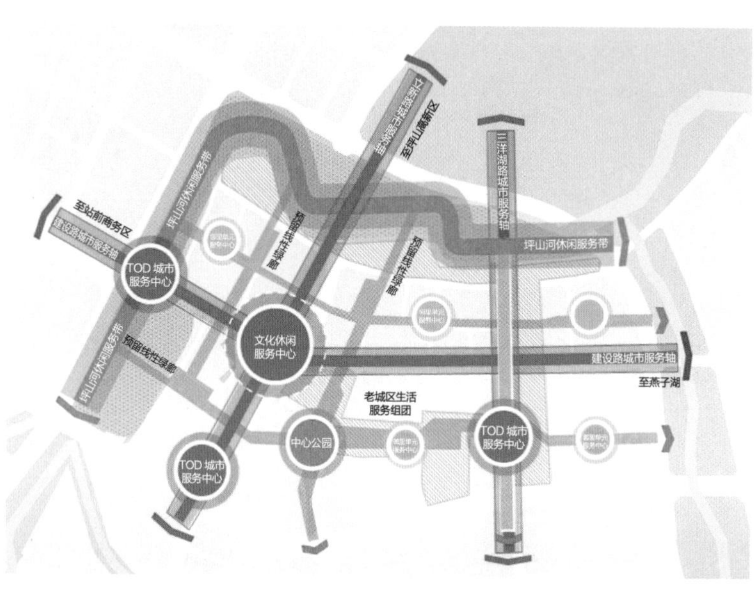

彩图 4-7　坪山老城空间结构规划图

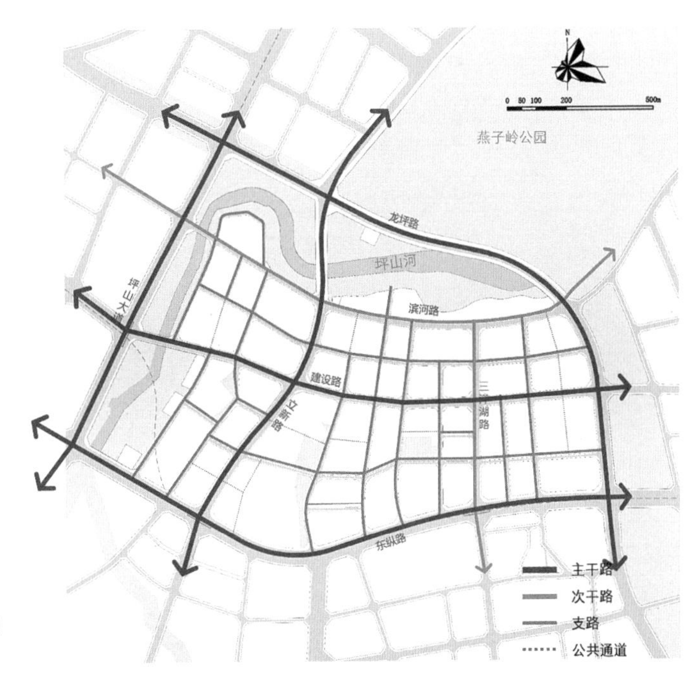

彩图 4-8　坪山老城路网结构规划图

彩图 4-9　坪山老城生态空间示意图

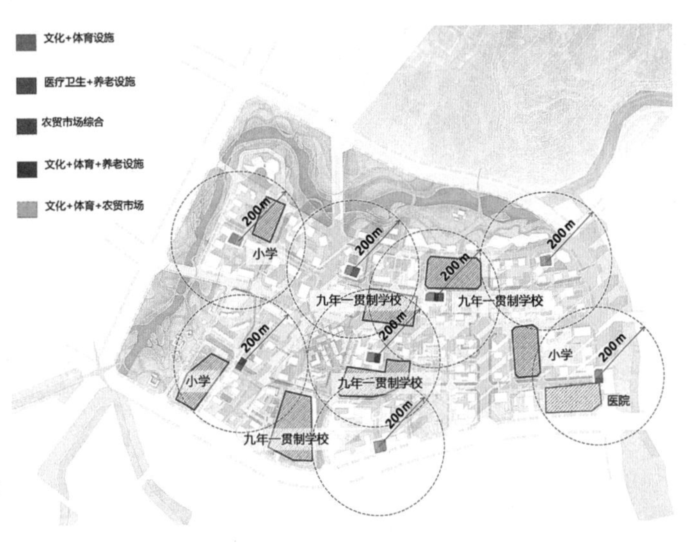

彩图 4-10　坪山老城公共设施布局图

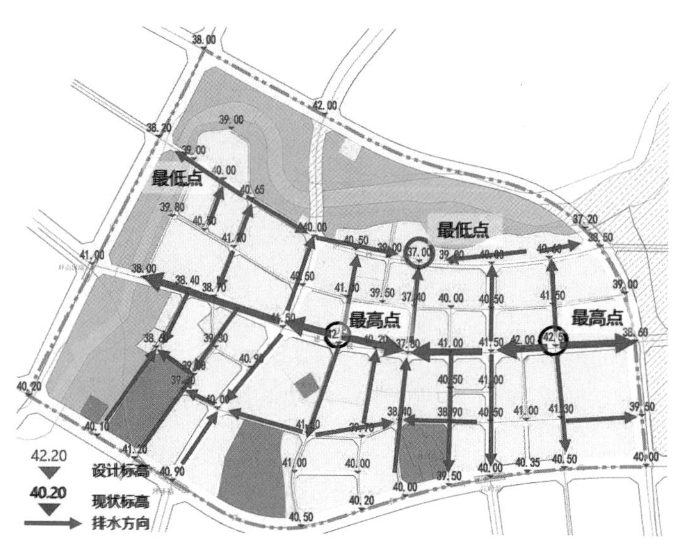

彩图 4-11　坪山老城片区竖向规划图

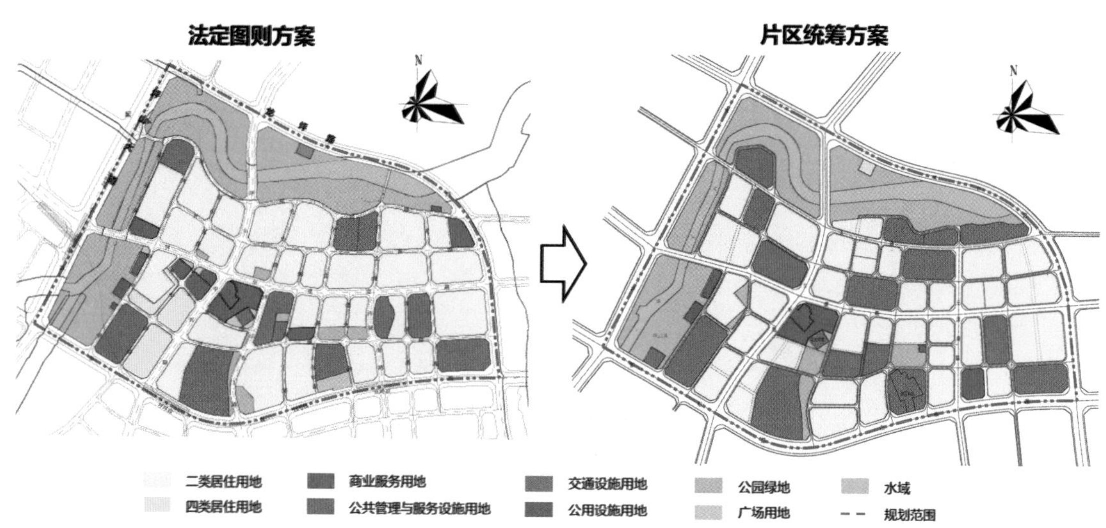

彩图 4-12　坪山老城法定图则与规划优化方案对比图

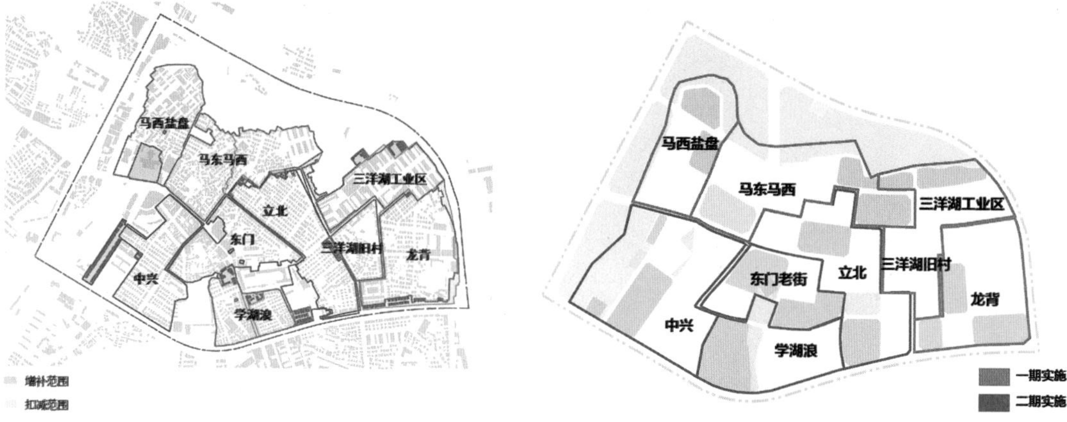

彩图 4-13　老城片区拆除范围优化图

彩图 4-14　坪山老城开发实施时序

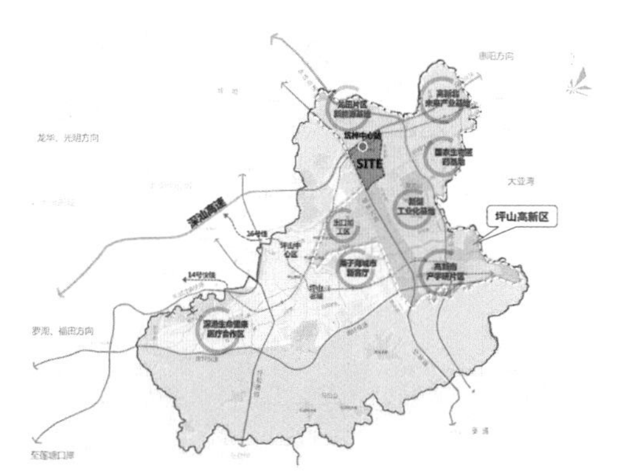

彩图 4-15　坑梓老城区位图

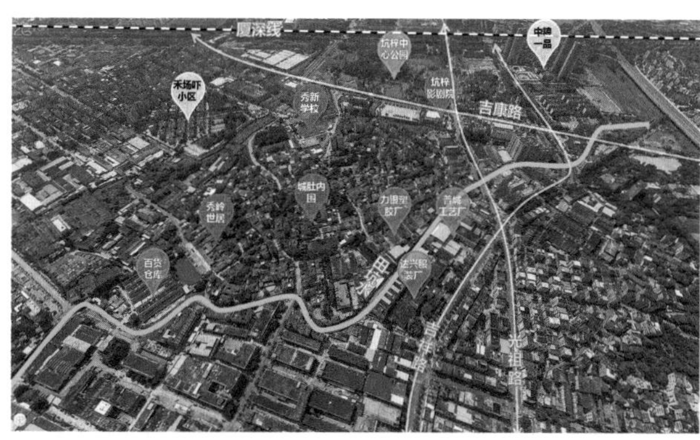

彩图 4-16　坑梓老城现状鸟瞰

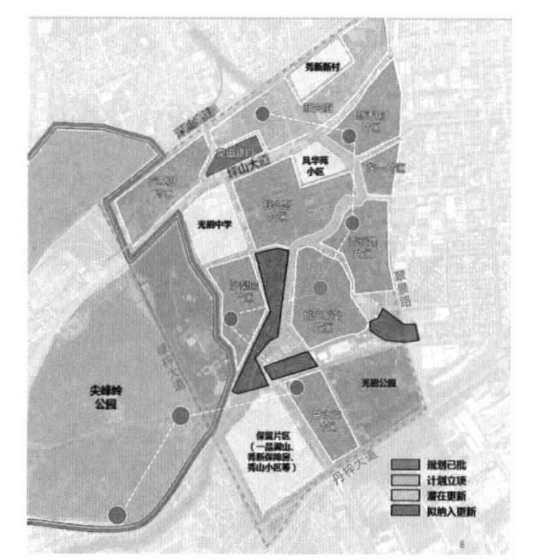

彩图 4-17　坑梓老城现有更新项目分布示意

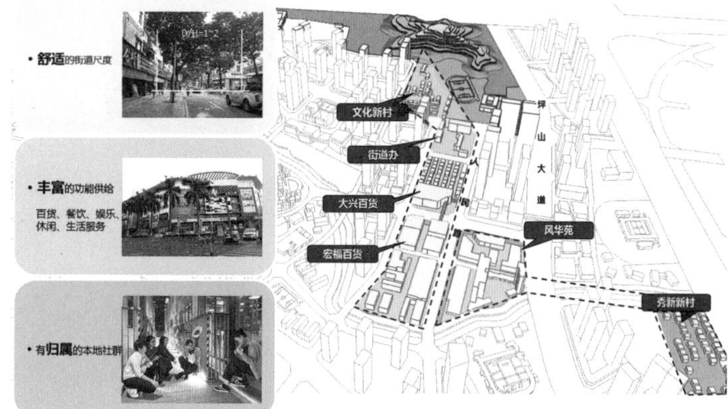

彩图 4-18　坑梓老城保留旧村和旧工业示意

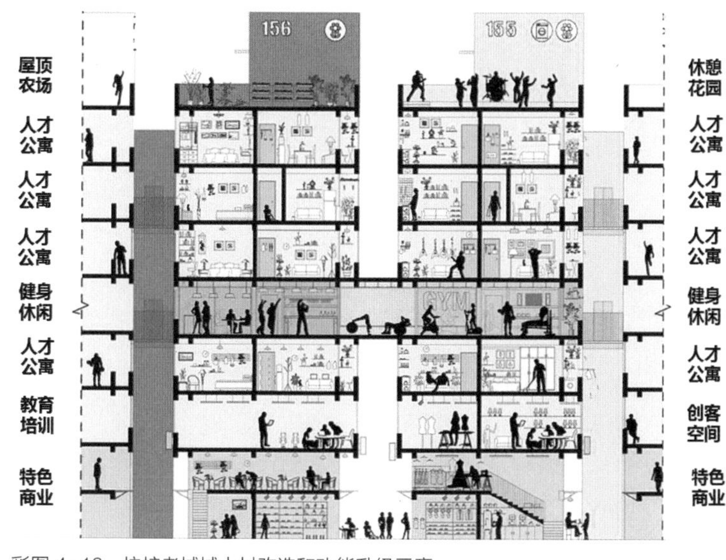

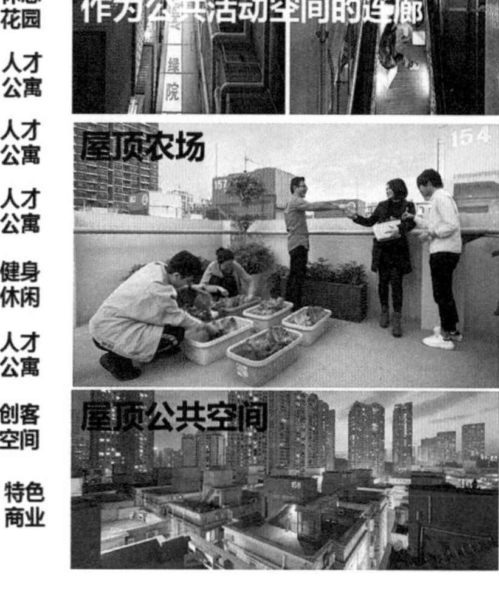

彩图 4-19　坑梓老城城中村改造和功能升级示意

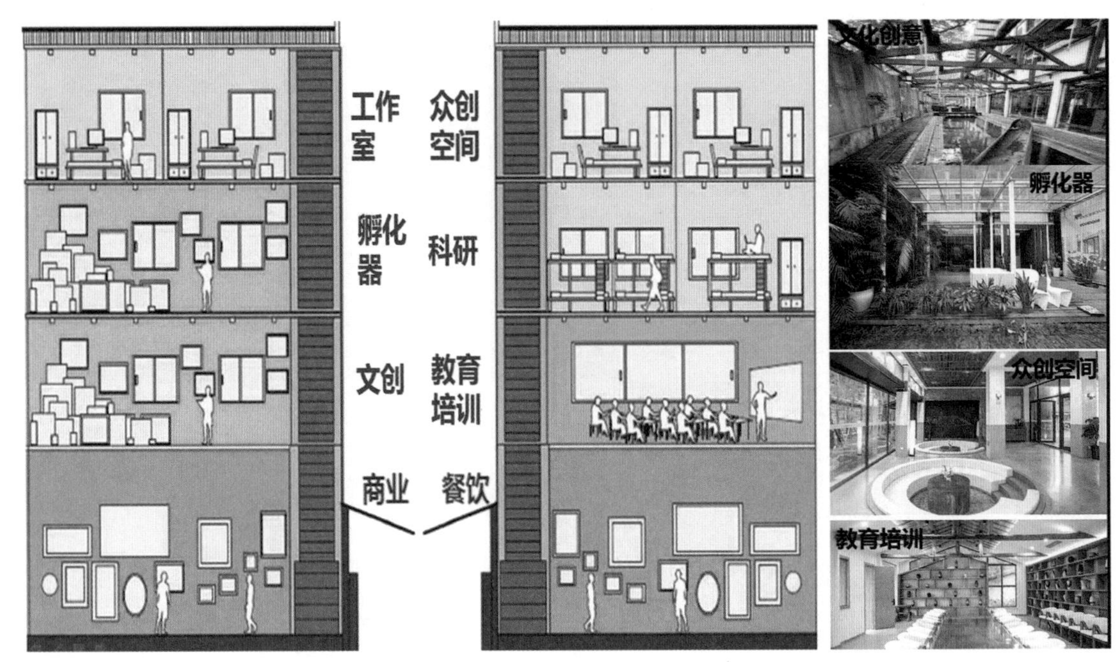

彩图 4-20　坑梓老城旧工业区改造和功能升级示意

彩图 4-21　坑梓老城拆除范围划定示意

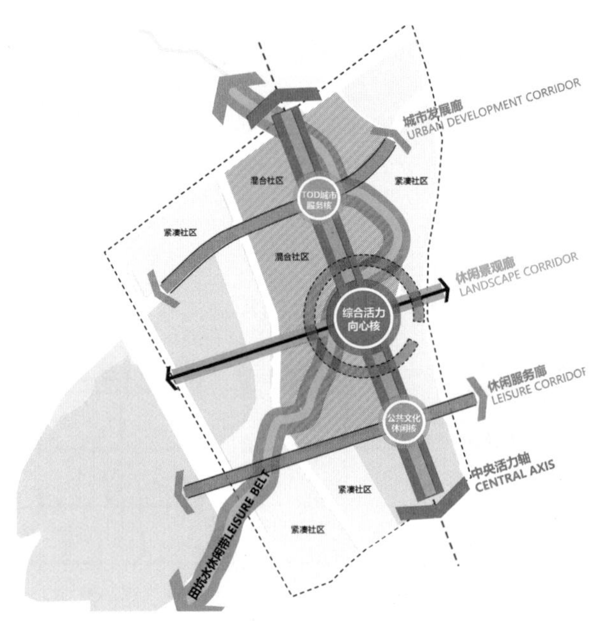

彩图 4-22　坑梓老城空间结构优化示意

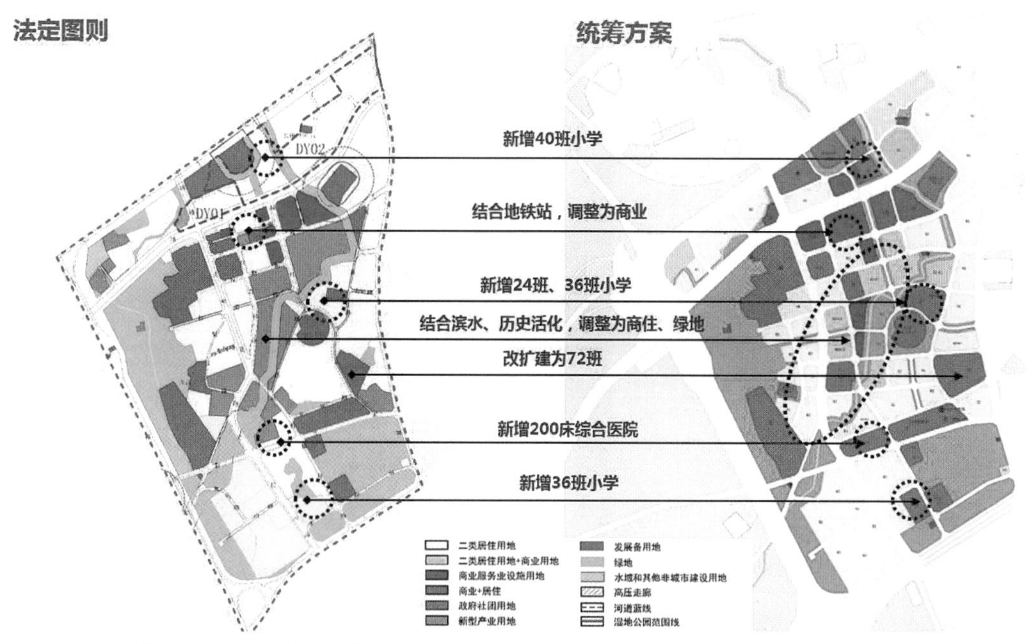

彩图 4-23　坑梓老城片区统筹与法定图则对照示意

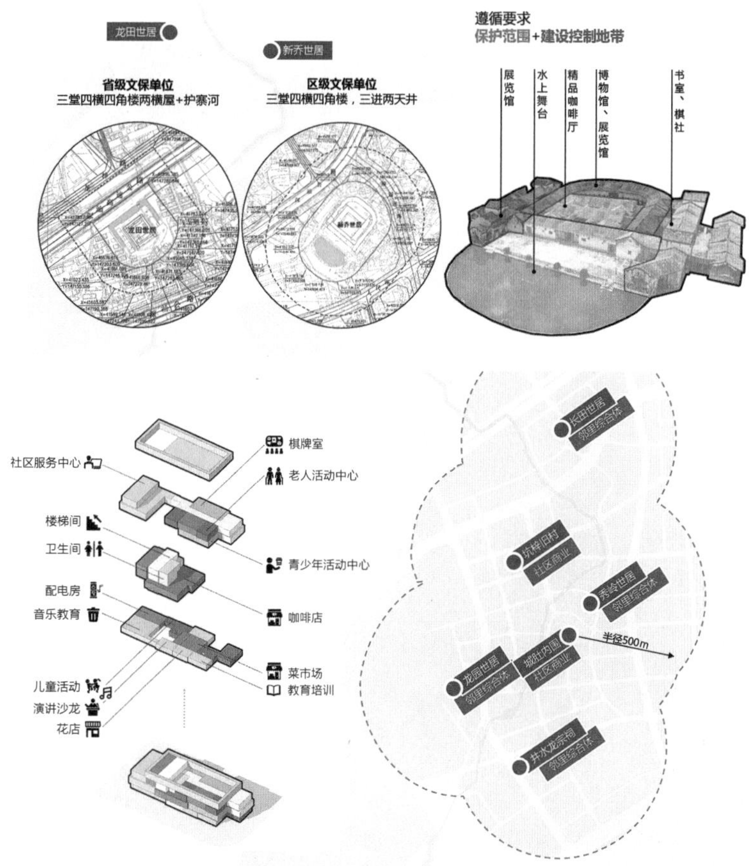

彩图 4-24　历史建筑活化示意

彩图 4-25　滨水空间主题策划示意

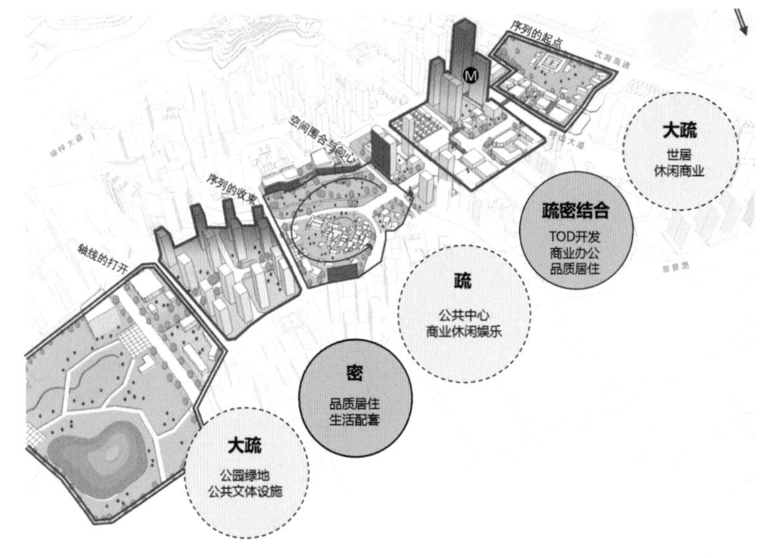

彩图 4-26　“中央活力轴”空间形态示意

彩图 4-27　“中央活力轴”空间意向图

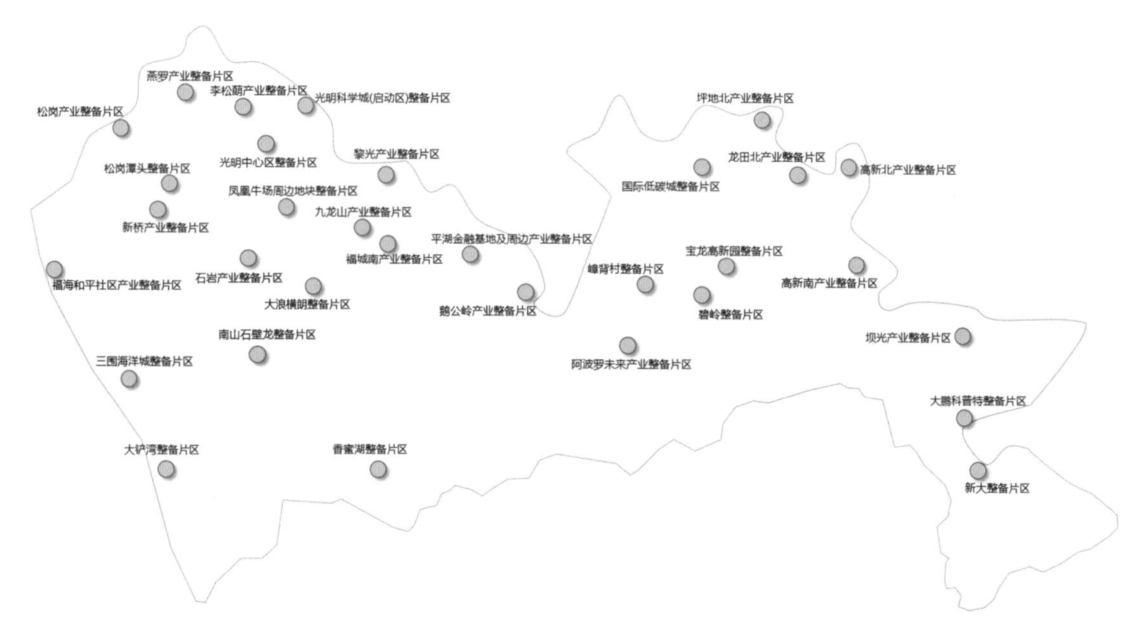

彩图 4-28　深圳市 1km² 以上较大面积产业空间分布示意

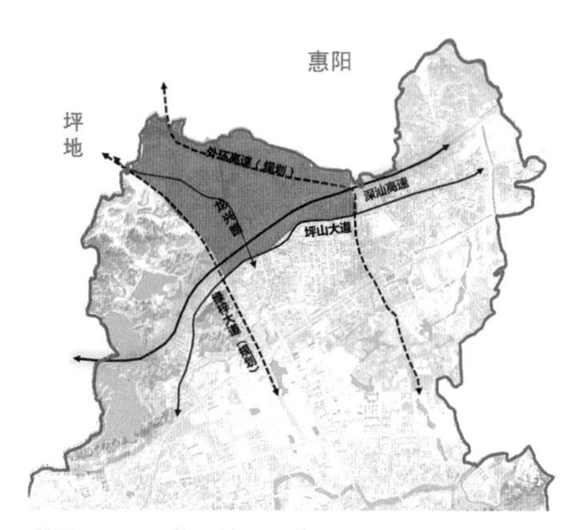

彩图 4-29　龙田片区区位图

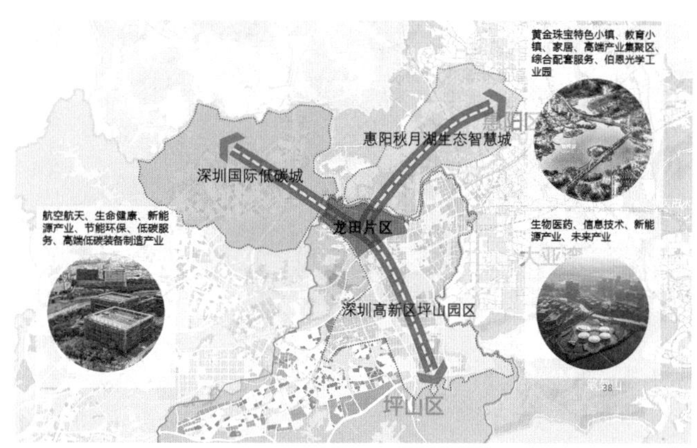

彩图 4-30　龙田片区周边重要发展片区示意

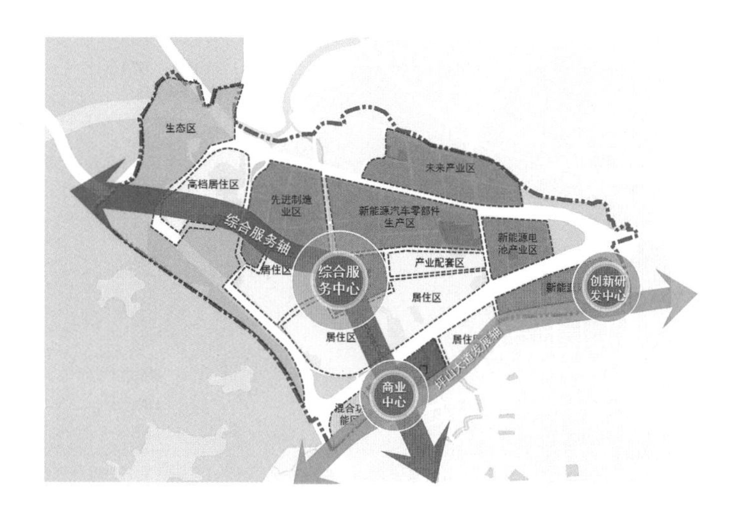

彩图 4-31　龙田片区规划结构空间图

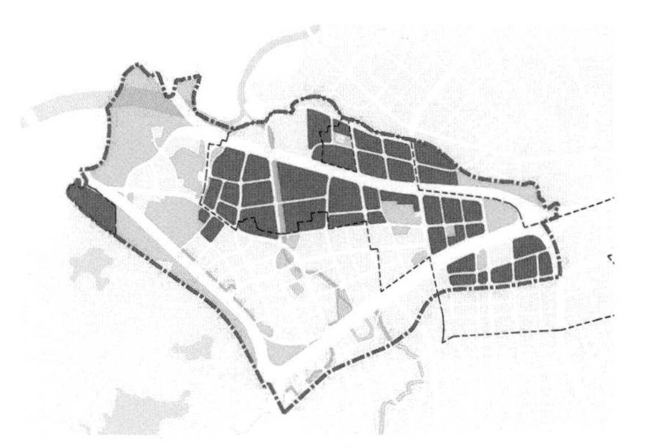

彩图 4-32　龙田片区产业用地空间布局图

彩图 4-33　龙田片区公共利益用地布局图

第 5 章　土地整备利益统筹

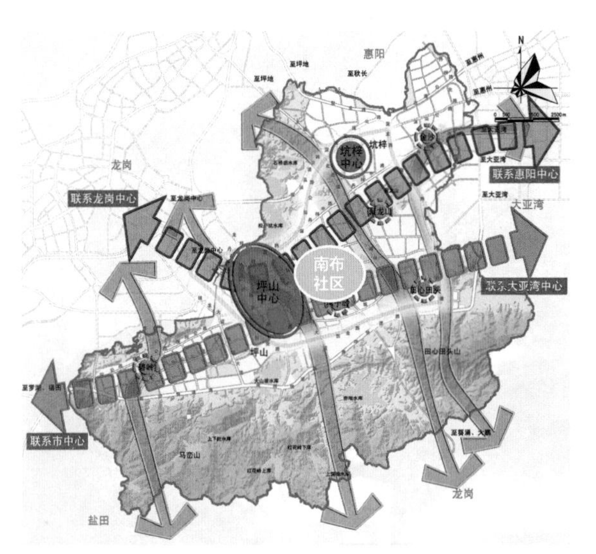

彩图 5-1　南布社区位置图

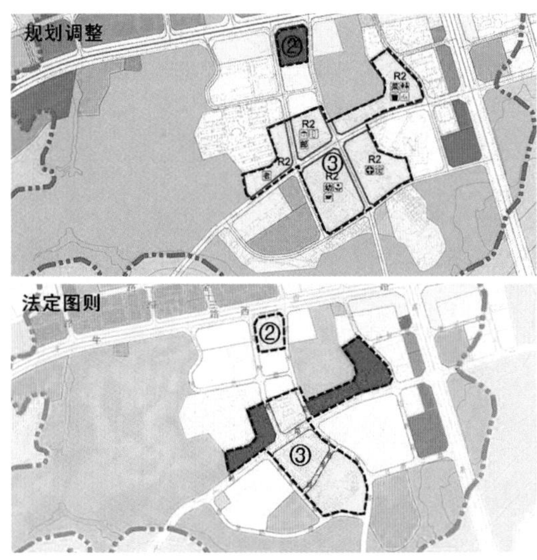

彩图 5-2　南布社区功能调整对比图

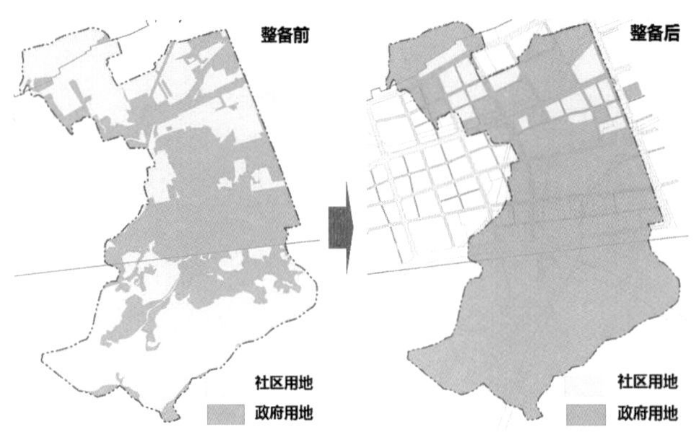

彩图 5-3　沙湖社区土地整备前后用地权属示意

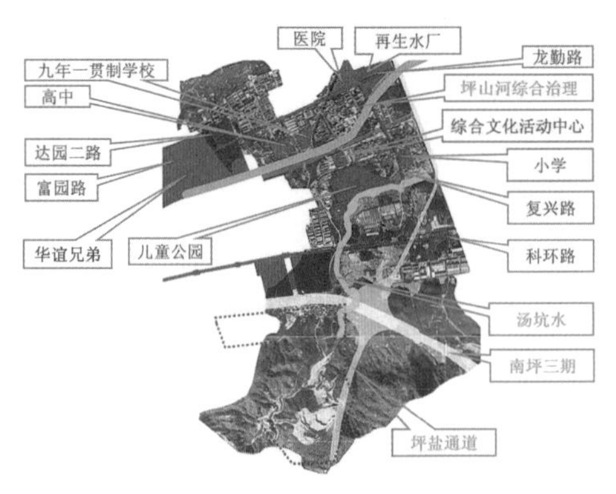

彩图 5-4　沙湖公共基础配套设施分布示意

彩图 5-5 沙田一期留用地规划方案

彩图 5-6 沙田片区规划方案

第 6 章　社区规划实施

彩图 6-1　社区空间布局规划调整示意

结合问卷调查中居民对社区公共服务的具体需求，提供相应的服务

- 便民服务

流动人口服务、助老养老服务、青少年教育、青工文化活动培育、优生优育服务、失业登记与就业促进、创业帮扶、职业规划、技能培训、婚恋交友、家政服务、政策咨询与法律援助等。

- 公益服务

抚孤助残活动、行为矫治、社区文体活动、心理咨询、矛盾调解、文明礼仪等。

彩图 6-2　社区公共服务设施规划示意

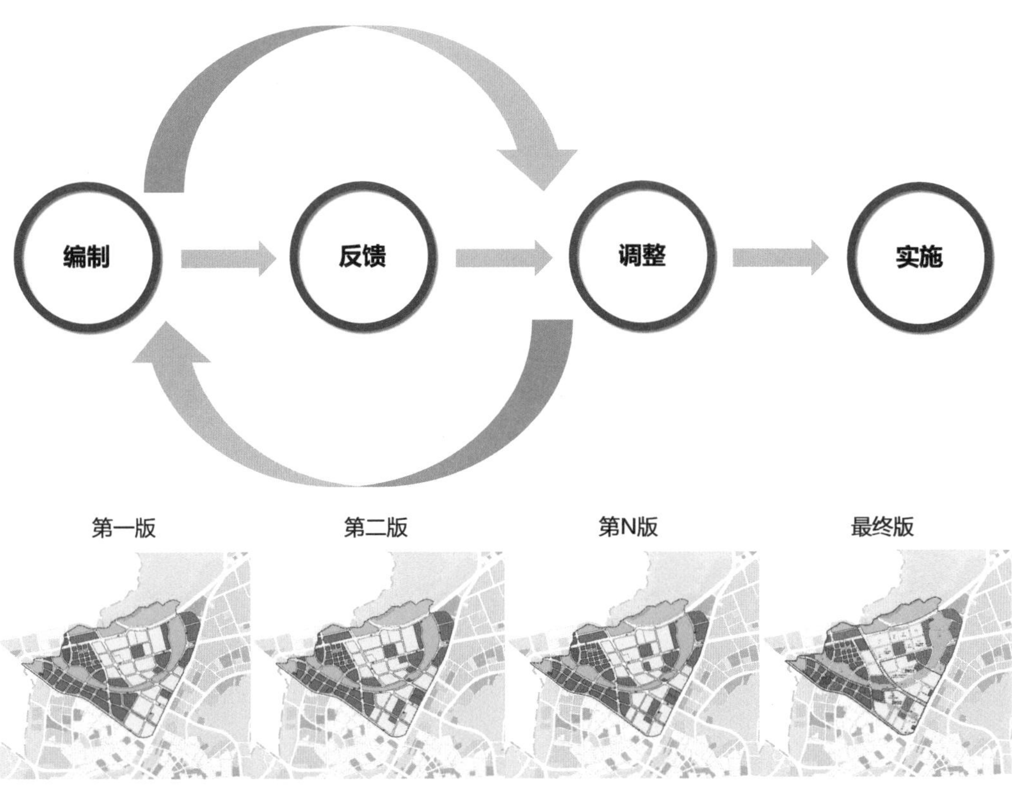

彩图 6-3 社区规划动态编制过程图

彩图 6-4 社区建设前后对比图

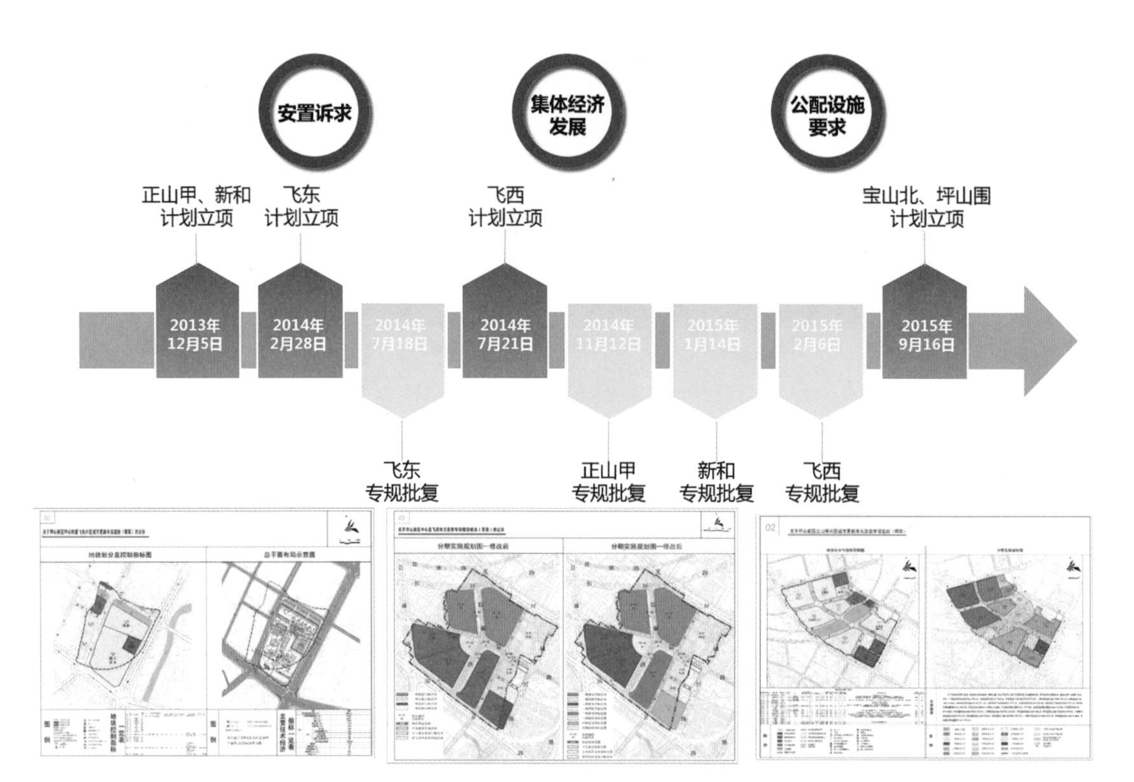

彩图 6-5　社区更新单元专项规划编制图

彩图 6-6　社区影像记录示意

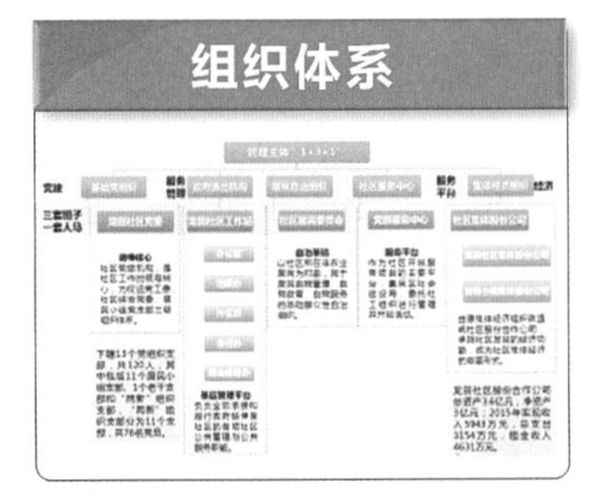

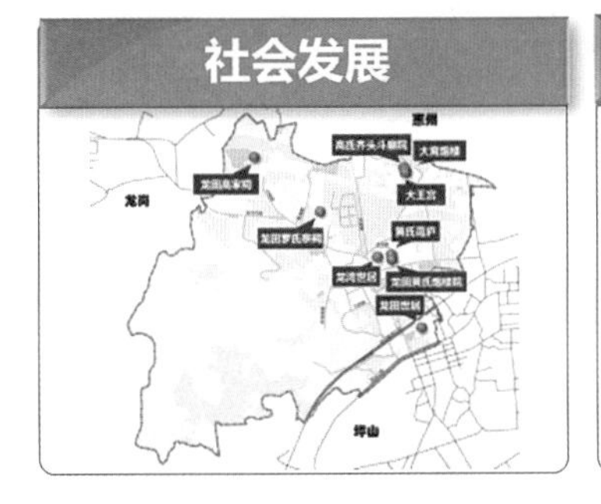

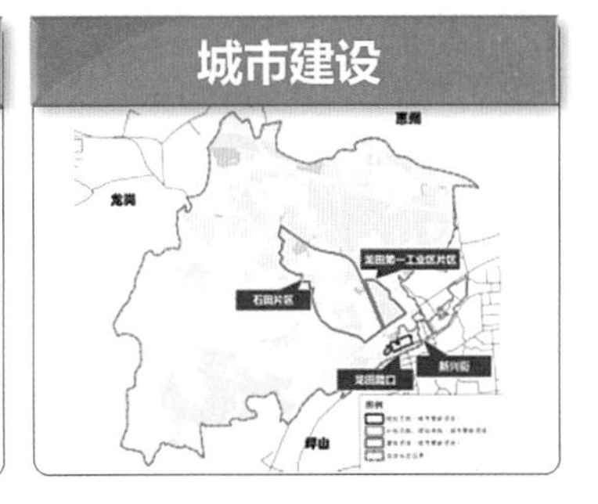

彩图 6-7　社区发展规划调研内容（以龙田社区为例）

彩图 6-8　社区分类别规划研究（以金龟社区为例）

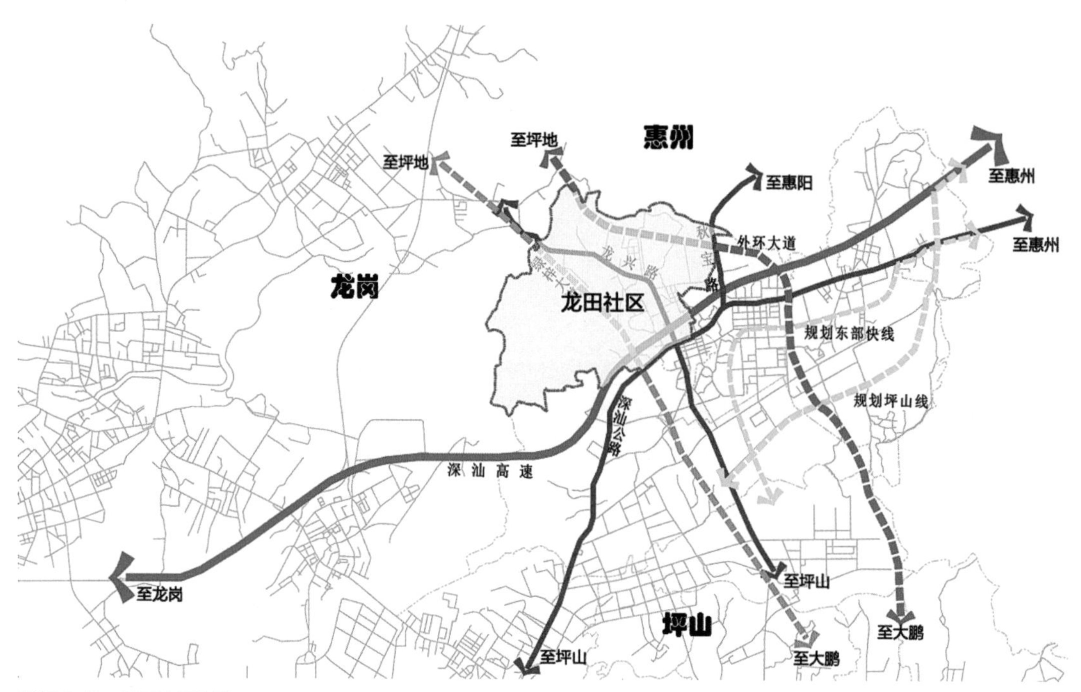

彩图 6-9　龙田社区位置

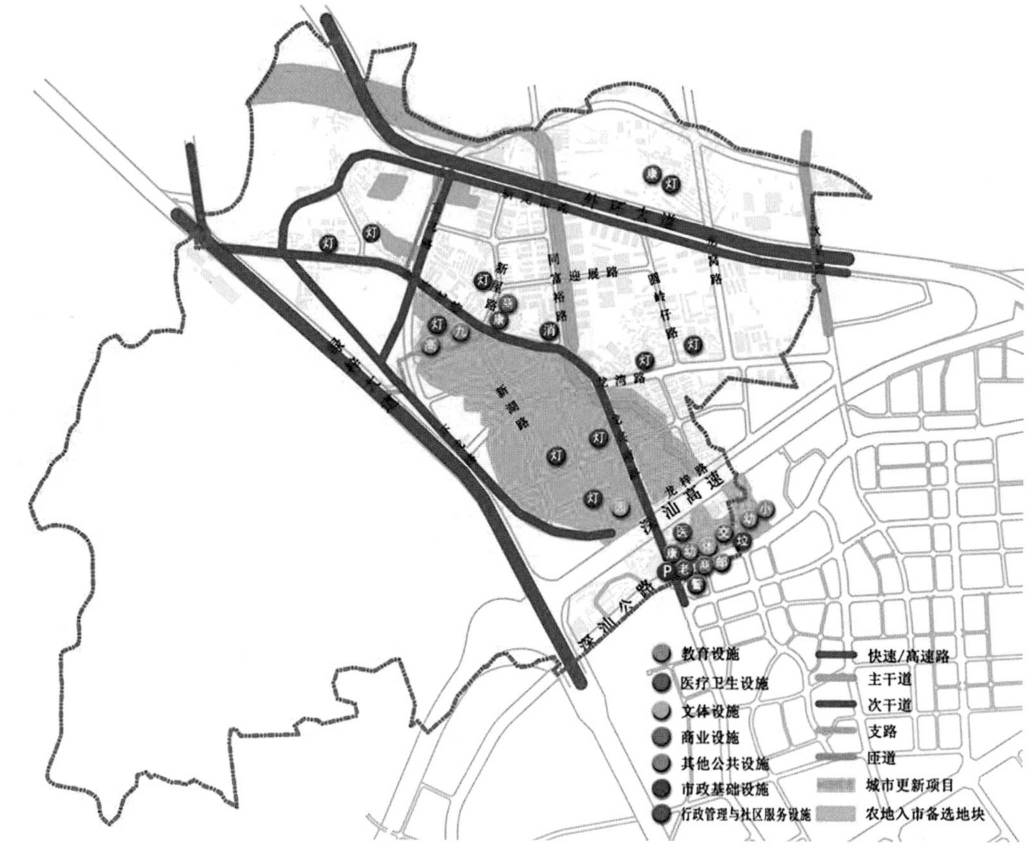

彩图 6-10　龙田社区三年发展规划图

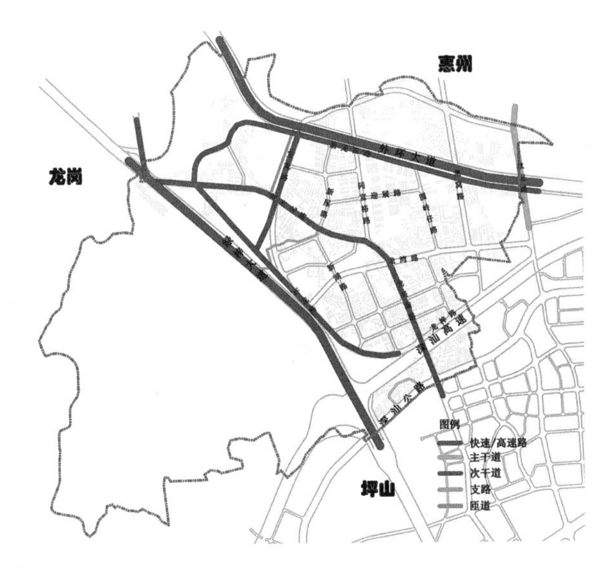

彩图 6-11　龙田社区道路规划图

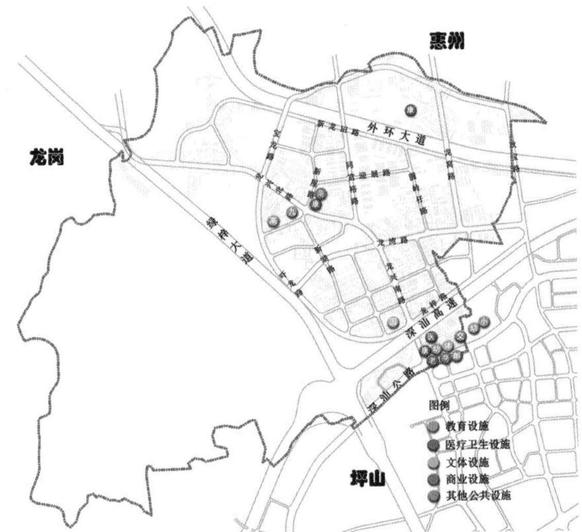

彩图 6-12　龙田社区公共配套设施规划布局图

彩图 6-13　龙田社区特色餐饮文化

第 7 章　从规划编制到实施推进

彩图 7-1　坪山区航拍影像系统效果

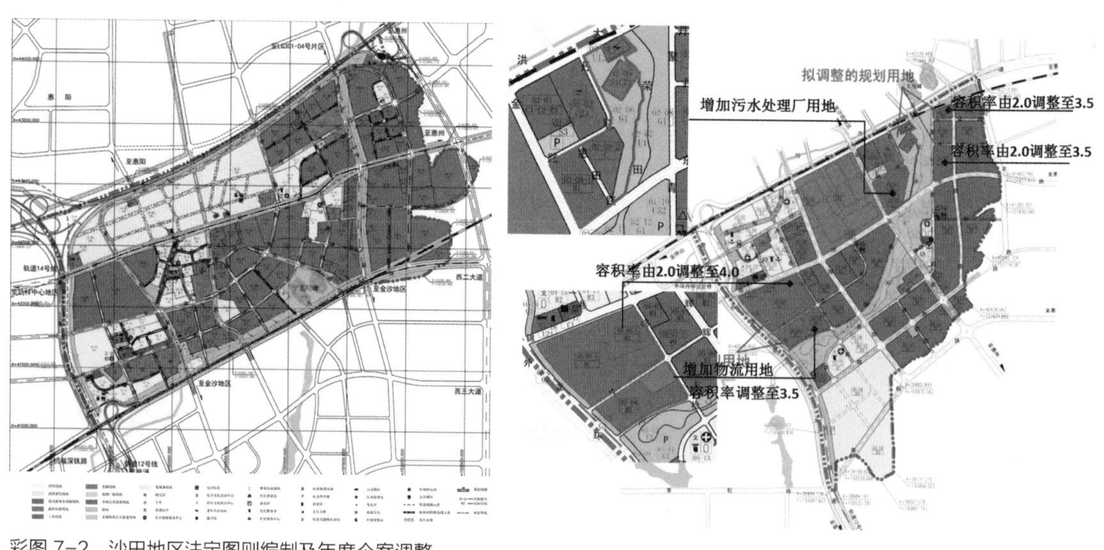

彩图 7-2　沙田地区法定图则编制及年度个案调整

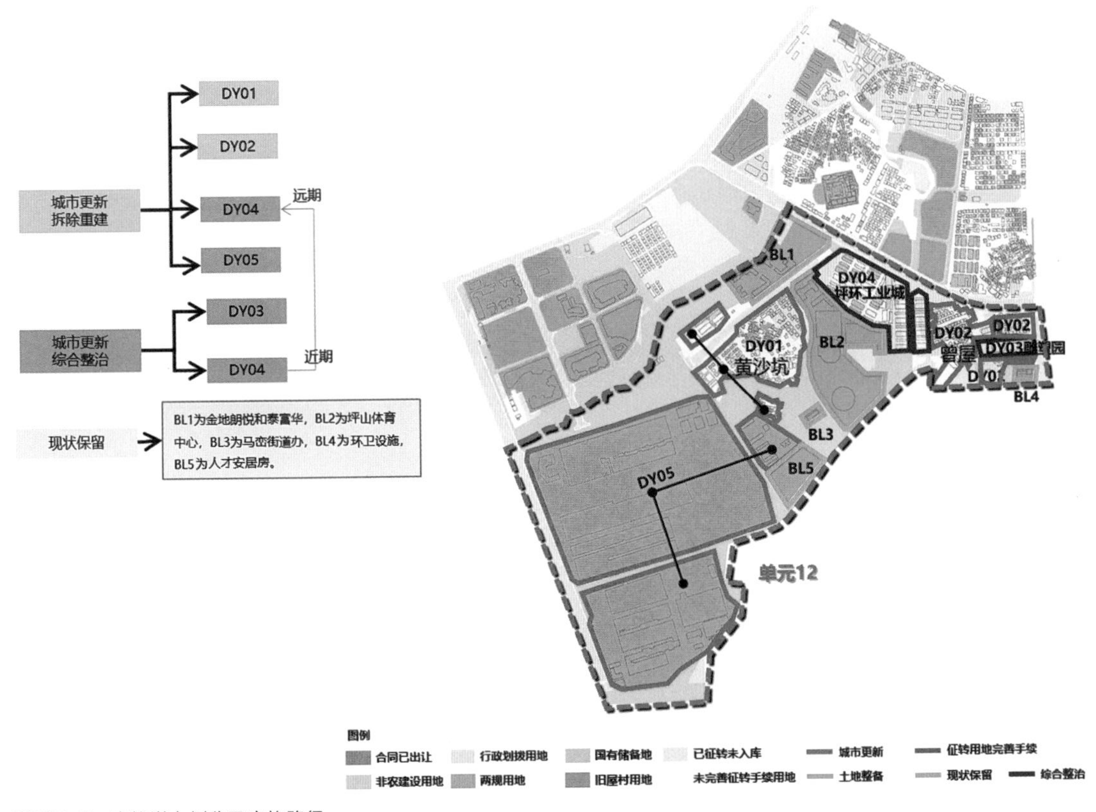

彩图 7-3　实施潜力划分及实施路径

黄沙坑、曾屋、坪环工业城（远期）按照《深标》及《坪山区关于实施〈深圳市城市规划标准与准则〉和〈深圳市拆除重建类城市更新单元规划容积率审查规定〉的操作指引（修订版）》（以下简称《坪标》）测算

项目名称		改造方向	拆除用地面积/m²	现状建筑物量/m²			现状容积率	合法用地比例	按深标、容积率审查指引测算值/%	核定规划开发量					经营性建设用地/%	居住容积率	土地贡献率/%	平均容积率
										可售商品房/%		保障房/人才公寓/%	公共配套/%	合计/%				
黄沙坑		居住	97328	非工业建筑	92763	110390	1.13	32.5%	350389	R	192891	26584	17820	283129	56624	3.9	40	5.0
				工业建筑	17627					C	45834							
曾屋	不拆雕塑园	居住	59837	非工业建筑	76693	86748	1.45	52.2%（含已购23.6%）	248898	R	138431	23692	17326	205714	42696	5.4	28	4.8
				工业建筑	10055					C	26265							
	全拆	居住	74262	非工业建筑	76693	102606	1.38	60.5%（含已购19.0%）	271353	R	175849	19963	17453	222520	39511	5.0	47	5.6
				工业建筑	25913					C	9255							
坪环工业城（远期）		商业	88669	非工业建筑	0	93247	1.05	44.8%	306601	R	0	15865	12802	306601	52420	—	41	5.8
				工业建筑	93247					C	293800（含商务公寓72275）							

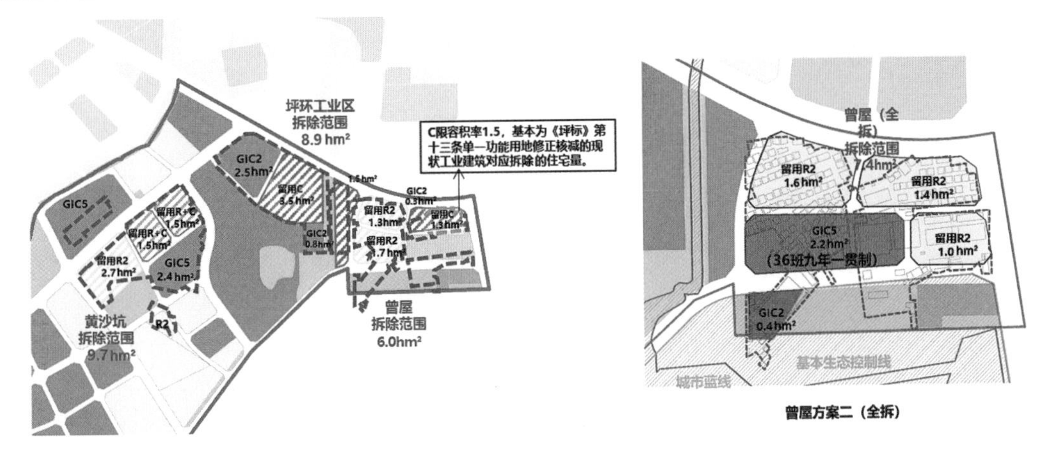

彩图 7-4　统筹方案开发测算

上篇　深圳坪山发展概述

第1章 坪山社会经济和城市发展概述

1.1 现状与概况

坪山区成立于2017年1月（前身为2009年6月成立的坪山新区），位于深圳市东北部，东邻惠州市大亚湾区、惠阳区，北靠龙岗区，地处深莞惠及河源、汕尾“3+2”经济圈地理中心，是粤港澳大湾区向东辐射的重要门户和广深港澳科技创新走廊的重要节点，被市委市政府定位为深圳东部中心、深圳高新区核心园区及深圳未来产业试验区。

坪山位处市域东北边缘，远离城市核心区，是城市发展的后进生。2010年坪山GDP为218亿元，仅占全市经济总量的2%。城乡社会经济面貌呈现为以农村社区为主体的半城半乡景观，农田、菜地、村落、工业区相间，违建乱建现象严重，设施条件十分落后。坪山新区成立后，即着手编制了新区综合规划等一系列规划，推动落实了一大批基础设施和公共服务设施建筑及城市开发项目。到2016年底，新区实现GDP超500亿元，新区面貌日新月异，社会经济迅速发展，基础设施不断改善，公共服务日趋完善。同年底，经国务院批准，正式成立坪山区。

当前，坪山辖区总面积166km^2，下辖坪山、坑梓、马峦、碧岭、石井、龙田6个街道，共23个社区（彩图1-1）。2019年底常住人口约46.3万，其中户籍人口约9万人。城市建设用地约63.4km^2，是深圳市可开发建设用地面积最大的区域之一。

1.1.1 自然地理地貌

坪山区地处亚热带北缘与南亚热带的过渡地带，属于南亚热带海洋性气候，四季温和，雨量充足，日照时间长。夏季受东南季风的影响，高温多雨；冬季受东北季风以及北方寒流的影响，干旱稍冷。坪山区城市热岛强度较小，气温略低于市中心区，年平均气温为22.3℃；东南部邻近马峦山区域较北部舒适；年平均风速2.4m/s；大部分地区年均降水量在 1705mm 左右，在深圳市居中等水平。

自然地形主要为浅丘陵和盆地，地势舒缓，建设条件良好。坪山得名即来源于位处“山中平地”的地形特点（彩图 1-2）。地势为西、南高，东、北低，中部东西走向为宽谷冲积台地和剥蚀平原，适于开发建设与耕作；西部为低山丘陵；南部为连片山地马峦山区，属砂页岩和花岗石赤红壤，适于发展林果，山地地形连绵起伏且总体呈现中间低两端高态势，最高峰为东南侧田头山山顶，海拔 682.7m。

坪山区为深圳 4 个岩溶盆地地貌单元之一，为岩溶塌陷多发区。辖区分布石岩系石蹬子组灰岩，为可溶性岩层，由于地下存在溶洞、暗河、土洞等，当地下水位变动时，易形成岩溶地面塌陷地质灾害，工程地质条件较差，易导致地面建筑沉陷、变形、破坏等。

1.1.2 人口社会经济现状

坪山属于典型的快速城镇化地区，人口集聚能力增强，人口结构年轻化。2019 年末坪山常住人口约 46.3 万，管理人口约 80 万，户籍人口 9 万。从人口年龄及从事产业构成来看，坪山属于较为年轻型的区域，第二产业就业人口占比最大，第三产业从业人口比重逐年上升，呈现以劳动适龄性为主的特点。

近年来，经济总量持续增长，增速稳居全市前列。2019 年全区实现地区生产总值 760.87 亿元，总量是新区成立之初的 3 倍多，增速同比增长 8.5%，居全市第二；全区固定资产总额增长 0.2%，房地产开发项目投资额下降 9.0%；非房地产开发项目投资额增长 5.4%；规模以上工业增加值 395.95 亿元，同比增长 6.5%；社会消费品零售总额 86.25 亿元，同比增长 6.3%，固定资产投资保持平稳。外贸进出口总额增长 35.4%，在落实更大规模减税降费政策的前提下，全口径税收收入增长 3.8%，一般公共预算地方本级收入增长 7.1%。

产业集聚发展态势初步形成，创新能力不断加强。坪山产业基础雄厚，拥有国家新能源（汽车）产业基地、生物产业基地、国家新型工业化产业示范基地和深圳坪山综合保税区等四块“金字招牌”，以及比亚迪、赛诺菲巴斯德、中芯国际等一批国际知名企业；至 2019 年共拥有国家高新技术企业 502 家，各级科技创新平台 69 个，高新技术企业数量增长逐步加快，创新能力不断加强。

1.1.3 空间开发建设概览

坪山新区成立以来，尤其是坪山升级为行政区后，城市建设用地规模稳步增长，重点片区规划建设日新月异。2019 年坪山区建设用地总规模 63.4km^2，较 2010 年增加约 12km^2。形成“两城两区三带”的城市空间结构，两城为坪山中心城、碧湖深港国际生命健康城，两区为深圳高新区坪山园区、慢生活生态休闲区，三带为坪山大道现代都市发展带、坪山河风情带、现代都市农业观光带。

当前，坪山正对标国际一流城市，高标准规划建设“1+7+N”重点片区（彩图 1-3），努力打造规划精心、建设精致、管理精细的未来之城。“1”指打造燕子湖城市客厅这一核心功能区，集聚高端服务功能——打造大都市圈东部城市新客厅，提升服务水平、强化总部功能和高等级设施集聚、提升城市功能与形象品质。“7”指为打造国家高新区核心园区，提升城市综合服务水平，强化科技创新职能和高端综合服务功能，保障大面积高品质产业空间，强化高端综合服务功能，全力推进 7 个重点片区，即站前商务片区、高新北片区、高新南片区、龙田片区、碧岭片区、坑梓片区及老城片区。“N”指其他经充分研究，可以推动的片区。

1.1.4 自然和文化景观

坪山区半边山水半边城，山体、森林、耕地、河湖水系与动植物资源各具特色，鹏茜矿等地质资源丰富。独特的自然景观也孕育了独特的地域文化，客家文化、红色文化底蕴深厚。拥有大万世居、龙田世居等客家围屋，有麒麟舞和大万祭祖等省、市级非物质文化遗产，承载着厚重博大的客家文化历史；有东江纵队纪念馆、曾生故居、庚子首义等红色文化资源（彩图 1-4）。

自然遗产和特色景观方面，有坪山河、龙岗河等主要河流和松子坑、红花岭等大小水库 20 余座，河湖水面占辖区总面积的 9.2%；山体面积约 80km^2，占总面积 48%；全区已建成 70 余个公园和 1 个自然保护区，有马峦山郊野公园、聚龙山湿地公园等，绿化覆盖率达 65%。

坪山区是客家人的主要聚居地。2017 年尚存客家围屋 80 余处，围屋数量在全市排名前列，其中“大万世居”“新乔世居”和“龙田世居”等大中型客家围屋最为著名。这些围屋保留了较多的民族、家族演变信息和人文发展元素，是坪山区的重要文化名片，也被喻为深圳保存不多的民族民俗博物馆。

坪山客家围屋独具特色，墙内的建筑立面上不再是清一色的平房建造，有的在上堂或正堂建造成二层楼房，也有的在中堂的正堂内加半层阁楼。横屋与正屋间，横屋与横屋间，用天井和巷道分隔的立意更为鲜明，天井成了堂的框架，巷道成了围内的交通网络。有的民居防御功能渐次淡化，更为讲究美观舒适。有的带有浓郁的侨乡风格，堪称围屋形制向现代民宅过渡的版本。宗祠作为结构围屋的核心，不再像法则一样得到强调，也允许建于围屋之外。

1.2 形势与机遇

1.2.1 从大工业区、新区到行政区

1993 年前，坪山地区的行政建制为龙岗下辖的坪山、坑梓两个建制镇。1994 年，深圳市在龙岗区设立由市政府直接管辖的“大工业区”，覆盖坪山、坑梓两街道，面积 174.4km²，可开发建设面积 109km²。面对新的历史契机，深圳市政府计划把大工业区建设成为以电子信息产业为主体，先进技术工业为核心的开发基地，使之成为推动全市经济跨越发展的重要载体和增长极。

2009 年，为进一步推进坪山的发展，深圳市将原大工业区和原龙岗区坪山办事处、坑梓办事处整合，成立坪山新区。新区成立后，发展势头十分迅猛，已成为深圳东部一座生机勃勃的新城。坪山产业特色鲜明，引进培育了比亚迪、中芯国际等一批国家级高新技术企业，是深圳高新技术产业的重要集聚地。随着“东进战略”的实施与推进，坪山的开发建设进入了快车道，城区面貌出现巨大的变化。2016 年，坪山区实现国内生产总值 506.05 亿元，是 2010 年的 2.2 倍。

2016 年 9 月，国务院批复同意设立深圳市坪山区。坪山区委区政府提出：要努力建设坪山高新区，加快打造深圳东部科技、产业创新中心；努力打造三大千亿级新兴产业集群，加快成为未来发展的重要增长极和带动周边产业发展的新引擎；努力建设功能复合的东部商务集聚区和“西联东进”的区域交通枢纽区，不断增强城区的综合承载力和辐射力；努力创新基层管理体制机制，全面提升城区管理治理精细化水平，加快建设民生幸福的生态文明城区；努力实现有质量的稳定增长、可持续的全面发展，联手周边、合力打造深圳东部中心和特区发展第三极，为深圳建成现代化国际化创新型城市贡献坪山力量。

从 1993 年隶属龙岗区的两个镇，经过大工业区、卫星城、城市副中心等阶段发展成为行政区，坪山管理人口逐渐增加、建设用地范围逐渐扩大、产业层次逐步提升。尤其是新区、行政区成立以来，坪山进入快速发展阶段，经济社会发展全面提速，优势产业格局初步形成，发展活力不断增强，城市品质明显改善（彩图 1-5）。

2019 年 2 月发布的《粤港澳大湾区发展规划纲要》，提出深圳要建设具有全球影响力的国际科技创新中心、“一带一路”倡议的重要支撑、内地与港澳深度合作示范区、宜居宜业宜游的优质生活圈。

深圳东部区域是粤港澳大湾区深耕腹地的东部支点，是湾区与海西经济带、赣南经济圈的连接枢纽，同时也是港深核心持续外溢发展的东北门户，深圳早在 2016 年提出“东进战略”，以坪山为核心的深圳东部区域将承担起湾区对外辐射传递极的历史使命。

1.2.2 深化改革与先行示范

2019 年 8 月，中共中央、国务院出台《关于支持深圳建设中国特色社会主义先行示范区的意见》，提出当前中国特色社会主义进入新时代，支持深圳高举新时代改革开放旗帜、建设中国特色社会主义先行示范区。党和国家在全面深化改革的新时期赋予了深圳新使命，对深圳的战略定位为高质量发展高地、法治城市示范、城市文明典范、民生幸福标杆、可持续发展先锋。

坪山作为深圳东部重要的对外辐射枢纽和新的城市增长极，有机会、有条件，也有责任成为改革开放下一个 40 年的先行示范城区。

1.2.3 创新引领的坪山崛起

进入新时代，党中央要求必须把创新摆在国家发展全局的核心位置，发挥科技创新在全面创新中的引领作用。纵观粤港澳大湾区的产业创新格局，广深港澳和港深惠汕两条创新走廊已初具规模，坪山以独特的空间资源优势、发展成本优势和三大战略性新兴产业集聚优势，立于港深科技创新资源向粤东、粤北腹地延伸的关键节点之上，已成为深圳建设全球创新城市的重要支撑，也是后发坪山未来崛起的重要机遇。

坪山高新区在经历大工业区、出口加工区、保税区、生物医药基地等阶段 20 余年的发展建设后，目前已明确为深圳国家高新区核心园区。2019 年，深圳市人民政府发布《关于印发深圳国家高新区扩区方案的通知》，坪山高新园正式纳入国家高新区，形成深圳市高新区“西有南山、东有坪山”的空间格局。坪山高新区以建设世界一流高科技园区为目标，着力培育一流的高新技术企业，着力布局一流的科技产业，着力营造一流的创新生态，聚焦高端领域和优势领域，加快培育发展世界前沿的原创产业，成为新产业、新业态的发源地，深圳未来产业高地和人文生态美丽园区。

1.2.4 一系列重大项目推进

为推动坪山实现跨越式发展，市政府在坪山布局了一批重大公共服务设施和交通基础设施项目。深圳技术大学落户坪山，一系列高等级的文体设施，如坪山文化聚落、燕子湖国际会议中心已经建成，深圳市自然博物馆、深圳市医科院、深圳市十大特色文化街区（大万世居）、南方医科大学深圳口腔医院等市级重大公共服务设施明确落户坪山，将显著提升坪山高等级公共服务水平。

轨道 14、16 号线计划于 2022 年开通，开通后将大大改善坪山区的交通条件。引入深汕高铁、深河客专、深大城际、莞龙城际、地铁 19、23 号线等轨道交通网络的规划设想已经基本落实在广东省或全市轨道交通网络规划中；南坪—深汕第二高速、外环高速、宝鹏通道等已经落实在《广东省高速公路网规划（2020—2035 年）》及《深圳市干线道路网规划》中。

这些重大公共服务设施和交通基础设施项目，既为坪山带来了大量投资，提供了高品质的公共服务，也要求坪山区积极创造项目落地条件，优化资源配置，谋划更多发展项目。

1.3 问题与困境

1.3.1 边缘区位造成相对落后的发展现实

深圳长久以来主要资源集中在原特区内的第一圈层，并随时代发展逐步向宝安南部、龙华北部、龙岗西部扩展，坪山所在的第三圈层优质资源分配不足，边缘区位一定程度上导致坪山目前相对落后的发展现实。

坪山区经济密度和人口集聚度相对较低，资源投放量不足，在道路网密度、轨道交通建设等基础配套设施及专利申请量、战略性新兴产业数量、科技基础设施、生产性服务业等方面呈现出城市边缘地区落后的发展状况（彩图 1-6）。

1.3.2 产业发展路径不明晰

在产业发展路径上，坪山经历了由传统劳动密集型向资金技术密集型升级，当前正向科技创新密集型的产业渐次升级，这也导致坪山陷入区域竞争困局。相对落后的现实，尤其是生产性服务业劣势无法在短时期内得到改善，坪山区相对其他区域的成本与空间潜力优势，也将在临深片区快速发展和协同推进过程中逐渐失去。

在产业发展相对劣势中必须寻找跨越发展路径，找准适合坪山未来发展定位和目标的产业业态，避免盲目的产业转型升级，避免大规模的制造业空间被商务办公、公寓等侵占，是坪山发展规划的重点。

1.3.3 美好生活支撑能力不足

坪山的发展基础薄弱，发展滞后于深圳特区平均水平，尤其体现在美好生活的支撑能力不足，导致对高端人才的吸引力不足。

具体体现在教育、医疗卫生、文化体育、住房保障、公共交通等方面（图 1-1）。义务教育阶段公办学位供给不足，且学校布局不均，优质教育资源缺失；医疗人才引

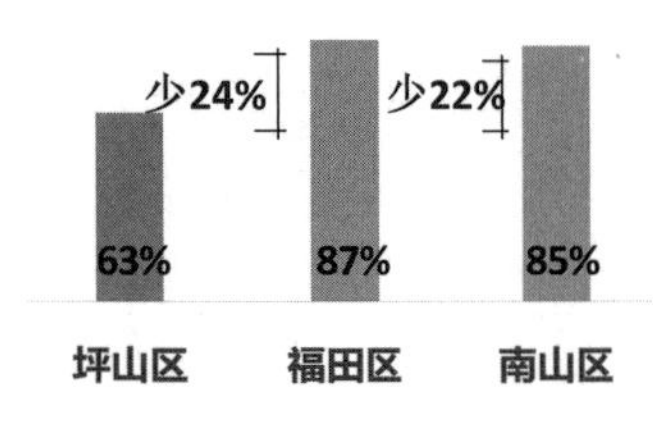

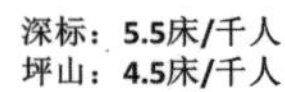
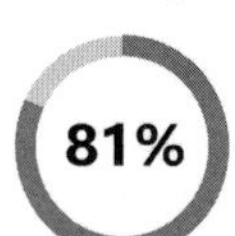

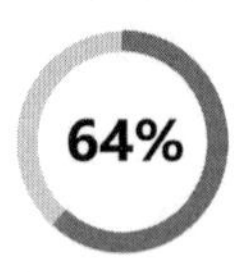

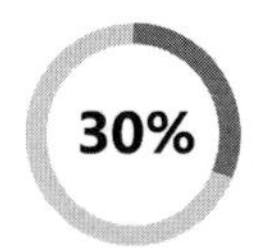

图 1-1 坪山部分公共设施现状供给情况示意

进困难，服务水平有待提高，千人床位数与标准相去甚远，缺乏高端医疗及休疗养设施；文体设施等级不高，服务能力有限，高端运动休闲场地较少；公共交通、慢行通道、公共活动空间等未形成完整系统，服务状况未达预期，社区十五分钟生活圈配套服务不足。

以教育设施为例，现有小学主要在原村办小学基础上改扩建，学位缺口较大，覆盖率较低。2020 年全区公办小学核定学位数为 27630 个，学位总缺口约 16000 个。大部分学区的公办学位供给不能满足学区内适龄学童的上学需求。民办幼儿园承担绝大多数学前教育，就近入园问题突出，幼儿园共 74 所，其中公办仅 31 所。

1.3.4 现有空间开发模式困境重重

已批及正在实施的城市更新及土地整备项目众多，为提升城市功能和形象、提供公共服务设施等做出了积极努力。但在现有二次开发模式下的城市建设，与实现远期目标的方向有所偏差，难以从坪山整体发展着眼，在预控公共设施弹性及保障产业空间等方面作出应有的贡献。

随着坪山城市更新工作的全面展开，市场主导的更新模式也暴露出了诸多问题。在小型化的更新单元开发中，占地较大的公共利益用地的落实和协调方面较为困难。开发边界不闭合，难以实现连片开发（彩图 1-7）。城市更新中蓝绿空间腾退和历史文化遗产保护缺位。协商式的规划推高了容积率，大部分项目远超法定图则规定的上限，公共利益严重受损。市场主体青睐的“工改 M0”更新催生了巨量的类办公的产业用房和类住宅的商务公寓，导致当前写字楼供应过量，空置率奇高，商务公寓则配套不足（2020 年 7 月深圳已停止商务公寓审批）。这些市场力量在公共利益方面的失灵，都呼唤着政府在城市更新中承担更大的作用，也要求规划工作中有更多的创新手段和工具，以更好提升城市整体形象、提高城市环境品质、推动空间规划有效有序实施。

中篇　坪山规划实施案例

第 2 章　总体规划实施

总体规划是城市发展最重要的纲领性规划。坪山在新区成立、升级为行政区以及贯彻落实中央国务院建立国土空间规划体系的关键节点，先后组织编制了《坪山新区综合发展规划（2010—2020）》、《坪山新区综合发展规划（2017—2035）》（项目编制完成中期成果后改为国土空间分区规划）、《坪山区国土空间分区规划（2019—2035）》（在编）等三版总体层面的规划。这些规划以前瞻、创新的思路全面指导了坪山规划建设工作开展，较好地解决了当时坪山面临的关键性问题。

为了更好地面向实施，坪山综合发展规划在编制内容和机制方面做了探索。在编制内容上，不同于传统城市分区规划编制内容更注重城市空间格局与空间方案，坪山综合发展规划融合经济发展、社会建设、科技创新、产业布局、生态环境、公共设施、道路交通等城市发展各重要专项内容，探索空间规划与城市各项事业发展规划的“多规融合”，形成“一本规划”“一张蓝图”。作为全区的施政纲领，规划通过统筹制定各专项领域的重大行动，凝聚全区发展共识，高效推动近期重大项目和重点片区，迅速改善全区城市品质。

在编制机制上，规划突破了传统城市分区规划的编制方法，坚持全过程、开放性原则集聚全区智慧，促使政府各职能部门在描绘目标愿景，确定城市规模，选择战略平台，落实空间布局，推动近期重大项目等重要环节达成一致，成为区委区政府促进跨越发展的施政纲领。

与此同时，坪山开展了实施评估及重大问题研究、近期建设规划、投融资规划、土地利用年度计划等规划，对综合发展规划的目标进行分解，落实并校核了综合发展规划的阶段性实施目标和要求，确保城市开发建设在时间、空间、资金上的连贯统一，对城市近期建设项目安排和土地利用进行更有针对性的控制和指导。

2.1 “多规融合”综合规划编制与实施探索
——《深圳市坪山区综合发展规划（2017—2035 年）》

《深圳市坪山区综合发展规划（2017—2035 年）》是经济社会发展规划与城市发展战略、空间规划“多规融合”综合规划的有效实践。本规划尝试将国土空间规划的思路和技术方法通过综合发展规划进行有益尝试，科学推动后续国土空间规划编制。作为全区的施政纲领，本规划明确的战略定位、重大项目、重点片区等实施成效显著。本规划也是国土空间规划编制方法的有益探索，希望能在新时期规划编制与管理改革中得到完善和推广。

2.1.1 综合发展规划编制背景

（1）改革时代，先行示范

2019 年，改革开放 40 周年之际，中共中央、国务院出台《关于支持深圳建设中国特色社会主义先行示范区的意见》，明确了深圳先行示范区作为高质量发展高地、法治城市示范、城市文明典范、民生幸福标杆、可持续发展先锋的战略定位。在中央赋予深圳的“五大战略定位”引领下，坪山将勇担新时代改革开放的发展先锋。

（2）湾区时代，深圳东进

2019 年，《粤港澳大湾区发展规划纲要》正式发布，深圳将建设大湾区世界级城市群的核心引擎，大力实施“东进战略”是落实湾区规划纲要的重要手段。坪山是湾区充分平衡发展的前沿阵地，深耕腹地的战略支点（彩图 2-1）。

（3）创新时代，坪山崛起

近年来，广深科创走廊逐渐成熟，港深惠汕科创产业走廊也初具规模，两大战略走廊交汇点的坪山步入创新时代，迎来跨越发展的历史机遇（彩图 2-2）。

2.1.2 综合发展规划项目内容

（1）发展目标定位

新时代需要新的定位、新的作为和新的空间支撑，围绕“中心职能、创新跨越、品质城区”三大目标，融合经济、产业发展和城区生活品质、空间品质提升，规划明确了坪山新的战略定位和目标愿景，即建设区域共享的深圳东部中心、国际一流的湾区创新枢纽、生态宜居的美丽幸福家园，并将指标体系系统化（表 2-1），具体化发展要求。

表 2-1 规划指标体系节选

类别	序号	指标	现状 2016 年	近期 2020 年	规划期 2035 年	事权类型	管控类型
强化中心职能	1	常住人口规模 / 万人	40.8	57	160	基本型	预期型
	2	建设用地总规模 / km^2	63.2	74.4	78	基本型	预期型
	3	服务业增加值占 GDP 比例 / %	33.4	38	45	基本型	预期型
	4	总部企业数量 / 家	—	50	200	特色型	预期型
	5	商业设施、商务办公总建筑面积 / 万 m^2	—	—	1000	—	预期型
	6	集合城市内公共交通通勤时间 / min	—	90	60	基本型	预期型
	7	达到深莞惠“3+2”中心区时间 / min	—	90	60	特色型	预期型
	8	国际学校数量 / 个	0	1	2	基本型	预期型
	9	职住平衡指数	—	100	125	基本型	预期型
	10	特区公共服务一体化指数	—	1.2	1	特色型	预期型
实现创新跨越	1	单位 GDP 建设用地 /（hm^2 / 亿元）	12.5	8.26	1.56	基本型	预期型
	2	规模以上工业总产值 / 亿元	1384	2600	11000	基本型	预期型
	3	新型产业占 GDP 比例 / %	—	35	50	特色型	预期型
	4	主要劳动人口受过高等教育比例 / %	13.5	18	40	基本型	预期型
	5	R&D 经费支出占 GDP 的比例 / %	—	4.25	6	基本型	约束型
	6	工业仓储用地占建设用地比例 / %	—	—	>25	基本型	约束型
	7	政府持有创新型产业用房面积 / 万 m^2	—	50	300	特色型	预期性
	8	国家级高新技术企业数量 / 家	135	400	1800	特色型	预期性
	9	市级以上创新载体数量 / 家	—	80	300	特色型	预期型
	10	引进海外高层次人才 / 位	—	60	120	特色型	预期型
铸造精品城区	1	居民收入弹性系数	0.75	0.9	与 GDP 同步	基本型	预期型
	2	人均 15 年教育设施用地面积 / m^2	1.99	2.19	2.21	基本型	约束型
	3	千人床位数 / 张	3	5	7	基本型	约束型
	4	公共文化服务设施总建筑面积 / 万 m^2	7.6	30	90	基本型	约束型
	5	公共体育场地或建筑总面积 / 万 m^2	44.68	60	100	基本型	约束型
	6	社区公共服务设施步行 15 分钟覆盖率 / %	—	100	100	基本型	预期型
	7	公园绿地步行 5 分钟覆盖率 / %	80	85	95	基本型	约束型
	8	社区养老服务设施覆盖率 / %	100	100	100	基本型	约束型
	9	公共服务设施无障碍普及率 / %	—	85	95	基本型	约束型
	10	二级生态线内建设用地修复比例 / %	—	10	50	特色型	预期型
	11	$PM_{2.5}$ 年均浓度 /（μg / m^3）	33	30	20	基本型	约束型

（2）城市发展规模

规划结合地形地貌、山水格局及各类控制线要求（彩图 2-3），进行建设用地适应性评价，划定了全区城镇开发边界，明确了建设用地远景容量的控制目标。

通过综合分析资源环境承载力，横向对比深圳中心城区的人口密度（表 2-2），确定了远景常住人口容量 160 万，并以管理服务人口 200 万预控公共设施和城市基础设施。

表 2-2　坪山区与深圳市及福田等区人口比较

地区	建设用地 / km^2	常住人口 / 万人	人口密度 /（人 /km^2）	人均建设用地 /（m^2/ 人）	坪山区人口容量预测 / 万人
香港	243	715	29424	34	242
深圳市（全市）	920	1137	12359	81	101
深圳市(中心三区)	191	371	19424	51	159
福田区	57	144	25263	40	207
罗湖区	35	98	28000	36	230
南山区	99	129	13030	77	107
坪山区	67	43	6418	156	—

（3）综合发展策略

规划通过审视发展目标和现实条件的差距，强调“融合”理念，分别从区域功能配置、内外交通联系、创新体系完善和产业发展引导等方面提出了突破现实困境、实现跨越发展的四大策略。

策略一是推进区域联动，引领东部地区协同发展。明确区域职能分工，重构职住关系，引导科技产业布局，促进重大公共设施区域共享（彩图 2-4）。

策略二是坚持交通先行，构筑深圳东进门户枢纽。通过强化坪山站枢纽职能，加密城市轨道和高快速路网，强化坪山与深港重要区域和重大设施的快速联系（彩图 2-5）。

策略三是吸引创新要素，建设湾区成果转化基地。打造深港科技创新合作区延伸区，区域化布局科技创新成果产业化链条，做实深圳“西有南山、东有坪山”的科技创新双核格局（彩图 2-6）。

策略四是优化产业体系，打造全球未来产业高地。根植三大主导产业，引导制造业向研发设计中心、母厂或核心部件厂等价值链高端环节延伸，打造区域科技产业的组织中枢（图 2-1）。

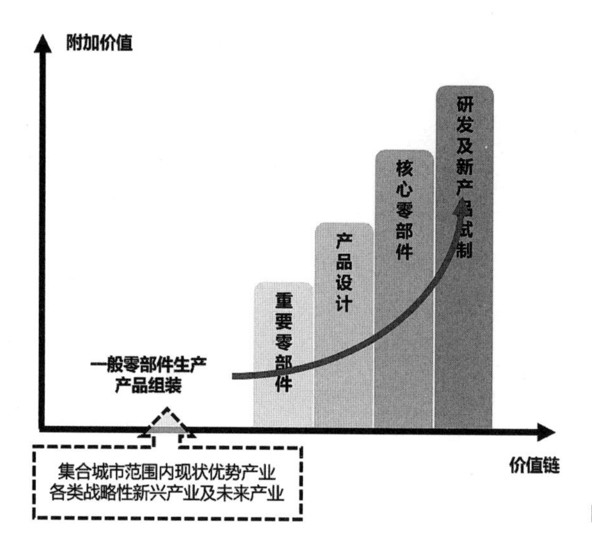

图 2-1 产业价值链延伸示意

（4）空间规划方案

基于综合发展策略分析，结合新时代新的发展要求，规划提出了支撑城市持续发展和人民美好生活需求的空间规划方案。

一是通过加强公共住房保障，超前预控公共设施用地，打造 15 分钟生活圈等，完善公共服务体系，铸造民生幸福标杆城区。

二是彰显自然人文特色，塑造美丽中国典范城区。依托马峦山、坪山河及其支流、基本农田等核心生态要素，打造“山、水、田、城”相得益彰的魅力公园之城。同时，推动历史建筑及文化资源活化利用，延续城市的历史记忆（彩图 2-7）。

最后，通过统筹优化空间布局，形成了坪山“两城两区三带”的整体空间结构和布局方案（彩图 2-8）。另外，“三区三线”、土地利用、公共服务、道路交通、市政基础设施等空间规划方案，在此不再赘述。

（5）实施保障措施

规划尝试构建了高效传导与实施的新机制。一是全区集中建设区划定 43 个规划管理单元（彩图 2-9），对单元主导功能、设施配置、空间供给等进行管控，保障规划有序传导。

二是规划提出“政府统筹，连片推动”的城市开发建设思路（彩图 2-10），保障公共空间和产业空间，全面提升整体城市品质。

三是对接全区经济、社会、产业等各项事业发展规划，形成五大计划共 122 个重点行动项目（表 2-3），促进规划实施。

表 2-3　行动项目简表

<table>
<tr><td rowspan="2">聚龙人才引入计划</td><td>项目类型</td><td>创新人才培育行动</td><td>人才住房建设行动</td><td colspan="2">人才保障制度建设行动</td><td>总计</td></tr>
<tr><td>项目量 / 个</td><td>6</td><td>9</td><td colspan="2">5</td><td rowspan="9">123 个行动项目</td></tr>
<tr><td rowspan="2">科技创新引领计划</td><td>项目类型</td><td colspan="2">创新引领行动</td><td colspan="2">产业提升行动</td></tr>
<tr><td>项目量 / 个</td><td colspan="2">12</td><td colspan="2">7</td></tr>
<tr><td rowspan="2">交通枢纽建设计划</td><td>项目类型</td><td>轨道城市行动</td><td>高效互联行动</td><td colspan="2">绿色出行行动</td></tr>
<tr><td>项目量 / 个</td><td>10</td><td>9</td><td colspan="2">4</td></tr>
<tr><td rowspan="2">活力城区营造计划</td><td>项目类型</td><td>创智城脉重塑行动</td><td>中央活力提升行动</td><td>生态空间活化行动</td><td>宜居社区营造行动</td></tr>
<tr><td>项目量 / 个</td><td>16</td><td>6</td><td>7</td><td>12</td></tr>
<tr><td rowspan="2">发展空间倍增计划</td><td>项目类型</td><td>商务空间倍增行动</td><td>产业空间倍增行动</td><td colspan="2">空间保障制度建设行动</td></tr>
<tr><td>项目量 / 个</td><td>6</td><td>11</td><td colspan="2">3</td></tr>
</table>

2.1.3 综合发展规划特色与创新

（1）本规划是跨越城市行政边界的战略性协同发展规划

规划坚持半径 50km 范围的深圳大都市圈核心圈层一体化发展的视角，提出构建跨越城市行政边界的“深惠集合城市”战略构想（彩图 2-11），并强调与都市圈东部其他区域的分工互动，逆转了坪山处于全市发展边缘的历史困局。坚持“深惠集合城市”一体化规划，创新产业链条、高等级公共服务、道路交通等战略资源一体化布局，确立了坪山的中心城区地位。

（2）本规划是融合政府职能部门的综合性城市发展纲领

规划是全区上下各职能部门凝聚发展共识的综合性统筹平台，是全区促进跨越转型的施政纲领。规划融合经济发展、科技创新、社会建设等重要专项内容，探索了空间规划与各事业发展规划“多规融合”的编制方法（图 2-2），形成全区“一本规划”“一张蓝图”。

（3）本规划是衔接规划管理变革的探索性空间治理纲要

规划探索了划定城镇开发边界、生态保护红线、永久基本农田“三条控制线”（彩图 2-12），有机融合自然资源保护与城镇开发建设的国土空间规划新方法。规划以人民为中心，在存量开发的集中建设区，高标准超前预控公共设施，探索了划定空间管理单元，

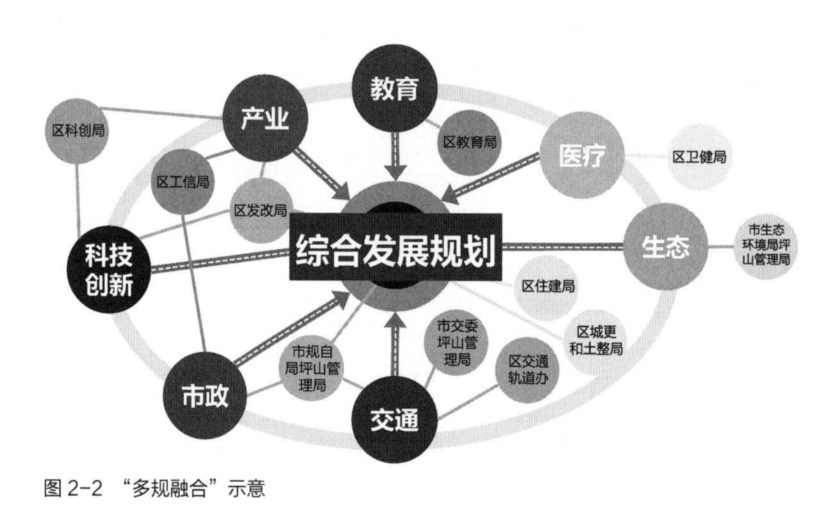

图 2-2 “多规融合”示意

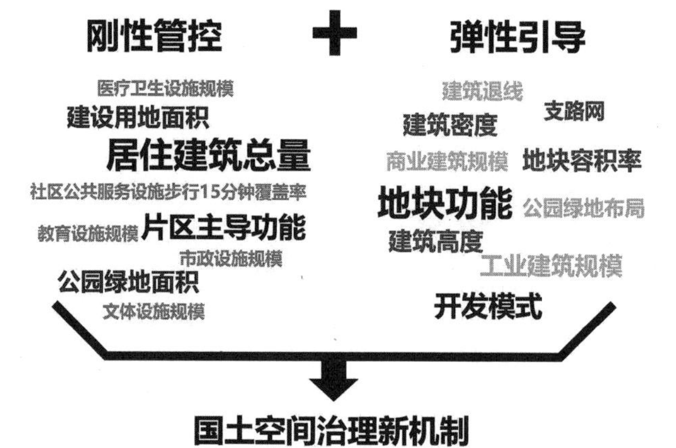

图 2-3 空间管控要素及指标示意

实施“刚弹并举”的规划管控（图 2-3），保障空间有序传导，促进规划高效实施的国土空间治理新机制。

2.1.4 实施成效及经验

本规划由区政府和规划主管部门共同组织编制，既作为国土空间管控、自然资源利用的指导依据，又作为落实区委区政府发展目标和要求的重要抓手，由规划主管部门和区政府共同组织实施，充分调动当地政府参与规划编制、国土空间管理的积极性，统一目标，实现城区空间管控和经济社会发展协同推进。作为全区的施政纲领，本规划明确的战略定位、重大项目、重点片区等实施成效显著。同时，在规划体制改革之际，本规划尝试将国土空间规划的思路和技术方法通过综合发展规划进行有益尝试，科学推动后续国土空间规划编制。

（1）大幅提升坪山战略地位

深圳市政府支持坪山打造“深圳东部中心、国家高新区核心园区、未来产业试验区、深港科技创新合作区延伸区”等。坪山中心区、燕子湖城市新客厅、坪山高新区已成为市级重大战略片区。深港生命健康城、综合保税区等正积极争取上升为市级重大战略平台。

（2）新布局了一大批省市级战略性项目

东部国际会议中心已建成，自然博物馆、师范学院、医科院等市级重大设施明确落户。规划提出引入深汕高铁、深河高铁、深大城际，延伸 5 条轨道线路的建议已落实在全市轨道交通网络规划中，其中深汕高铁、深大城际及大鹏支线拟于 2020 年开工；规划提出新增深汕、深惠、碧岭第二通道 3 条高快速路的建议在《广东省高速公路网规划》及《深圳市干线道路网规划》中落实，其中深汕新高速拟于 2021 年开工。

（3）高效实践存量地区连片开发新模式

规划提出加强政府统筹、整体打造高品质城区的方法，区政府为此制定了统筹实施的系列政策，初步建立了“政府统筹、连片推动”的片区开发实施机制。坪山近期推动的“1+7”重点片区已基本完成规划编制，步入实施阶段。未来 3 ~ 5 年，高品质中心城区形象将初步显现。

（4）创新探索新时期国土空间规划的编制方法

规划探索划定“三条控制线”，优化国土空间保护和利用格局，成为正在编制的国土空间分区规划的重要技术参考。规划超前预控公共设施的相关要求，在各专项规划及法定图则中得到落实。规划探索划定空间管理单元，强化管控传导的新思路和新方法，在正在编制的国土空间分区规划中得到应用和完善。

2.1.5 总结与思考

《深圳市坪山区综合发展规划（2017—2035 年）》是经济社会发展规划与城市发展战略、空间规划“多规融合”的综合规划的有效实践，也是国土空间规划编制方法的有益探索。

本次规划跨越城市行政边界开展协同发展研究，设法融合政府各部门职能，尽力衔接新时期规划管理变革，希望能在新时期规划编制、实施与管理改革中得到完善和推广。

2.2 规划“有序”“有效”实施的保障
——《坪山新区综合发展近期建设规划（2016—2020）》

《坪山新区综合发展近期建设规划（2016—2020）》是落实深圳市“十三五”规划编制工作的要求，是《坪山新区国民经济和社会发展第十三个五年规划纲要》的子课题，是对近期城市建设领域的细化和落实。同时，也是《坪山新区综合发展规划（2010—2020）》的阶段实施规划，是推动综合发展规划有序、有效实施的重要手段。本次规划由区政府和规划主管部门共同组织编制，充分协调国民经济和社会发展规划，从根本上调动全区各专业部门的积极性和能动性，形成“多规合一”的近期建设规划编制实施体系。实施效果层面，本规划有效支撑坪山“十三五”规划完成编制，推动了一批重要项目落地实施，产业用地管控的措施也通过工业区块线得以落实。

2.2.1 发展形势与挑战

（1）周边地区竞争压力日益加剧

与其他区相比，坪山经济基础相对薄弱，能级实力相对不强。在新的发展形势下，周边各区大力推进结构调整和产业升级，加快完善投资环境，近五年坪山经济总量位居深圳市十区中第九位（图 2-4），经济地位不高、基础相对薄弱。

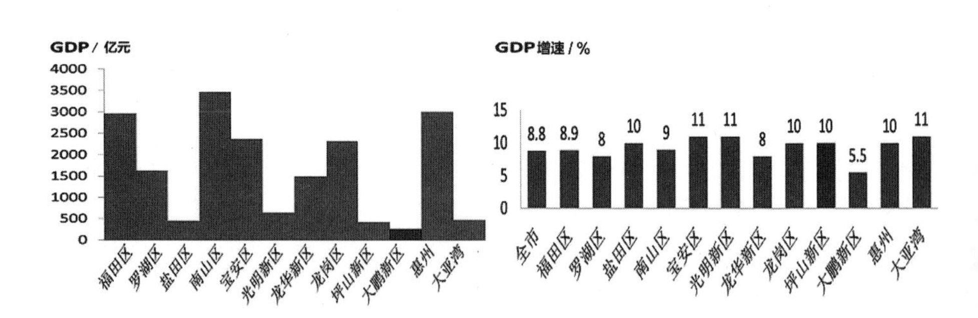

图 2-4 近五年深圳各区经济发展比较

（2）尚未形成具有竞争优势的产业集群

一是主导产业集聚能力不强。虽然各产业园区初具规模，但国家生物产业基地、国家新能源汽车产业基地等产业园区尚未大规模投产，没有形成上下游产业相互关联的互补效应，产业集群效益不明显。二是产业升级支撑条件不足。生产性服务业发展水平低，共性技术研发平台建设严重不足。三是工业用地的空间效益不高，难以形成规模效应。

图 2-5 坪山老城中心城市形象示意

（3）土地综合开发整合利用难度较大

虽然坪山是深圳土地资源较为富足的地区，但后备土地资源存在土地闲置、分布零散、权属复杂等问题，导致实际可供、价值较高的土地资源较为缺乏。而在已建设用地中，社区实际掌握用地约占 74%，土地存量调整和空间整合难度加大，土地价值很难发挥，严重影响了城市功能结构的优化与调整。

（4）城区建设品质不佳，城市形象与特色尚未充分彰显

由于坪山基础薄弱、积累不足，整体呈现亦城亦村亦工业区的拼贴式表象（图 2-5），属于深圳难被感知的地区印象。城区缺少公共活动空间、建筑面貌混杂趋同，遮山挡水现象渐趋严重，国际化现代化的都市意向模糊，与城市副中心、山水田园新城、宜居宜业新区等形象定位差距较大。

2.2.2 综合发展近期建设规划主要内容

（1）规划衔接和技术路线

在工作路线上，按照深圳市对各区的战略部署和各区有关综合发展规划的总体要求，在城市建设领域同步衔接《坪山新区国民经济和社会发展第十三个五年规划纲要》与区内各部门的发展诉求，完善近期重点地区空间规划和具体行动安排。在工作模式上，由深圳市规划和自然资源局坪山管理局负责统筹协调，将各相关部门的规划与重大项目落实到近期建设规划内容中，并保持与《坪山新区国民经济和社会发展第十三个五年规划纲要》项目组的沟通协调，不断进行动态跟踪和调整，完善最终成果（图 2-6）。

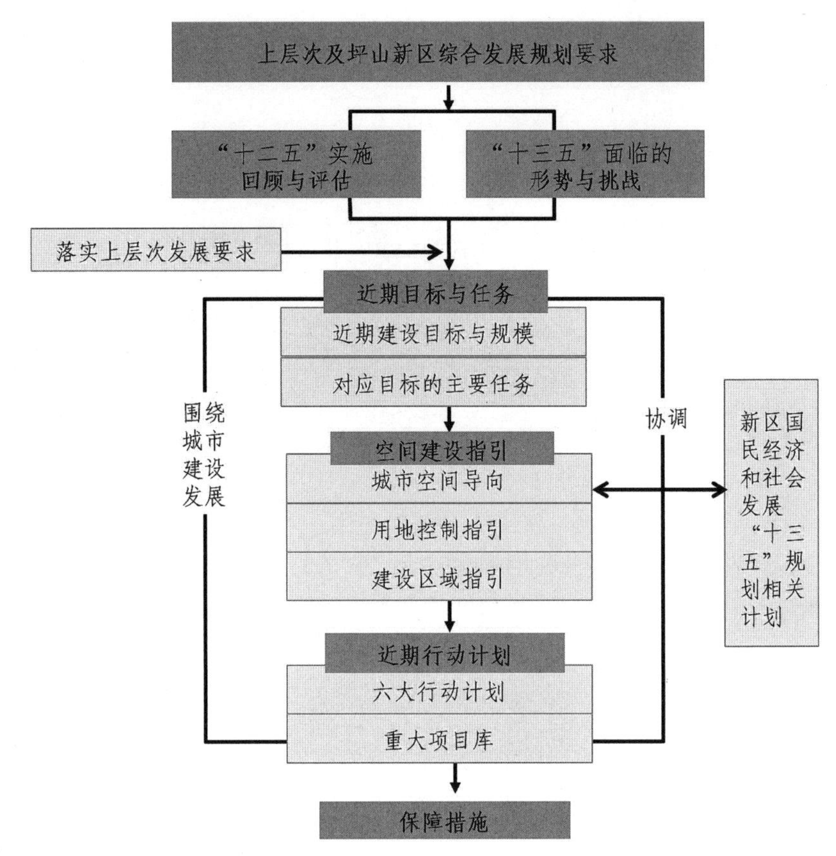

图 2-6 规划技术路线示意

（2）发展目标与指标

“十三五”期间，坪山城市发展将以建设深圳“东进战略”枢纽为引领，以创新发展、提质增效为核心，着力完善与提升城市功能与品质，优化发展环境，全面提升城市向东辐射能力，全力建设深圳“东北门户”和“智造新城”，打造现代田园都市，为深圳辐射带动深莞惠和河源、汕尾“3+2”经济圈和粤东地区发展提供强力支撑。

规划围绕经济发展、城市建设、社会民生、生态环境等建立规划指标体系（表 2-4），明确“十三五”期间的刚性和弹性发展要求。

表 2–4 指标体系节选

类别	序号	指标	2014 年完成值	2020 年目标值	指标属性
经济发展	1	地区生产总值 / 亿元	424	≥ 1040	预期性
	2	规模以上工业增加值 / 亿元	257	≥ 590	预期性
	3	全社会固定资产投资 / 亿元	214	≥ 520	预期性
	4	社会消费品零售总额 / 亿元	58	≥ 140	预期性
	5	财政一般预算收入 / 亿元	22	≥ 50	预期性
	6	第三产业增加值 / 亿元	135	≥ 360	预期性
	7	战略性新兴产业增加值 / 亿元	222	≥ 570	预期性
	8	高新技术产业产值 / 亿元	513	≥ 1250	预期性
	9	新区万元 GDP 建设用地 /（m^2 / 万元）	13.14	≤ 7	预期性
城市建设	10	公共交通占机动化出行分担率 / %	35	≥ 50	约束性
	11	次级干道以上路网密度 /（km/km^2）	2.73	≥ 4.31	预期性
	12	燃气管网覆盖率 / %	71.84	≥ 80	预期性
	13	城市污水集中处理率 / %	82	≥ 90	约束性
	14	生活垃圾无害化处理率 / %	95	≥ 100	约束性
社会民生	15	人均可支配收入 / 万元	3.45	≥ 6	预期性
	16	登记失业率 / %	1.2	≤ 2	约束性
	17	大专以上受教育人口比重 / %	—	≥ 20	预期性
	18	新增学位数 / 座	—	≥ 18042	约束性
	19	千人病床数 / 个	1.87	≥ 5	约束性
	20	人均公共体育用地面积 / m^2	—	≥ 1.7	预期性
	21	城镇职工基本养老保险参保率 / %	—	≥ 95	约束性
生态环境	22	万元 GDP 水耗 /（m^3 / 万元）	14.8	≤ 12.8	预期性
	23	万元 GDP 能耗 /（吨标准煤 / 万元）	0.37	≤ 0.344	预期性
	24	人均公园绿地面积 / m^2	13.86	≥ 18	约束性
	25	建成区绿化覆盖率 / %	45	≥ 55	约束性
	26	$PM_{2.5}$ 年均浓度 /（μg / m^3）	—	≤ 30	约束性
	27	自来水水质综合合格率 / %	—	≥ 98	预期性
	28	空气质量优良率 / %	88.12	≥ 90	预期性

（3）近期建设八大重点行动

①区域合作行动：构筑东部区域协同发展平台。深入推进“东进战略”，充分利用深圳优势向东部腹地扩展服务资源，探索经济技术合作新空间，打造深圳“东进战略”枢纽和东北门户。积极承接市区高端资源外溢转移，加强东部四区的协同发展，推进“坪

大惠河汕”战略合作。

②用地保障行动：推动产城融合组团联动发展。按照“一核两轴、一环四带”空间布局，高效组织生产生活生态等城市服务功能，加快重点区域建设（彩图 2-13），挖掘存量建设用地，提升城市空间质量，保障城市发展土地供应。重点包括引导近期空间发展、确定重点发展地区、保障近期用地供应和盘活存量建设用地。

③产业升级行动：集聚高端创新创业资源要素。强化智造立区，坚持战略性新兴产业和现代服务业“双轮驱动”（彩图 2-14），以增强产业核心竞争力、搭建支撑平台为重点，引导高端产业集聚，为深圳辐射带动东部地区发展提供强力支撑。

④交通畅达行动：构建西联东拓的门户枢纽交通体系。全面提升区域交通服务能力，以高铁枢纽为核心，构建集高铁、城际轨道、高快速路、地铁于一体的多层次、一体化的“东进战略”枢纽支撑体系。

⑤民生提升行动：推进以人为本的新型城镇化。强化市级副中心服务职能，以地标性设施建设为特色，以改善民生基本设施为重点，加快提升综合服务水平。重点包括形成中心区都会形象、建成一批市级副中心重大设施、提供优质高效的民生服务等。

⑥特色塑造行动：凸显山水创智人文城市意向。基于“两山、一水、四带”的生态基底，合理保护地域文化遗产，大力推进山水通廊和城市风貌展示开发建设，塑造具有标识性的城市休闲亮点片区（彩图 2-15）。

⑦生态文明行动：建设绿色宜居宜游美丽新城。维护山水生态安全格局，以环境基础设施建设为重点，创造高品质、宜居的城市环境。重点包括河流治理、生态环境建设、低碳生态示范区建设、东部休闲度假目的地建设等（彩图 2-16）。

⑧基础设施保障行动：构建可持续发展的基础支撑能力。以全方位完善坪山新区市政基础设施体系，保障城市运行安全为目标，在“十三五”期间，集中资源对部分重点市政基础设施优先建设。

（4）重点地区开发建设指引

建设一主一次中心。坪山主中心近期以站前中央商务区和科教文体综合服务区为开发重点，加快综合配套设施的建设，提升地区高端服务功能；坑梓次中心近期以强化坑梓次中心形象、凸显次中心产业服务功能为首要任务。同时加强历史文化保护，建成具有历史文化底蕴的客家风情休闲小镇（彩图 2-17）。

建设三个国家级产业基地。国家出口加工区要加快完成综合保税区的申报工作。加快盘活或回购闲置用地、厂房，完善公共配套设施；国家新能源（汽车）产业基地要推进企业加速器、孵化器、中试检测等公共技术平台建设，引导新能源汽车产业集聚。国家生物产业基地要加快生物加速器二期建设，完善生产性服务设施，打造高科技生物产业集群（彩图 2-18）。

启动三个流域启动区建设。坪山河流域低碳生态启动区近期优先推进坪山河干流、汤坑水环境整治，加快中小企业总部片区的建设发展。生命健康产业园启动地区加快土地整理，完善配套服务设施，提升片区投资价值。碧岭文化创意产业园启动地区加快培育创意文化产业发展，树立坪山形象品牌（彩图 2-19）。

（5）重点项目建设时序安排

按照“规划导向性、空间集聚性、实施带动性”的原则，兼顾刚性和弹性，确定了产业发展、道路交通、社会民生、综合开发、生态环境、特色提升和城市安全等 7 大类型，共计 141 个项目（图 2-7），用地空间需求 527.5hm^2，以引领近期建设实施。

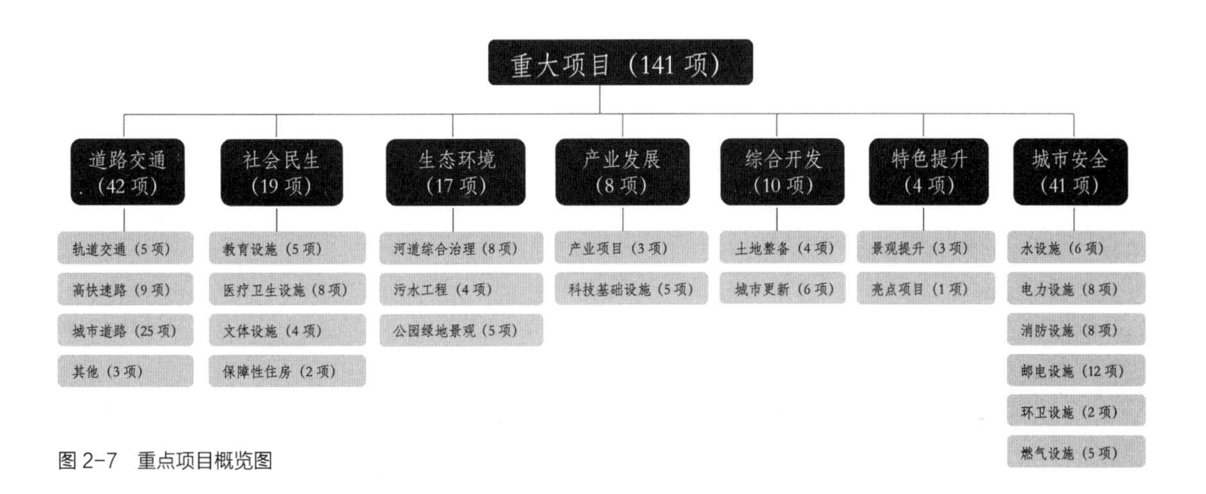

图 2-7　重点项目概览图

2.2.3 规划实施保障

（1）近期区域合作的协调机制

一是在深圳产业转移的过程中强化坪山作为深圳东北门户的服务能力、辐射能力和带动能力。二是携手龙岗、大鹏、盐田等周边区域，突出错位发展，形成合力共同带动区域发展。三是充分发挥规模经济效应，强化产业链分工协作，共同促进区域性基础设施实施、区域生态环境联防共治。

（2）近期土地管理的保障措施

一是建立产业用地的预控管理机制，优化新区产业用地供应流程。二是推进重点地区土地整备工作保障机制，探索多元整备模式，探索片区统筹，引入社会主体参与土地整备，提高土地使用效率（图 2-8）。

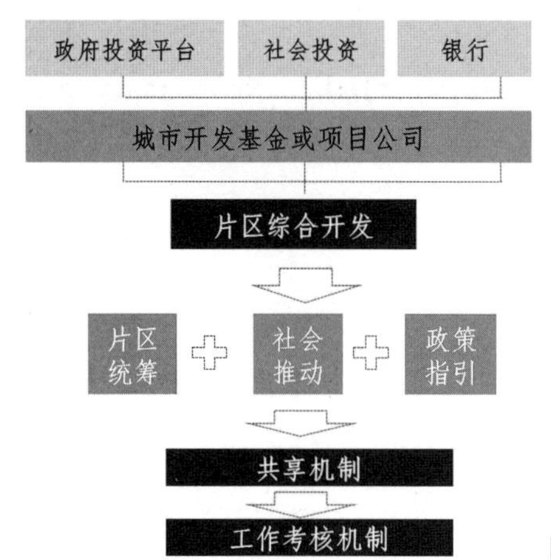

图 2-8　多主体参与土地整备示意

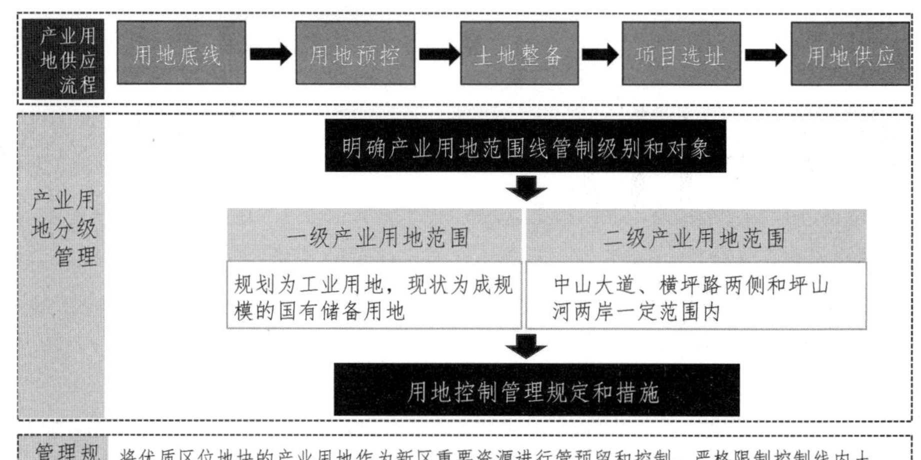

图 2-9　产业用地预控管理机制示意

（3）近期规划实施的管理措施

一是强化产业用地预控管理制度，加强项目建设的监管和预控（图 2-9）。二是建立近期建设规划年度实施计划制度，结合经济社会发展水平和土地供应计划，有序推进城市建设。

2.2.4 主要创新点

（1）探索统一经济社会发展与空间规划分期目标

规划以“十三五”经济社会发展规划纲要的目标要求为基础，融合经济发展、区域

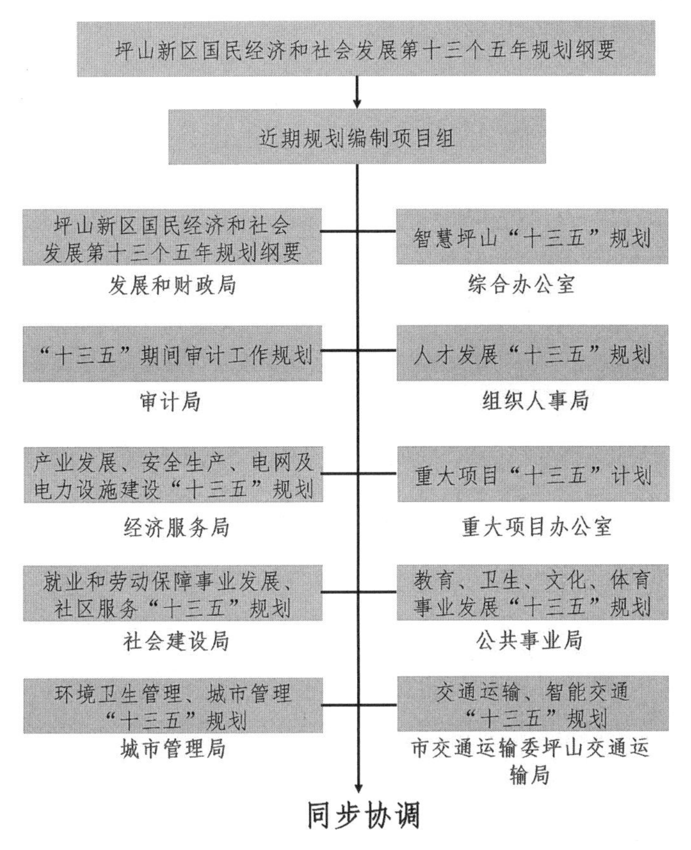

图 2-10　“多规融合”编制方法示意

协作、科技创新、社会建设、重点地区建设等重要内容，探索了空间规划与各行业“十三五”规划融合的编制方法（图 2-10），做好全区“十三五”规划的空间保障。

（2）反向校核综合发展规划的分期目标

以近期建设规划编制为契机，结合近期经济社会发展目标、政府投资融资测算等，以规划有序、有效实施为目标，对综合发展规划近远期目标和实施步骤进行检讨和校核，适时修正综合发展规划，建立以近期建设规划为平台的综合规划滚动修正机制。

（3）探索刚性弹性结合的近期规划方法

为了应对不断变化的发展条件和项目推动中不可预知的障碍，规划探索了保持生态修复、民生保障、重大基础支撑设施等刚性要求的同时，弹性预控针对机会型项目，并对机会型项目的重要性和实施难度、实施条件进行梳理，提出应对不同发展条件的项目推进策略。

2.2.5 实施成效及经验

城市规划的意义体现在规划的实施，只有通过规划的实施，才能全面而完整地实现规划的意图、原则和内容，规划对城市建设和发展的作用才能体现。近期建设规划作为规划实施的重要抓手，与年度实施计划共同把15～20年的中长期蓝图式规划推向实施。许多城市将近期建设规划作为解决城市瓶颈发展问题、落实国家宏观调控政策的重要途径。但同时，规划编制与实施落地之间的落差问题也日益凸显，因此行动计划的策划、项目生成以及形成切实可行的建设机制，成为近期建设规划编制与落实的关键。

本次规划由区政府和规划主管部门共同组织编制，充分协调国民经济和社会发展规划，从根本上调动全区各专业部门的积极性和能动性，推动规划科学编制和有序实施，形成“多规合一”的近期建设规划编制实施体系。以这样的机制为依托，本次近期建设规划的实施成效显著。

（1）支撑坪山“十三五”规划完成编制

作为坪山“十三五”规划的专题之一，本项目充分支撑了《坪山新区国民经济和社会发展第十三个五年规划纲要》编制，对于规划的主要目标和项目进行了充分对接和空间落实。目前，已经通过审批并印发实施。

（2）一批重要项目落地实施

中心区等片区城市更新项目加速实施；中小企业总部基地（创新广场）项目部分建成；生物医药加速器二期等重大产业平台基本完成规划编制；出口加工区升级综合保税区取得突破性进展；地铁14、16号线动工建设；外环高速、东部过境高速、南坪快速三期、坪盐通道等高快速路加快建设；城市主次干道网络持续加密。

（3）产业用地管控的措施通过工业区块线得以落实

规划提出的分类分级管控产业空间的措施，在后续工业区块线划定中得以落实。一级区块线是保障城市产业长远发展而确定的工业用地管理线，二级区块线是稳定一定时期工业用地总规模、未来逐步引导转型的工业用地过渡线。

2.2.6 启示与展望

《坪山新区综合发展近期建设规划（2016—2020）》目标是贯彻市政府“十三五”期间新的发展战略设想，落实并校核《深圳市坪山新区综合发展规划》的阶段性实施目标和要求，统筹近期城市建设工作。

作为区“十三五” 规划的子课题，在《坪山新区国民经济和社会发展第十三个五年规划纲要》的总体指导下，本规划尝试探索近期空间规划与各专项规划充分融合、刚性与弹性结合的规划编制和管理方法，希望能在新时期规划体制改革中起到积极的示范作用。

2.3 坪山新区城市综合发展投融资规划

本节介绍了在存量开发背景下，深圳坪山在规划体系初步建立后，系统推动规划实施的经验与做法。《坪山新区城市综合发展投融资规划》（以下简称《投融资规划》）以实现全区经济社会发展目标为导向，凝聚各职能部门开发共识，合理安排城市建设项目资金及时序，系统整合城市资源，以区级政府事权项目资金为重点，加速各方资金导入，加快城区开发建设。

2.3.1 存量开发背景下需要新方式

（1）存量开发的时代背景

承担着深圳市“科学发展先行区、综合配套改革示范区、新的区域发展极”的历史使命，坪山新区于2009年6月挂牌成立。从呱呱落地到蹒跚学步，新区始终坚持以规划引领城市发展。至2012年初，新区已初步形成以《坪山新区综合发展规划2010—2020》（以下简称《综合发展规划》）为统领的规划体系，工作重点随之从规划编制转向规划实施，而高效率的规划实施必须有高强度的资本投入保障。2011年，新区实现全社会固定资产投资增长34.6%，拉动地区生产总值增长26.61%，基本达到新区“十二五”规划目标，然而在全国宏观经济增长逐步放缓和新区土地资源愈趋紧张的背景下，新区要持续保持高强度资金投入、高目标经济增长显得日益困难。

地处边缘、成立时间短的坪山在推进规划实施时亟须重点补足道路交通、教育、医疗、市政等各项民生设施缺口，迅速改变落后的城市面貌。然而，新区成立时仅超200亿元的经济体量和以第二产业为主的产业结构，直接导致坪山的有限财力难以保障项目建设资金持续投入的现实，同时现状77km^2可建设用地已有68km^2建成，88%的建成度导致规划项目难以直接落地，必须借助存量开发，而存量开发涉及多元复杂的利益平衡。如何在多元利益可平衡的前提下，持续保障规划项目建设资金和用地需求，高效推动规划实施，成为城市投融资规划的核心内容。

（2）《投融资规划》的技术路线

总结城市经济及城市发展统计规律基础上，一是解析《综合发展规划》、法定图则、各专项规划及计划等，分解其确定的经济、社会、生态等各项指标到年度全社会固定资产投资需求，具体化到上级政府事权项目、区级政府事权项目、社会事权投资项目。二是综合评估上级政府投资意愿、区级政府投融资能力及社会事权投资的空间承载力，检验城市资源投融资承载力，校核、调整规划目标及投资标的。三是针对调整后的投资标的，基于不同主体的投融资特征与要求，提出增强全区投资能力的投融资策略。四是坚持多元平衡、资金链可持续的原则，设计多元平衡的区级政府事权投融资方案，并提出区级政府投融资工作组织优化建议，主动推动《投融资规划》实施（图 2-11）。

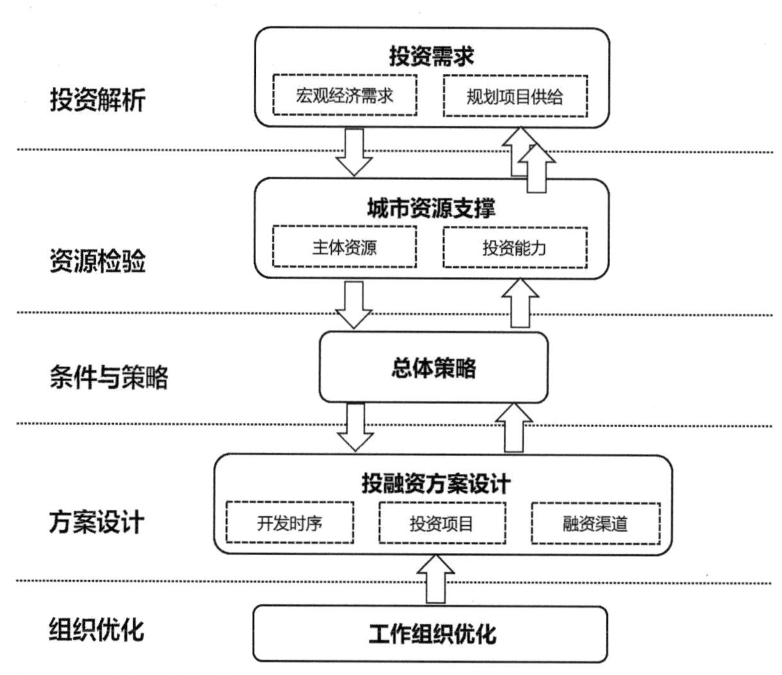

图 2-11 城市综合发展投融资规划思路

2.3.2 《投融资规划》的主要内容

（1）优化调整规划目标及各年度投资需求。《综合发展规划》原定规划目标提出 2014 年到 2020 年需累计完成固定资产投资约 3411 亿元，远超城区投融资承载力（彩图 2-20）。《投融资规划》合理调整规划目标及年度投资需求，从原定目标，即至 2020 年全年 GDP 实现 1700 亿元、2014—2020 年累计完成固定资产投资 3411 亿元、累计完成政府事权投资项目 1000 亿元，分别调整至 1000 亿元、2345 亿元、686 亿元（图 2-12）。根据调整后规划目标重新明确上级政府事权（彩图 2-21）、区级政府事权（彩图 2-22）及社会事权的具体城市建设项目，确认投资标的。

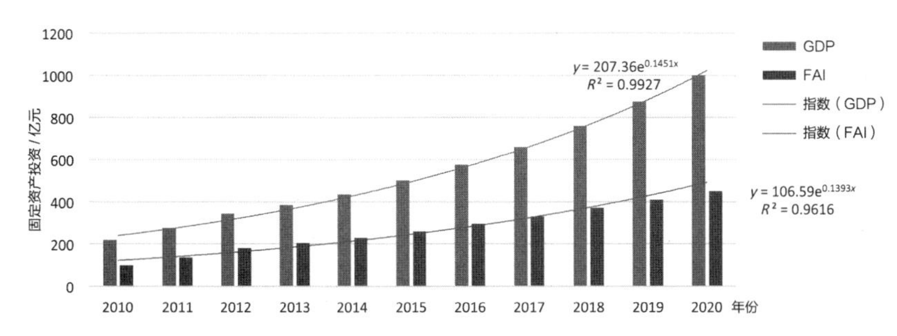

图 2-12　规划期内经济发展与固定资产投资目标调整

（2）检验城市资源对投资目标的投融资承载力。投资目标调整后，再次具体分析城市资源的投融资承载力，发现城市资源难以直接承载投资需求。

首先，社会事权投资的承载空间严重不足（彩图 2-20），可直接供应的新增工业和商住用地仅有 139hm^2 和 81hm^2，用地缺口分别是 265hm^2、138hm^2。其次，市级以上政府投资难以满足城区发展诉求。假设城区保持或略微增强在全市各区投资格局中的地位，能获得市级及以上政府投资最大额度后资金缺口仍近 100 亿元。最后，区级政府财政投资能力不足。综合税收、国土基金、整备资金、债务情况等区级财政投资能力，考虑到区级财政需垫付部分投资以争取先行实施市级政府事权的重大战略项目，资金缺口远超 65 亿元。同时，区属经营性国有企业资产规模偏小，未系统整合，而其融资平台职能已不符合国家政策导向，投融资能力有限。

（3）构建基于不同主体的投融资策略。对于上级政府，策略是“以功能提定位，以项目争投资”。一是依托生物、新能源汽车、高铁商务区等重大功能平台，提升坪山在全市的投资地位；二是争取地铁 14、16 号线，坪盐通道，南坪三期，外环高速等战略性项目尽快落地。

对于区本级政府，策略是“以增量带存量，以土地保投资”。一是加快土地整理和规划优化工作，统筹安排增量用地供应，保证国土基金供给；二是灵活运用土地整备、城市更新、收地留地等多种模式，推动存量用地二次开发，增强国土基金的可持续承载力。

对于社会主体，在保障空间供给的同时，创新政企合作模式，拓宽社会资金进入渠道。一是推动坪山城投向政企合作平台转型，作为项目运作主体代理政府配置资源。选择合适的封闭单元，将片区内拆迁安置、土地开发、公共项目整体包装，引入社会资金开展片区综合开发（彩图 2-23）。二是放开部分市政基础、公共服务设施的投资经营职能，以 BT（代建回购）、BOT（建设—经营—转让）、PPP（政企合作）等形式开展融资，采购公共服务。

（4）设计多元平衡的区级政府事权投融资方案。坚持多元平衡、资金链可持续原则，根据财政一般预算、国土基金、土地整备基金、市级财政补贴、片区综合开发、BT 等资金渠道差异化要求，匹配具体区级政府事权项目，并划为公共配套、土地整备、道路交通、生态环境及其他项目五类，分年度设计区级政府事权投融资方案。

（5）优化区级政府的投融资工作组织。从组织架构、工作机制方面优化区级政府投融资工作组织，以资金来源为主线，从实操角度将《综合发展规划》实施工作具体化、项目化，分解到区级政府各责任部门，协助形成部门协同、高效推动的局面。

2.3.3 《投融资规划》的主要创新

（1）建立了以区级政府投资推动为核心的规划实施模式

通过整合利用各项城市资源，充分发挥投融资潜力，高效实施本级政府事权项目，区级政府可以撬动上级政府投资事权的战略性项目，保障社会投资事权项目的承载空间，加快全社会固定资产投资，提高规划实施效率。

（2）提出了以投融资承载力校核规划目标的技术方法

参考对标城区，对《综合发展规划》明确的经济、社会、生态等主要指标进行统计分析，生成规划期分年度的全口径及分类固定资产投资需求，并通过各项规划、计划解析建设项目，从项目供给角度匹配投资需求，定量分析财税、土地、国有资产等城市资源的投融资承载力，校核规划目标。

（3）探索了 PPP 模式的实施路径

将区属融资平台转型为政企合作平台，整合运用现有城市更新、土地整备等片区开发政策，明确合作模式、盈利模式、政策支持、具体项目，联合社会主体，开展片区综合开发；灵活运用价格补贴、财政贴息、购买服务等政策，明确政企双方权利义务，完善项目融资实施机制，开展项目融资。

2.3.4 规划编制过程和实施机制

（1）项目委托情况

为充分利用国家政策，从总体上统筹推动投融资工作，加快新区大开发、大建设的资金筹措，2012 年 3 月，坪山新区投融资改革工作第一次联席会议要求原深圳市规划和国土资源委员会坪山管理局牵头，原新区发展和财政局协同推进新区投融资规划研究。为进一步提高工作水平，二者共同委托原坪山新区规划国土事务中心与北京荣邦瑞明投资管理有限责任公司的联合团队，开展《投融资规划》编制工作。

（2）项目实施推进情况

因编制过程中国家和地方投融资相关政策出现了重大变化，《投融资规划》自完成初步方案后，经历近一年半、三个阶段的方案调整，最终形成较为完善的方案。初步方案阶段：2012 年 3—11 月，历经确定坪山城投公司作为融资平台、土地投融资政策影响因素梳理、储备土地融资实施城市建设思路演化、重点片区投融资实施方案构建等，最终形成了《投融资规划》初步方案。中期成果阶段：2012 年 12 月—2014 年 7 月，原国土部、财政部等相继出台 162 号文和 463 号文，收紧以融资平台开展储备地融资政策，《投融资规划》政策背景发生重大变化。直至 2014 年 4 月，地方政府城市建设融资的宏观政策趋于稳定，期间项目组多次根据要求调整和完善方案，梳理研究符合宏观政策趋势的储备地投融资思路和策略，构建完善基于多元主体的城市投融资规划综合体系，形成中期成果。成果完善阶段：2014 年 8—12 月，根据坪山投融资工作相关部门意见，进一步完善成果内容，形成最终成果。

（3）项目实施机制

根据《投融资规划》，成立坪山新区综合发展投融资领导小组（如重大办）作为决策机构，负责审议新区投融资工作重大决策以及协调相关职能部门，建立工作小组联席会议制度和常态例会制度。围绕新区综合发展投融资目标，以资金来源为主线，综合考虑各方主体，结合新区城市建设重点事项，从操作角度将投融资规划的实施工作分解为争取上级政府投资、充分利用区级财政资金、科学经营土地资源、社会资金推动片区综合开发、有效利用新区融资平台五个方面，具体化、项目化新区投融资工作任务，制定工作任务时间节点，落实到责任部门（表 2-5）。

表 2-5　部门推动任务分解

部门	任务事项	开展时间	协办单位
综合办公室	1. 制定提升新区战略的专项工作计划	2014—2015 年	发展和财政局，市规土委坪山管理局
	2. 编制《坪山新区引入社会资金开展市政基础和公共设施建设的意见》	2014—2015 年	发展和财政局，市规土委坪山管理局
	3. 编制《社会资金开展土地整备（土地一级开发）管理办法》及其实施细则	2014—2015 年	发展和财政局，市规土委坪山管理局，土地整备中心
	4. 制定专项基金申请计划，明确重点基金申请督办任务	2014—2015 年	发展和财政局，经济服务局，城市建设局，公共事业局，土地整备中心
发展和财政局	1. 开展“十三五”发展规划研究，明确提升新区战略地位的重大举措	2014—2015 年	市规土委坪山管理局，经济服务局，流域办
	2. 优化政府投资项目实施机制，保障项目顺利开展	2014—2015 年	街道办事处，城市建设局，建设管理服务中心，土地整备中心，市规土委坪山管理局
	3. 积极谋划市级重大项目，主动协调市级相关部门，争取市级政府事权项目投资落地	2014—2020 年	坪山交通运输局，城市建设局，经济服务局，公共事业局，土地整备中心

续表

部门	任务事项	开展时间	协办单位
发展和财政局	4. 制订年度政府投资计划，平衡区级政府投资和财政收入，发挥区级政府投资的引导作用	2014—2020 年	市规土委坪山管理局
	5. 制定国有资产整合方案，提升区级平台融资能力	2014—2015 年	城投公司，街道办事处
	6. 组织编制社会资金片区土地整备和单体项目融资实施方案，联系市场主体，落实投融资工作	2014—2020 年	土地整备中心，城市建设局，公共事业局，城市管理局，市规土委坪山管理局，流域办
	7. 协调城市综合运营商、行业投资人、社区股份公司等社会主体以及市区两级政府投资平台，成立城市开发基金	2014—2016 年	城投公司，街道办事处
	8. 建立地方综合财务报告制度，协调市级政府，策划城市建设项目，发行地方政府债券	2014—2020 年	城投公司，街道办事处
经济服务局	1. 完善产业规划和政策引导，明确产业发展方向，制定产业项目引入计划	2014—2015 年	发展和财政局，市规土委坪山管理局
	2. 加强招商引资工作，推动企业投资落地	2014—2015 年	市规土委坪山管理局
	3. 制定计划，完善政策，主动清退新区落后产能	2014—2020 年	发展和财政局，街道办事处
	4. 制定社区闲置厂房的利用方案，引导社区经济转型发展	2014—2015 年	街道办事处，市规土委坪山管理局
	5. 完善申请材料，协调市级部门，争取产业扶持基金	2014—2020 年	发展和财政局，市规土委坪山管理局
城市建设局	1. 协调各主体利益诉求，推动城市更新项目实施	2014—2020 年	街道办事处，市规土委坪山管理局
	2. 完善相关前期工作，推动水环境治理、市政公用设施项目融资工作实施	2014—2020 年	发展和财政局，流域办，市规土委坪山管理局
	3. 完善申请材料，协调市级部门，争取水环境治理专项基金	2014—2020 年	发展和财政局，流域办，市规土委坪山管理局
街道办事处	1. 协调利益主体，做好征地拆迁工作，保障建设项目落地	2014—2020 年	土地整备中心，发展和财政局，市规土委坪山管理局
	2. 密切联系社区，引导盘活社区土地，转型发展社区经济	2014—2020 年	经济服务局，城市建设局，土地整备中心，市规土委坪山管理局
土地整备中心	1. 结合近期建设和土地利用年度实施计划，协调市级部门，制定年度土地整备计划，争取土地整备资金	2014—2020 年	发展和财政局，市规土委坪山管理局
	2. 近期建设和土地利用年度实施计划要求，推动市区两级政府投资项目土地整备（征地拆迁）工作	2014—2020 年	发展和财政局，街道办事处
	3. 完善相关前期工作，推动“整村统筹”土地整备实施	2014—2020 年	市规土委坪山管理局
	4. 完善相关前期工作，推动社会资金片区土地整备工作实施	2014—2020 年	发展和财政局，市规土委坪山管理局，街道办事处
	5. 完善土地整备（征地拆迁）相关手续，增加新区土地储备	2014—2020 年	发展和财政局，市规土委坪山管理局，街道办事处
建设管理服务中心	1. 优化建设项目报建审批流程，加快政府投资项目建设进度	2014—2015 年	发展和财政局，城市建设局，市规土委坪山管理局
	2. 完善项目跟踪管理机制和信息共享平台	2014—2015 年	发展和财政局，市规土委坪山管理局

续表

部门	任务事项	开展时间	协办单位
市规土委坪山管理局	1. 开展城市规划相关研究，明确提升新区战略地位的空间规划方案及实施策略	2014—2016 年	发展和财政局，经济服务局
	2. 结合年度政府投资计划，编制近期建设与土地利用年度实施计划，保障土地供应	2014—2020 年	发展和财政局
	3. 梳理新区土地资源潜力，完善城市更新和土地整备工作的相关规划及配套政策研究	2014—2020 年	城市建设局，土地整备中心
	4. 进行土地整理和规划优化，挖掘已出让未建设经营性用地潜力	2014—2020 年	发展和财政局，土地整备中心
坪山交通运输局	1. 完善前期工作，协调市交委，推动市级交通设施建设	2014—2020 年	发展和财政局，土地整备中心，市规土委坪山管理局
城投公司	1. 结合国家政策导向和新区发展需要，制定城投公司转型发展实施方案	2014—2015 年	发展和财政局，市规土委坪山管理局
	2. 作为政企合作平台，推动市级重大基础设施建设	2014—2020 年	发展和财政局，市规土委坪山管理局
	3. 利用棚户区改造贷款，推动新区土地整备和城市更新工作	2014—2020 年	发展和财政局，城市建设局，市规土委坪山管理局
	4. 联合市级平台及相关社会主体，建设产业服务平台和中小企业总部，成立中小企业风险投资平台，助力新区中小企业成长	2014—2020 年	发展和财政局，经济服务局，市规土委坪山管理局

2.3.5 实施成效及经验

（1）成为规划实施相关的规划和计划编制的重要技术依据

《投融资规划》提出的关于调整规划期经济和投资目标的建议基本在《坪山新区国民经济和社会发展第十三个五年规划纲要》得到落实，提出的关于统筹安排土地开发及出让时序的建议基本在《坪山新区综合发展近期建设规划》中得到了落实，提出的政府投资项目及分年度滚动计划基本在《坪山新区“十三五”重大项目计划》及各部门的工作计划中得到了落实。《投融资规划》成为统筹各项规划、计划，推动各项规划实施的重要技术文件。

（2）广泛开展了政企合作，加快社会资本的导入速度

《投融资规划》提出了广泛开展政企合作，加速引入社会资本的建议。坪山迅速付诸行动，先后与国家开发银行、招商集团、华侨城集团、比亚迪、国资委等社会主体及金融机构签订了战略合作协议，加强了与社会资本在土地开发、产业发展、基础设施建设等各领域的战略合作，加快了社会资本的导入速度。

（3）部分实现了片区综合开发和单体项目 PPP 融资创新

《投融资规划》提出了灵活运用价格补贴、财政贴息、购买服务等政策，完善融资实施机制，开展单体项目 PPP 模式投资建设建议。坪山网球中心、文化综合体、平乐骨伤科医院分别引入了金地、招商、平乐等社会主体进行投资建设，目前已建成使用。云轨示范线、生物加速器二期等项目已开工建设。随着深圳市、坪山区发改部门对 PPP 模式的推广应用，未来将会有更多社会主体参与坪山公共项目投资运营。

《投融资规划》整合运用现有城市更新、土地整备等片区开发政策，联合社会主体，提出片区综合开发的建议。坪山城投向政企合作平台转型，已于 2014 年获得国家开发银行棚户区改造贷款 50 亿元授信。

（4）提升了坪山区域战略地位，推动了市级重大项目

借力深圳实施“东进战略”重大机遇，《投融资规划》中“以功能提地位，以项目争投资”的策略实施效果基本达到预期，坪山区域战略地位大幅提升，市级重大项目大有突破。

2019 年 5 月，深圳市人民政府印发《深圳国家高新区扩区方案》，提出深圳按照“一区两核多园”布局思路，复制推广高新区管理模式，坚持全市统筹产业和创新资源。其中“两核”是南山园区和坪山园区，共筑“西有南山、东有坪山”核心科技创新空间格局。

地铁 14、16 号线已开工，其中地铁 14 号线基本实现了《投融资规划》提出的线位及站点调整目标，串联重大功能片区，沿线土地价值与片区开发进度大幅提升。燕子湖国际会展中心、区文化聚落等产业和文化服务设施已投入运营，坪盐通道、南坪三期、外环高速、云轨示范线等重大对外战略通道已完成主体结构工程，新能源中部启动区、坪坝通道等产服和对外战略通道项目正在积极推动。

2.3.6 展望

《投融资规划》提出了以城市资源承载力校核规划目标的技术方法，探索了以区级政府投资推动为核心的规划实施新模式。随着城市发展进入存量时代，投融资规划基本逻辑和核心方法基本确立，投融资规划本身必将成为城乡规划实施体系的重要内容。然而，囿于不同地区经济社会和制度安排的巨大差异，城市投融资规划实践的关注重点和技术方法也有很大不同，尚未建立起规范的方法体系和技术标准，需更广泛的实践应用，并在实践探索中不断完善。

2.4 存量开发背景下年度实施计划编制路径新探索——《坪山区近期建设规划年度实施计划》总结与思考

《坪山区近期建设规划年度实施计划》（本节简称《年度实施计划》）是我国城市规划实施的一个重要依据，目的是通过强化城市建设用地规划管理以及引导土地供应安排，落实城市空间管控、保障公共配套设施和市政交通设施建设。研究中心自 2013 年起至今，一直承担着《年度实施计划》的编制和研究工作。通过开展多年的年度实施计划编制工作，探索出一条适合坪山发展的年度计划编制路径，实现了在空间资源需求矛盾和冲突加剧条件下的空间资源集约和高效配置。

2.4.1 土地资源和政府资金的限制

坪山地处深圳市东北部，由于远离城市主中心，城市面貌差，基础设施欠账多。2009 年坪山利用新区成立的契机，在城市基础设施建设方面投入大量资金，经过 4 年发展至 2013 年，坪山已初步形成了道路骨干网络、主导产业园区、主要居住区等城市空间格局。与此同时，由于前期土地资源和政府资金的大量投入，坪山进入了城市存量开发的阶段。

面临着城市经济发展目标的任务要求，需要思考解决坪山在土地资源和政府资金有限的约束下如何保障城市建设的问题。研究中心以年度实施计划为研究课题，多年来一直在探索城市规划实施的路径，提出了土地供应—政府投资计划统一编制平台、强化建设项目前期联审制度、重视项目预选址和土地预整备等实施策略，可为类似的存量开发城市在规划实施方面提供借鉴和参考。

2.4.2 《年度实施计划》的主要内容

（1）项目由来

《年度实施计划》是深圳市每一年度实施城市规划的抓手，各行政区负责编制辖区内的计划，再由规划主管部门统筹形成全市域的年度实施计划（图 2-13）。虽然《年度实施计划》是规划实施的重要平台，但经对 2009—2013 年项目实施评估发现，《年度实施计划》在当时存在着重申报轻实施、计划与实施脱节以及计划缺少监督和跟踪等问题。

此外，坪山区除了由规划主管部门编制《年度实施计划》以外，另一个重要的计划是政府投资计划（图 2-14），这项工作由财政部门组织编制。政府投资计划更加关注的是年度内固定资产的形成，其项目筛选的依据主要是产业导向和资金多寡，重点保障的是有限的财力如何有效使用，发挥最大效益，但并未考虑用地规模、结构、项目选址的合理性因素。

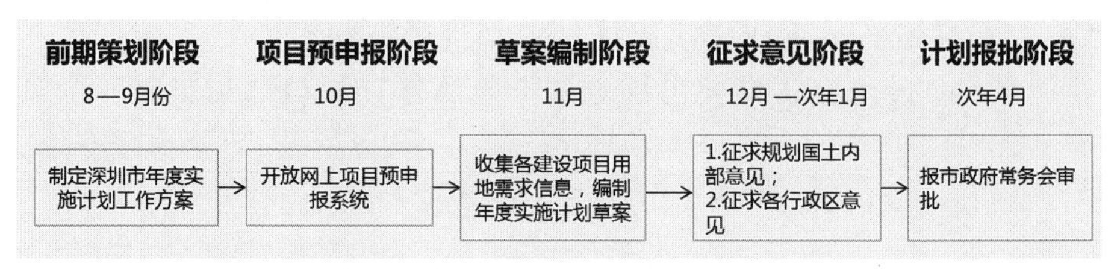

图 2-13 《年度实施计划》编制流程

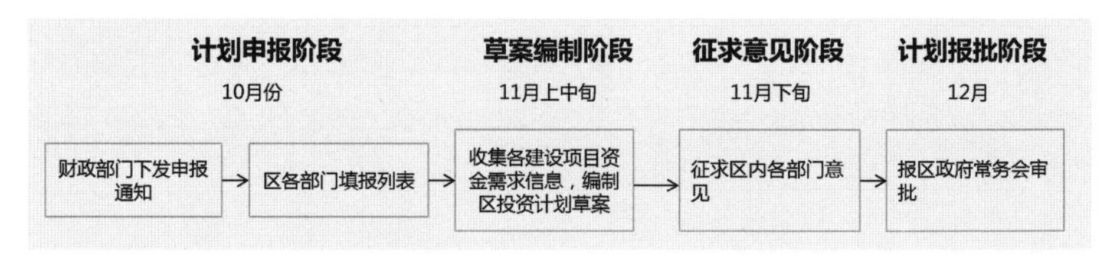

图 2-14 区级政府投资计划编制流程

从年度实施计划和政府投资计划的编制流程可以看到，这两个计划的编制启动时间和完成审批时间不同，虽然都经过意见征询阶段，但编制过程中互动环节较少，缺乏从区级层面统筹项目的土地和资金安排。

（2）项目组织设计

要彻底避免部门之间计划安排的不协调性，需要高位集成编制平台。只有在同一平台、同一时间编制的工作方案，才能充分协调好土地和资金的安排。同时，需要一支熟悉辖区规划、土地和各类建设项目需求的研究团队常年跟踪和动态更新，及时提出解决方案，才能保证年度计划的有效落实。

《年度实施计划》由坪山规划部门和财政部门共同委托予研究中心，通过“编制前申报需求、编制中协调资源、编制后动态跟踪”等措施，联合规划和财政部门统一两个工作计划的编制平台，解决土地供应和政府资金保障问题，形成了 2013 年至今的每一年度的年度实施计划方案。着重对项目实施中遇到的问题，提出了项目前期联审、建设项目预选址预整备、计划动态跟踪和中期调整等制度。

（3）主要规划内容

①整合统一了区内各计划间的编制平台，强化计划融合性

按照政府部门职责工作分工，《年度实施计划》由市自然和资源局坪山管理局负责编制，坪山区政府投资计划由坪山区财政局负责编制。市自然和资源局坪山管理局是深圳市驻区单位，坪山区财政局则是坪山直属部门。不同部门间在计划编制时关注重点不同，编制时间也不一致，因此在以往的计划实施时存在着计划之间配合度不高、计划落实难等问题。

2013 年研究中心利用自身优势，提出规划国土和财政部门联合编制坪山区年度实施

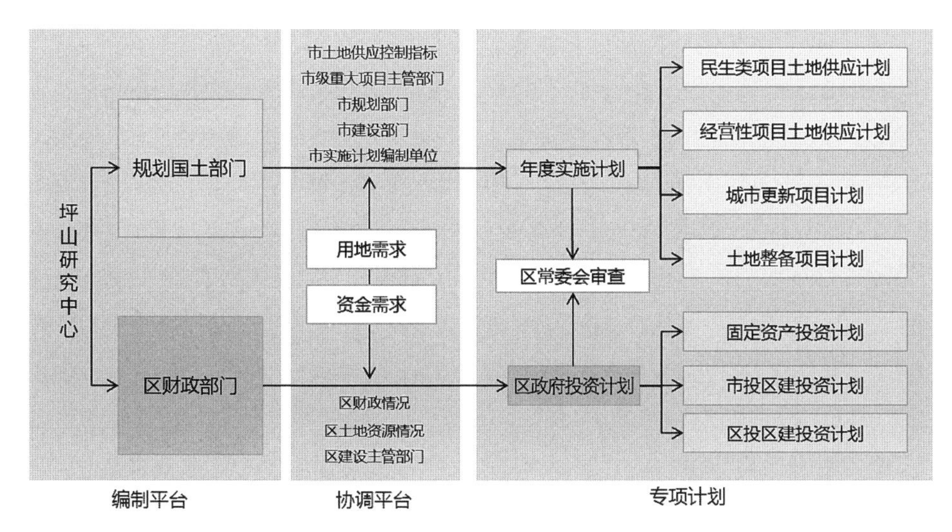

图 2-15　土地利用和政府投资计划编制平台

计划和政府投资计划的构想（图 2-15），统一编制平台，统一编制时间和要求，统一对项目前期工作进行联合审查，从区级层面高度统筹，做好项目建设的用地和资金需求分析。

②提出了土地供应规模总量控制的构思，提升计划灵活性

按照深圳市近期建设规划年度实施计划编制工作方案，一般都会将每一年度的土地供应指标进行分解，明确每个行政辖区未来一年的土地供应规模，细分出每一类别项目的具体供应指标。深圳市这一做法的好处是能够统筹把控各类项目的均衡推进，存在的不足是市级层面的年度实施计划编制团队难以掌握到深圳市各辖区的具体建设需求，坪山区城市面貌亟待改善，大多数项目落地具有紧迫性和时序不确定性，以指标控制具体项目往往容易导致实施计划与实际建设需求不匹配。

考虑到坪山区成立时间短，城市建设需求旺盛，各类项目建设的时序具有较大弹性。2013 年研究中心提出了在坪山实行“严格控制土地供应总量指标、不再考核细分类别”的做法（表 2-6），仅将土地供应规模按民生类指标和经营性类指标两部分控制，让年度实施计划既在规划控制上具有权威性，又在实际执行中更具有灵活性。

表 2-6　　坪山区 2013—2019 年土地供应指标

年份	民生类指标 / hm^2	经营性类指标 / hm^2	合计 / hm^2
2013	130	70	200
2014	177	66	243
2015	149	57.5	206.5
2016	101	25.5	126.5
2017	90.5	19.5	110
2018	55.5	22	77.5
2019	60	17	77

③落实了建设项目预选址和预整备制度，提高计划可实施性

经分析统计发现，坪山区 2009—2012 年度实施计划实施率一直处于 30% ~ 40% 之间，主要与所纳入计划的项目前期准备工作不足有关，对项目面临的困难估计不足，并没有就项目存在的问题让相关职能部门提前介入。一般来说，坪山建设项目一般包括多个工作环节：先由发改部门立项，再由规划国土部门核发《项目选址意见书》和《建设用地规划许可证》，再由区级前期部门开展方案设计，然后由规划国土部门核发《建设工程规划许可证》，最后由建设部门开展施工图设计并施工建成。这种单个项目串联式的审批程序已不能适应新形势的要求，常常项目在前道程序批准了，却被后道程序否定了，因此经常导致前期工作反复。

针对上述问题，研究中心在 2013 年度实施计划编制时提出了预选址和预整备制度（表 2-7）。按照坪山区现有城市规划成果，梳理出若干批次亟须推进的项目，从规划控制、用地权属、拆迁整备等方面进行深入分析，明确提出项目存在的主要问题及工作建议，形成工作清单后提交相关职能部门提前开展项目预选址和预整备工作。经多年实践效果表明，预选址（彩图 2-24）和预整备制度（彩图 2-25）可大幅度提升项目前期工作效率。

表 2-7　　坪山区 2013—2019 年完成预选址项目统计

年份	道路 / 条	教育设施 / 个	医疗设施 / 个	文体设施 / 个	其他公共设施 / 个	合计
2013	28	10	2	1	4	45
2014	26	5	3	1	4	39
2015	40	6	2	2	3	53
2016	25	4	1	1	8	39
2017	24	3	3	2	8	40
2018	19	8	3	2	9	41
2019	17	2	2	3	15	39

④制定了长期跟踪和一年两评估制度，保证计划有效性

在编制《年度实施计划》时，综合考虑“多手段推项目、科学供应资源、动态化管理”等因素，按照“建设必要性、建设内容、投资匡算、意向选址、规划条件、用地条件”等 6 个因素进行评估和分类，通过强化建设项目的前期联审研究，实行长期跟踪和一年内进行年中、年末两次评估制度，提高计划实施效果。

具体做法是对近期拟推进项目进行初步评估，符合城市发展要求，符合城市规划、土总规，建设需求明确且有具备实施条件的项目，可认定为实施条件“成熟类”的 A 类项目，优先对其进行选址、供地、投资、时序的预安排；对不完全符合上述 6 个条件的

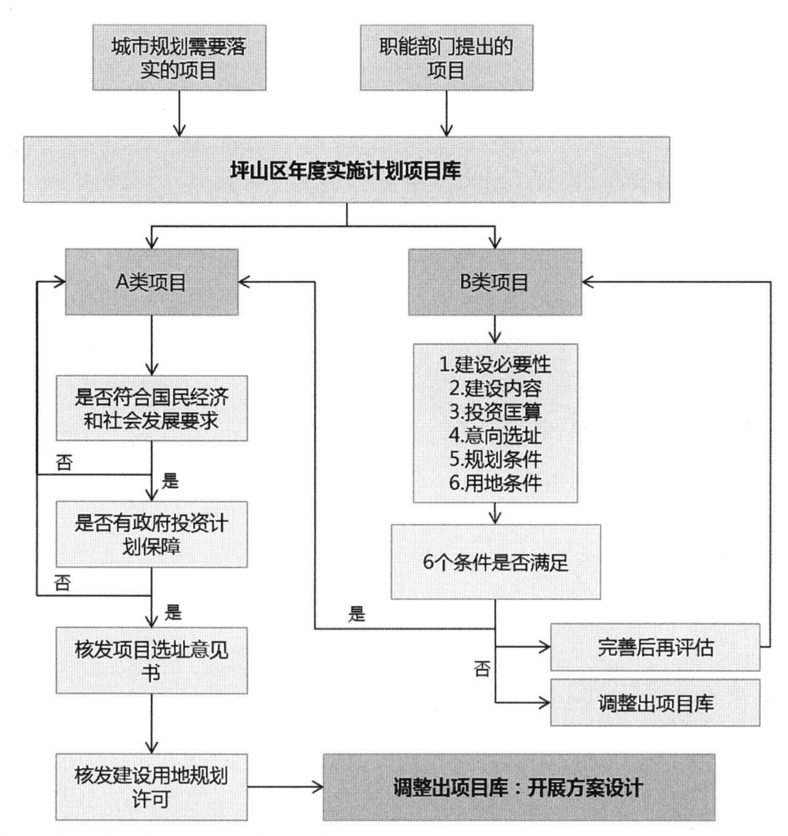

图 2-16　年度实施计划项目库管理示意

项目，可认定为实施条件“非成熟类”的 B 项目，需对该类项目实施的具体瓶颈问题进一步论证研究和再评估。在年度实施计划项目库运行的过程中，A、B 两类项目之间实行滚动，如 B 类项目“再评估”后，符合 A 类项目的要求，可以升级为 A 类项目，若推进条件仍然不成熟，将再次储备或调整出库（图 2-16）。

2.4.3 主要创新点

联合规划国土和财政部门统一计划编制的平台是坪山年度实施计划项目的最重要特色。一个行政区内各职能部门都会有自己的工作计划，其中土地供应计划和政府投资计划是辖区最重要的工作安排，必须相互支持、相互保障才能在存量开发阶段发挥最大的效用。以往，规划国土部门编制的年度实施计划更注重的是空间和时序的统筹，往往缺乏对项目可实施性的考虑。财政部门编制政府投资计划时更多地考虑辖区内固定资产投资的完成要求，往往更愿意将资金投资到在一年内更容易实现目标的建设项目上。如此一来，土地供应和政府投资年度计划就难以发挥规划计划的宏观调控作用，造成有资金不能优用、用地供应结构失衡等问题。

研究中心在2013年编制《年度实施计划》时，首次提出并实现了土地供应和政府投资年度计划合并编制平台，通过统一平台，更容易实现前期申报、项目联审、计划安排、预选址、土地预整备、过程跟踪管理、动态更新和年中评估等工作，提升了规划计划的统筹和引导性。

2.4.4 实施成效

据数据统计发现，坪山新区2009年成立后至2013年，每一年度的土地供应任务约200hm²，年供应量约75hm²，完成率为38%。自从2013年提出土地供应—政府投资计划统一编制平台、强化建设项目前期联审制度、重视项目预选址和土地预整备等实施策略后，年度实施计划落实规划的效果逐年提升。7年来，坪山年土地供应量约为135.9hm²，目标完成率达91%（表2-8）。

表2-8 坪山区2013—2019年年度实施计划实施情况统计

年份	指标任务／hm²	完成情况／hm²	完成率／%
2013	200	83.4	42
2014	243	208.5	86
2015	206.5	235.5	114
2016	126.5	74.5	59
2017	110	125.5	114
2018	77.5	118.7	153
2019	77	105.3	137
年平均	148.6	135.9	91

此外，《年度实施计划》编制过程当中提出的预选址和预整备策略也有较好的实施效果。7年当中，完成公共项目预选址项目296个，经营性项目预整备地块30块，面积102hm²，保障了坪山区产业、居住和商业的项目落地。

2.4.5 结语

《年度实施计划》是落实城市总体规划的重要抓手，在存量开发阶段讲究项目精细化管理、追求项目高效高质量，需要更加注重强化规划计划编制的协调性。坪山区从2013年至今，在编制《年度实施计划》的每一年当中都在探索计划编制的新路径。过去 7 年探索出来的土地利用和政府投资计划统一编制平台、计划指标的总体预控、前期联审制度、项目预选址、土地预整备、长期跟踪和年中评估等策略，经实践证明可以提升建设项目的实施性，可为土地资源和财政投资有限的城市在编制年度实施计划时提供参考。

第 3 章 专项规划实施

为从根本上落实总体规划确定的重点目标和规划要求，对一定范围内的特殊空间要素开展专项规划编制，如产业布局、公共设施、地名系统等，重点明确各行业发展的主体思路和导向，形成可传导、可落实的专项规划成果。

专项规划实施部分选取了 7 个富有特色的存量规划案例，有的是与总体规划密切相关、能对总规进行反馈的，如教育专项、地名专项等；有的是为解决部门近期重点工作而设置的专项研究，如产业用地、充电桩布局、边界争议地处置等。

编制主体方面，多采取多部门协作、多专业融合的工作方法，行业主管部门与规划管理部门联合编制，如教育专项规划由区教育部门和规划部门通力合作，产业专项由区产业部门和规划部门共同完成。联合编制有利于突破部门界线和行业壁垒，将行业发展需求与空间实施进行匹配，保证专项规划编制的规范性与科学性。

编制思路方面，专项规划以总体规划目标为引领，强调从需求出发，突出问题导向，重点针对专项领域发展中面临的瓶颈，研究专项设施发展的总体框架和实现目标的路径。核心内容涉及现状梳理、规划目标、空间布局、配置标准和实施机制等。

实施层面，与规划管理主动对接，强化各专项规划之间的联动。一方面加强各类共性设施之间的结合，如文化与体育设施、医疗与养老设施整合共建，缓解用地紧张的局面；另一方面通过专项设施通盘考虑，有效避免不同专项规划内容相互掣肘，出现“编制时各自为政，拼合后矛盾百出”的局面。

3.1 高度建成的大都市边缘城区的产业空间规划

本节内容是一个位于高度建成的大都市区边缘城区——深圳市坪山区的产业空间规划编制项目。该项目有别于传统产业空间规划的技术路线，传统的产业空间规划以产业发展目标为指导，以产业园区布局为重点，然后制定分区指引。该项目在对产业发展目标进行招商需求和空间需求转换的基础上，以“深度挖掘用地潜力，保障产业空间供应”为重点，优化产业空间布局，为坪山产业发展提供多途径、精细化、可持续的产业空间支撑方案。探索创新了产业空间规划编制技术方法和成果内容，拓展了产业空间规划的广度和深度。

3.1.1 产业转型升级困境

坪山区现状高度建成（建成度达 88%），工业用地约 25km^2，占现状建设用地的 38%。自 2009 年建区至今，通过 11 年的快速发展，梯队型产业格局基本形成，战略性新兴产业、现代服务业、优势传统产业、未来产业“四路纵队”齐头并进。在深圳产业转型升级和梯度转移的大背景下，坪山作为深圳战略性新兴产业和自主创新基地，在承载着深圳产业转型发展新希望的同时，也面临产业空间需求难确定、增量空间难供应、存量空间难支撑等高度建成区大都市边缘城区的典型现实问题。

2015 年，为加速产业转型升级进程，坪山新区产业部门组织编制了《坪山新区产业发展“十三五”规划》，科学调整了坪山产业发展方向、优化了产业结构，并提出了产业发展高目标 2900 亿元，为坪山产业发展指引了方向。如何在空间资源有限的情况下，搭起产业空间供给和需求之间的桥梁，成为坪山发展面临的紧迫问题。

因此，产业部门和规划部门联合组织编制了《坪山新区产业用地调查与空间规划》，致力于实现产业发展规划与产业空间规划的“主动融合”，明确产业空间需求，拓展产业空间广度与深度，为坪山产业发展提供多途径、精细化、可持续的产业空间支撑方案，引导产业空间有序供应，加速产业空间集聚。项目的重难点主要围绕在如何化“被动衔接”为“主动融合”，将产业发展目标转变为产业空间需求，实现产业发展规划与产业空间规划相互促进和相互协调；如何深度挖掘产业空间潜力，满足产业发展需求；如何建立产业空间供应长效机制，保障产业空间有序供应，有效保障产业发展目标落实三个方面。

3.1.2 多措并举促进产业空间供给

（1）精细化路径，高效实现产业空间供需匹配

该项目以企业招商需求和产业空间需求分析为基础，以产业空间潜力挖掘为重点，以产业空间布局优化为表现形式，以行动计划、信息平台、招商企业目录为抓手，构建了一条“产业发展目标—产业发展空间潜力挖掘—产业空间布局优化—产业空间保障”的全流程精细化路径（图 3-1）。

该项目有效搭建了产业发展规划、产业空间规划、产业空间供应之间的桥梁，是传统产业空间规划编制路径发展的深化与发展，促进了产业发展规划与空间规划的深度融

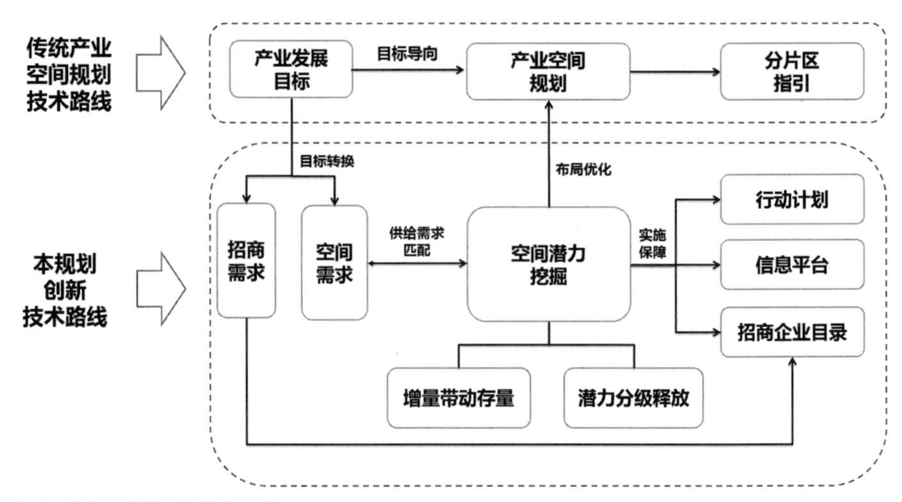

图 3-1 供需匹配精细化路径示意

合，创新了产业空间规划编制技术方法和成果内容，提高了产业空间规划的科学性和有效性，拓展了产业空间规划的广度和深度。

（2）目标转换，明确发展需求

针对空间需求难确定的现实情况，该项目一方面从“十三五”产业发展高目标（2900亿元）出发，在充分考虑企业建设周期的基础上，根据不同产业门类的理想地均效益核算出“十三五”前三年产业空间需求，明确了产业用地需求总量以及不同产业类型需求用地量；另一方面围绕坪山产业发展方向，进行上市及拟上市公司扩张需求和坪山产业热点分析，筛选出符合坪山产业发展导向的有拓展潜力的企业精选数据库，指导产业部门招商引资工作开展，并进一步分析了这些可拓展潜力企业的产业空间需求特征，为产业空间供需匹配奠定了扎实的基础。

通过用地空间需求转换和招商需求筛选不仅明确了坪山产业空间需求的总量、招商企业库，以及空间需求特征，为供需匹配奠定了扎实的基础，也为上层次规划传导和落实提供了抓手。

（3）深度挖潜，创新产业空间供给

针对增量空间难供应、存量空间难支撑的现实问题，该项目根据“增量带动存量，用地用房并举”的总体原则，通过“增”“改”“找”拓展产业用地和用房潜力，并根据潜力释放的可能性和差异性，分类构建潜力分级模型，有序引导产业空间供给。

①“增”即新增产业用地，以规整地块为对象，根据整备、规划调整等前期工作的难易程度，将其由易到难分为四级，并有针对性地引导新增产业用地实现有序供应（图 3-2）。

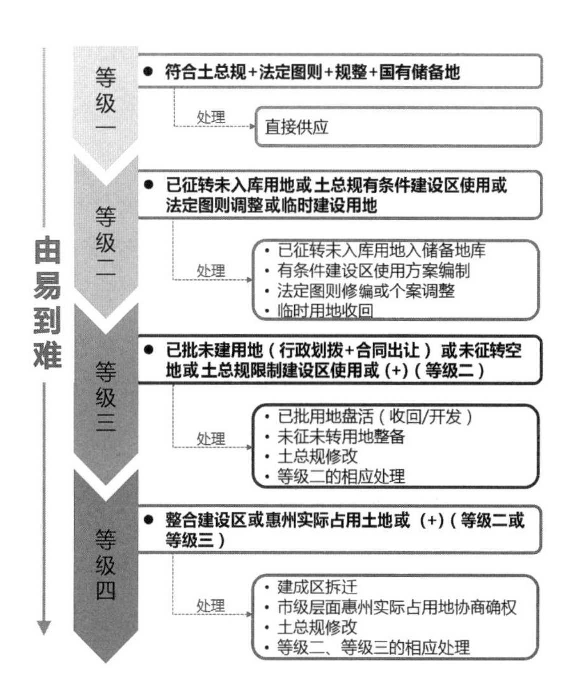

图 3-2　新增产业用地潜力等级图

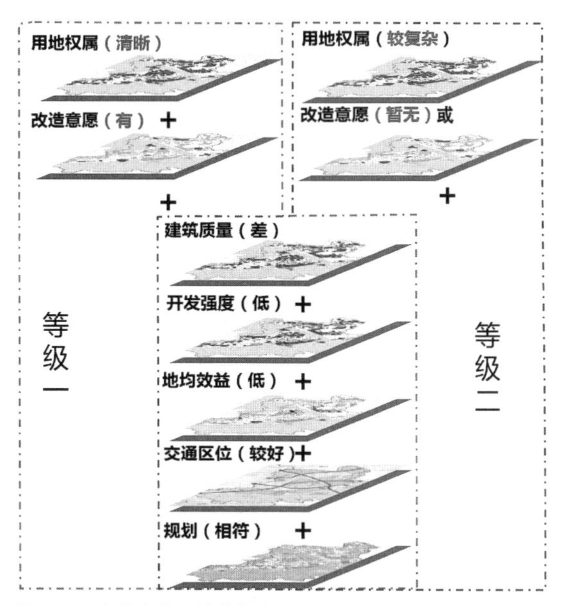

图 3-3　存量产业用地潜力分级

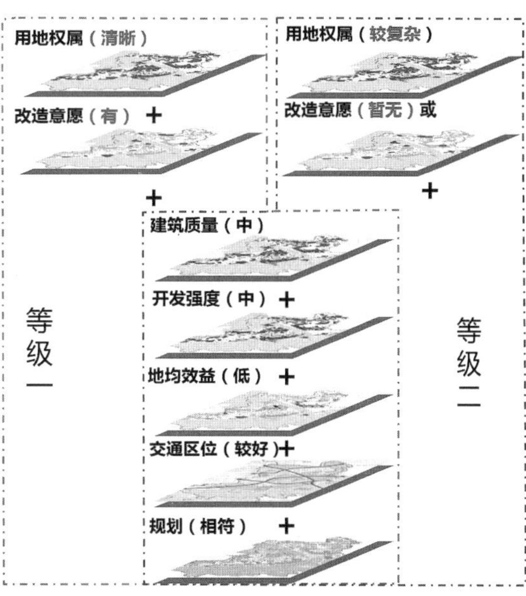

图 3-4　存量产业用房潜力分级

②“改”即改造存量产业用地，以现状工业区为对象，通过用地权属、改造意愿、建筑质量等“多因子”综合分析，分类分级确定潜力。对于符合规划、交通区位好，但建筑质量差、开发强度和地均效益低的存量产业用地，建议通过土地整备或者拆除重建类城市更新释放用地潜力（图 3-3）。对于符合规划、交通区位好，但建筑质量和开发强度中等和地均效益低的存量产业用地，建议通过综合整治或者功能改变类城市更新释放用房潜力。并结合用地权属是否清晰，改造意愿是否明晰分为两级（图 3-4）。

③“找”即“多途径”拓展创新型产业用房，一是大力培育“产业载体平台”，提高创新型产业用房周转率；二是大力扶持“工改工”项目，保障城市更新中创新型产业用房比例；三是大力推动已出让未建项目改造配建，拓展创新型产业用房空间。

通过上述“用地”和“用房”的双轮驱动，不仅可以挖掘大量的产业用地和用房潜力，同时鼓励政府/国企自持产业用房，引导未来产业用地需求向用房需求转变。

（4）供需匹配，优化产业空间布局

基于产业目标转换需求和空间潜力挖掘，结合产业发展特征，依托坪山“一山一河一走廊”，优化产业空间布局，引导战略性新兴产业及先进制造业集聚入园，形成7个产业集聚区（彩图3-1）；“2.5产业”产城融合，形成“大分散、小集聚”格局，保障有限空间资源与优质项目匹配（彩图3-2）。

3.1.3 产业规划实施抓手

该项目注重产业空间规划的实施性和产业空间供应的可操作性，通过近期详细的年度供应计划、招商引资企业目录，以及多方互通的产业信息平台三个抓手，指导从招商引资到土地供应全流程的工作。

（1）近期详细的年度供应计划，重点明确年度供应总目标、分项目标、具体工作任务（如产业空间供应路径、土地利用总体规划调整、法定图则调整建议等）及责任单位，为产业空间供给提供切实可行的路径，保障空间供给。该计划有效协调了规划、产业、用地整备各部门相关计划的编制，如规划部门《坪山新区近期建设与土地利用计划》和《“拓展空间保障发展”十大专项行动——2016年重大产业项目用地保障》、产业部门《坪山新区产业载体建设2017年工作任务分解表》、整备部门《坪山新区2016—2020年产业用地整备行动计划》等；有力保障了坪山产业发展的空间需求，在两年时间内，完成了38个地块（117hm^2）法定图则个案调整、6个地块土地利用总体规划调整、179.3hm^2产业用地整备、50hm^2产业用地供应、34万m^2创新型产业用房建设；正在推进14个地块（51hm^2）法定图则个案调整，39个地块土地利用总体规划片区调整，以及27.7万m^2创新型产业用房建设。

（2）招商引资企业目录指导产业部门主动出击寻找企业目标，有效提升了招商引资效率、提高了入驻企业层次，并引导了产业集聚，目前已指导引入了如沃特玛、和顺堂、南京金龙、国赛生物、麦捷科技、联懋科技等200家高品质企业落户坪山（图3-5）。

（3）产业信息平台重点将产业规划、产业分布、产业空间潜力等多元信息进行整合，搭建“政府—公众—企业—社区”多方互通的产业信息平台，为相关部门招商引资、产业转型升级/工业区改造、用地选址、厂房招租等工作开展提供抓手，不仅便于企业找

图 3-5　引入高品质企业的用地情况

图 3-6　产业信息平台图

寻拓展空间，也便于政府不同部门间信息互通，给了企业与政府 / 社区之间创造了双向选择的机会（图 3-6）。

总的来说，本项目重点探索了产业空间供需匹配的精细化路径，创新了产业空间规划编制的技术方法和成果内容，取得了良好的实施效果，对于高度建成的大都市区边缘城区的产业空间规划编制具有重要的借鉴意义。

3.2 破解存量城区充电桩布局难题

本节是一种新型生活服务设施——新能源汽车充电桩的空间布局规划项目。深圳市作为“高度建成、高强规划、高密人口”的典型“三高”城市，建设用地十分有限，充电设施供需矛盾越来越突出，亟待开展存量用地背景下充电设施的发展策略和布局规划方法。在充电设施建设面临“无指导规范、无建设标准、无案例借鉴”的背景下，项目编制单位系统地提出了充电设施布局规划编制思路和内容构成，明确了新能源汽车选址布局原则，统筹协调其空间建设，高效集约利用土地资源，希望能为其他类似城市充电设施规划的编制工作提供有益经验。

2020 年，新能源汽车充电桩开始受到越来越多的关注，政府工作报告提出，要加强新能源汽车充电桩建设等七大新型基础设施建设（即新基建）。本节凸显坪山早期探索的重要价值。

3.2.1 新能源汽车及充电桩发展需要

2014 年，国务院办公厅出台了《关于加快新能源汽车推广应用的指导意见》，提出通过发展新能源汽车减缓环境压力。2015 年，深圳市政府也出台了相应的新能源汽车发展的通知和方案。新能源汽车在政策支持下迎来了发展的春天，但与其相匹配的充电设施建设却面临着“无指导规范、无建设标准、无案例借鉴”等问题。

在发展新能源汽车的春天里，需要一套新能源汽车充电设施的建设标准和指导规范引导充电桩建设。因此，坪山区开展了《坪山新区新能源汽车充电桩布局规划》工作，落实国家新能源汽车推广政策，探索新能源汽车充电设施布局思路、原则和标准，以期规范和引导新能源汽车充电设施建设。

3.2.2 充电设施布局规划主要内容

（1）调研坪山区停车场和充电桩发展现状

项目通过深度调研，了解坪山区停车场现状。调研范围涉及 144km^2，21 个社区，包括地上和地下共计 233 个停车场（彩图 3-3），收回问卷 213 份，建立了 1 个停车场信息台账。

经过调研，坪山区已有 3 个新能源公交充电站，提供充电桩 56 个；可供出租车使用的快充点 1 处，提供快充桩 20 个；可供大型新能源车充电的站点有 2 处，提供 12 个充电桩；可供私家车慢充的设备点 1 处，提供 10 个慢充桩。其特点是：一是结合现状停车场站建设；二是站点建设数量少，覆盖率低；三是现状已建充电桩场地大多不对外

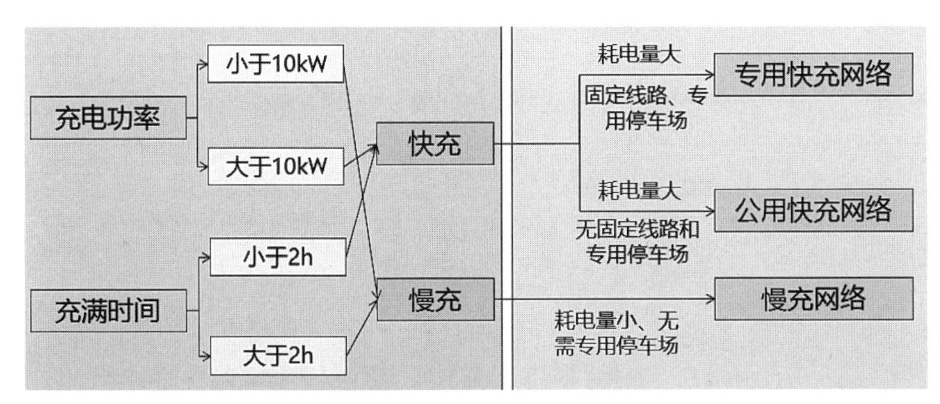

图 3-7　新能源汽车三套充电设施网络体系

开放，或开放度差，只能起到示范作用。

坪山区新能源汽车充电设施发展建设存在以下几方面问题：

一是充电基础设施与电动汽车发展不协调，“有车无桩”和“有桩无车”现象并存。

二是电动汽车及充电技术不确定性大，增加了充电基础设施建设与管理的难度，加大了投资运营风险，也影响了社会资本参与的积极性。

三是充电桩建设面临着利益分成、消防报批、规划审批、用地审批、管理维护等一系列问题，实施过程中多个主管部门和相关企业参与其中，利益主体复杂，协调难度大。

四是充电服务的成熟商业模式尚未形成。

五是充电基础设施及工作建设相关标准规范有待进一步完善。

（2）构建层次分明的专用网络、公用网络和基础网络服务体系

结合服务对象运营特征，构建专用网络、公用网络和基础网络服务体系（图 3-7）。其中，专用充电网络主要包括新能源公交充电网络、新能源环卫车充电网络和新能源物流车充电网络，充电设施类型以建设快充桩为主；公用网络则主要服务于新能源出租车和小汽车等，充电设施类型以建设快充桩为主，慢充桩为辅；基础网络主要是以服务于新能源小汽车为主，充电设施类型以慢充桩为主、快充桩为辅。

（3）制定新能源汽车充电设施配置标准

关于充电桩建设标准，需要考虑两个核心问题，一是充电桩建设数量，二是在充电桩建设的空间密度。首先，项目研究引进了车桩比的概念，经过分析新能源汽车的里程、速度、电池续航能力等因素，发现专用快充桩的车桩比为 3 ： 1，大车公用桩的车桩比为 3 ： 1，小车公用桩的车桩比为 2 ： 1，慢充桩的车桩比为 1 ： 1.2 比较合适（表 3-1）。

表 3-1 充电设施分类及配置方法

充电设施类型		设备功率	单次满充时间	服务对象特征	典型服务对象	车桩比	对应预测公式
专用快充桩		80kW、100kW、200kW	20min ~ 2h	电池容量大，耗电量大，且有固定运营线路及专用停车场站的大型电动汽车	新能源公交车、新能源环卫车辆（新能源垃圾清运车、新能源环卫三轮车、新能源马路清洁车）	3 ∶ 1（参考交通运输局配置公交车专用充电桩的车桩比）	专用桩数量 = 对应车型数量 ÷ 车桩比
公用快充桩	大车公用	80kW、100kW、200kW	20min ~ 2h	新能源大巴车（车长 9m 起）、大型新能源物流车（载重 3t 起，车长 4.2m 起）	新能源大巴专车、新能源物流集装箱车	3 ∶ 1（参考交通运输局配置公交车专用充电桩的车桩比）	大车公用快充桩数量 =（新能源大巴专车 + 新能源物流集装箱车）÷ 车桩比
	小车公用	40kW	20min ~ 2h	小型运营新能源车辆、无固定运营线路、无专用停车场站	以电动及混动的出租车、小型物流车为主，还包括过境车辆和部分电动及混动的私家车	2 ∶ 1（考虑到出租车日充电次数较多，适当增加桩的比例）	小车公用快充桩数量 =（新能源出租车数量 + 新能源小型物流车）÷ 车桩比 × 放大系数 *
慢充桩		3.3kW	5 ~ 8h	小型非运营新能源车（以电动及混动私家车为主）	电动私家车	1 ∶ 1.2（在“一车一桩”原则基础上，为推进新能源汽车使用，进行适当增加配置）	小型车慢充桩 = 新能源私家车预测量

*放大系数：数值取 1.3，为电动私家车等其他未预见车辆留有充电桩盈余，将预测配置给出租车的充电桩数量进行适当放大

其次，本项目提出了用“5 平方公里服务圈”的概念来解决充电桩空间密度的问题（彩图 3-4）。按照“5 分钟可达最近充电桩，10 分钟可达次近充电桩”的布局原则，建立起来的充电设施布局体系对新能源汽车使用者最为方便。

（4）优先利用既有场站等存量用地挖潜加建充电设施

结合深圳用地难现状，优先利用既有场站等存量用地挖潜加建充电设施，尽快减少新增用地供给（图 3-8）。

针对专用快充桩“专用和独特”的需求，提出了“单独布置”和“充分利用现有场站”两条原则，主要布局在公交场站、环卫用地、物流园区等。

针对公用快充桩“公共利益”的需求，提出了“规模经济”“布局均衡”“出租优先”“兼顾大小车型”“与社会停车场相结合”5 条原则，主要布局在公共停车场、枢纽口岸、公园文体场馆等。

针对慢充桩“便利”的需求，提出了“益于推广”“利于实施”“逐步增容”3 条原则，主要布局在住宅小区停车场、商业办公停车场和企业自有场地等。

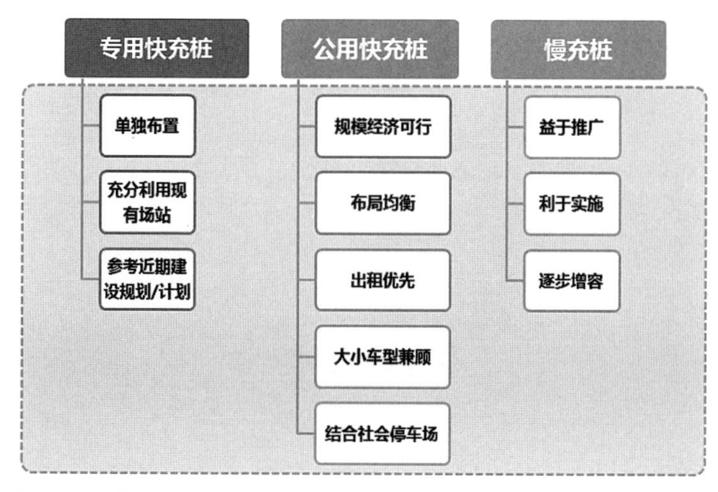

图 3-8　新能源汽车充电桩的选址原则

（5）适建充电桩的停车场筛选

通过制定筛选技术要求和原则，与外业调查的停车场进行匹配，筛选出适合建设充电桩的停车场。

因为慢充桩的电流小，安全隐患低，选址要求不高，只要电网安全、变压器的剩余电量满足要求，一般停车场均可建设。按照规则，筛选出住宅小区停车场 53 个，总停车位 25749 个，按照 20% 配建比例，可配建慢充桩 5150 个。

充电站选址主要考虑稳定性、自然地理、安全、电力充足、交通便利、经济可行等因素。确定快充桩和充电站的选址原则为：① 5 年内无拆建计划；②可提供独立的车位；③地质条件良好，不在地质灾害隐患点影响范围内；④周围 1km 内无易燃易爆等危险源；⑤权属明晰，可提供权属证明文件；⑥距离高压接入点不超过 100m；⑦高压预留接口不需穿行马路或架空。经筛选，符合建快充桩条件的停车场有 68 个，地上停车位 6047 个，地下停车位 2230 个。

（6）提出各类新能源汽车充电设施布局方案

结合深圳坪山的存量用地特征，本次规划空间落实部分只考虑利用已有交通场站加建充电设施。

首先，根据城市发展目标和新能源汽车发展态势，对坪山区规划期内的新能源汽车保有量进行了预测（图 3-9），预测结果表明，新能源公交车和私家车是未来车辆增长的主要方向。

其次，结合筛选出的适建充电桩的停车场情况，满足“5 平方公里服务圈”的布局原则，制订了坪山区各类新能源汽车充电设施布局方案。从时间维度上，本项目明确了 2015—

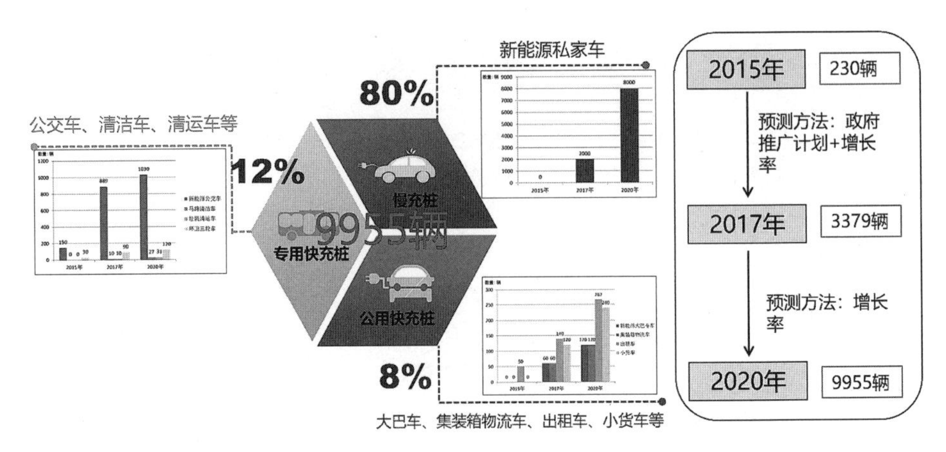

图 3-9 坪山新区新能源汽车保有量预测值

2017 年以及 2018—2020 年两个阶段的充电设施布局方案。从类型维度上，本项目明确了专用快充桩、公用快充桩和慢充桩的设施布局方案（彩图 3-5）。

3.2.3 规划实施成效

（1）充电设施正按规划布局安排稳步推进建设

本规划中提出的充电设施建设计划逐步纳入坪山区年度政府投资计划，部分充电设施已按规划目标和要求建设完成。截至 2017 年 1 月，坪山已建慢充点共 18 处，慢充桩 770 个，已建快充配备点 19 处，快充桩 382 个，体现出本规划具备一定的规范性和引导性。

（2）布局规划思路和配置标准在其他规划中得到体现

本规划率先提出了系统性的充电设施布局规划编制思路和内容构成，所提到的“专用快充网络”“公用快充网络”和“慢充网络”在《深圳市新能源汽车充电设施布局规划》（以下简称《布局规划》）中得到体现。

3.2.4 规划实施机制

（1）坪山区具备新能源汽车充电设施配置研究和实践的条件与空间。首先，新能源汽车产业属于坪山区支柱产业，可以获得更多的政策支持和突破空间。其次，坪山区拥有新能源汽车和电池生产的核心企业，如汽车企业巴斯巴、比亚迪等，电池企业沃特玛等。这些企业已经在坪山区逐步推进充电设施建设计划，给充电设施建设标准和规范的研究提供了实践机会。

（2）规划得到区政府的高度肯定和重视。为了促进规划实施，坪山区政府印发了《坪山新区新能源汽车推广应用行动方案（2015—2017）》，将本规划中所提出的坪山2015—2017年新能源汽车推广和充电设施建设目标写入，作为坪山区新能源汽车推广应用的执行依据。

为实现“至2020年，基本建成适度超前、车桩相随、智能高效的充电基础设施体系”的目标，在《布局规划》的指引下，坪山区政府编制《坪山新区新能源汽车充电设施建设管理规定》（以下简称《管理规定》）与《坪山新区加快新能源汽车推广应用若干措施》（以下简称《若干措施》）。《管理规定》明确了坪山新能源充电设施建设工作的职责分工、报建审批程序及运营维护机制，而《若干措施》则明确了各类建筑充电桩配建比例、充电桩建设补贴等内容。此两份文件已与《布局规划》同步印发，解决了充电桩建设中遇到的实际问题，极大地推动管理充电桩规划的落实。

3.3 社区便捷服务标准化设施布局试点

“十九大报告”提出，民生是幸福之基、和谐之本。基本公共服务又是增进民生福祉的重要保障。而在城市化边缘地区，往往由于历史遗留问题等原因，基本公共服务难以保障。本节就是以这样一个社区为例，在市场化动力不足、规划落实缓慢的情形下，探索存量背景下改善民生的小微式、精准式施策路径，运用所构建的设施便捷服务评价标准获取直观的评价结论，提出针对性优化对策制定实施项目库，并取得了良好的实施效果。

3.3.1 社区基本公共服务亟待改善

坪山区作为由原深圳市大工业区升级而来的新区，呈现着旧屋村与旧工业区交织混杂的半城市化面貌特征，与民生息息相关的基本公共服务难以保障，社区环境风貌亟待改善。在此背景下，坪山区将“推动社区基本公共服务标准化”列为2016年要做的“十件大事”之一。本项目选取具有典型性的沙壆社区为试点，在无大拆大建的存量发展情形下，重点对《深圳市城市规划标准与准则》（以下简称《深标》）中的交通设施、教育设施、医疗卫生设施等8类社区基本公共服务设施进行面向实施的规划布局优化，打造“15分钟生活圈”，探索建立标准化的社区便捷服务体系。

3.3.2 沙壆社区试点概况

沙壆社区位于深圳市坪山区中部，辖区面积4.2km^2，下辖8个居民小组，总人口约2.3万人，其中常住人口2.1万人，流动人口0.2万人。是一个兼有工作、居住、休闲与

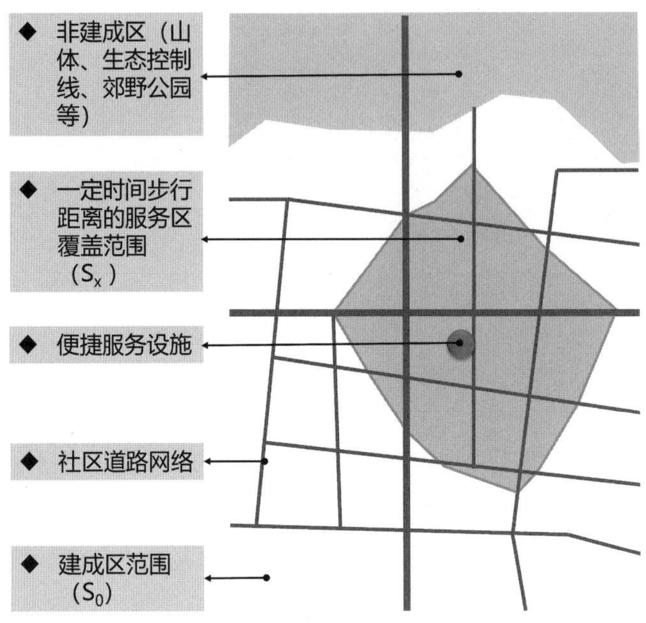

图 3-10 网络分析方法示意

配套设施的多功能综合型社区。社区现状建成年代久远，卫生环境普遍“脏、乱、差”，教育、医疗等优质公共服务资源供给不足，交通体系不完善，因此，社区环境形象、配套设施亟待提升优化。

3.3.3 社区便捷服务标准化设施布局主要内容

（1）提出便捷服务评价标准

设施规模及数量评价：采取标准比对法，调查设施现状情况与《深标》中各类设施布局要求比较，判断其是否符合规范要求。设施布局评价：采取网络分析方法（图3-10），依据实际路网，生成以设施为原点，将标准时间内步行距离（即以 1.5m/s 的步行速度计算，步行一定时间的距离）所覆盖的空间范围与实际社区建成区范围比较，得出设施布局水平，计算公式如下：

$$X\text{ 分钟布局水平} = \frac{X\text{ 分钟步行距离覆盖范围}(S_x)}{\text{社区建成区范围}(S_0)} \times 100\%$$

（2）开展便捷服务水平评价

便捷服务水平评价见表 3-2。

表3-2　沙壆社区便捷服务评价情况

设施类别	设施名称	现状配置规模及数量	按《深标》标准配置		设施达标情况
			按人口配置	按服务半径配置	
交通（彩图3-6）	公交站点	13个站点	—	半径500m覆盖范围大于90%	是
	停车设施	以路边停车位为主，居民小组公园、月池广场设有临时停车位，无路外社会停车场	—	—	—
教育（彩图3-7）	幼儿园	龙翔幼儿园（10个班），博明幼儿园（6个班）	3所9个班幼儿园	至少需配置5所9个班幼儿园（按300m服务半径）	否
	小学	坪山第二小学（24个班），博明学校（36个班），龙翔学校（24个班）	2所24个班小学	2所24个班小学（按500m服务半径）	是
医疗卫生	社区健康服务中心	1处社康中心，3处专科诊所	2处社康中心	—	否
文化娱乐（彩图3-8）	文化活动室	1处图书室，1处舞蹈室（工作站内）	2处文化活动中心	—	是
体育（彩图3-9）	社区体育活动场地	除沙壆村与红花潭外，其余居民小组都配备社区公园、健身路径及球场，共计4处	2处体育活动场地	—	是
社会福利	社区老年人照料中心	无	2处老年人照料中心	—	否
管理服务（彩图3-8）	社区管理用房	1处	2处社区管理用房	—	否
	便民服务站	1处	2处便民服务站	—	否
	社区警务室	1处	2处社区警务室	—	否
市政环卫（彩图3-10）	公共厕所	1处	2处公共厕所	—	否
	流动垃圾收集点	59处	—	—	—

（3）社区服务设施布局优化

提出三大优化标准：①“均等化”。社区实现“6个1”，即1处便民服务站、1处社康服务中心、1处老人照料中心、1处党群服务中心、1处文化活动室、1处社区公园。②“便捷化”。“5分钟基础服务圈”覆盖水平达60%以上，包括基础教育设施、医疗卫生设施、文化娱乐设施、管理服务设施、社会停车场等；“15分钟便捷服务圈”覆盖水平达90%以上，包括基础环卫设施、体育健身设施和公交站等。③“人本化”。打造“贴心”社区服务，通过设施更新、完善细节、增加导引系统，改善公共服务设施建设、维护水平。本次规划提出的具体优化内容见表3-3。

表 3-3 社区便捷服务标准化设施布局优化表

设施类别	设施名称	设施内容及数量	设施情况	优化方式
交通	停车设施	立体停车场	—	新增
教育	幼儿园	沙壆社区幼儿园（9 个班）	租赁沙壆社区工作站周边空置厂房	改建
		谷仓吓幼儿园（9 个班）	谷仓吓城市更新项目配建	新增
医疗卫生	社区健康服务中心	谷仓吓社区健康服务中心（建筑面积 400m²）	谷仓吓城市更新配建项目	新增
体育	社区体育活动场地	社区公园（用地面积 8544m²）	龙新路以东，现状为空地	新增
社会福利	社区老年人照料中心	2 处	租赁空置厂房	改建
管理服务	社区管理用房	1 处	租赁空置厂房	改建
	便民服务站	1 处	租赁空置厂房	改建
	社区警务室	谷仓吓社区警务室（建筑面积 50m²）	谷仓吓城市更新配建项目	新增
市政环卫	公共厕所	增加标志牌及线路指引，以确保设施的可达性	—	改建
	流动垃圾收集点	设备改造和设备更新	用具备除臭消毒功能的移动垃圾屋替代旧垃圾收集设施	改建

3.3.4 主要创新举措与成效

（1）“多维度”评价标准

①规模标准。分为基础教育、医疗卫生、文化娱乐、社会福利、康体健身、管理服务、环境卫生和交通设施共 8 类设施，将社区各类设施的实际设施容量、布点数量与“社区差异化公共配套标准”的公共服务设施量化要求比较。②布局标准。依据社区居民对各类设施的实际设施使用频率和设施便捷程度需求特征，分为 15 分钟与 5 分钟两类指标对社区公共服务设施进行布局均好性评价。

（2）“综合型”优化对策

“扩、增、更、改” 并举。针对规模或数量不达标的设施，进行设施扩建或增建，优先考虑在服务水平薄弱区域进行新建设施布点；对现有的老旧设施进行更新，利用现有历史建筑进行改建，将历史建筑与公共服务设施进行功能融合。

（3）社区服务设施规划实施成效

本次工作充分对接社区，结合评估要求适当新增实施项目，建立“2016—2020 年重点项目计划库”，并取得充分的实施成效，各类设施服务水平均得到较大提升，如公共厕所 5 分钟服务水平由 17% 优化提升至 85%，公园体育设施 5 分钟服务水平由 41% 优化提升至 90%。

3.3.5 实施机制与保障

（1）实施方案

在前期调研阶段，研究团队通过实地考察、问卷发放、走访社区工作站、组织社区居民访谈等多种形式充分收集公众意见，充分了解社区实际需求。方案的提出完全基于法定图则，实现在片区基本建设风貌和建设性质不发生重大改变、不涉及用地审批和大拆大建的情况下，保证实施计划的可行度和完成度。因此，实施方案实现了“量体裁衣”，是基于实际需求下的目标导向型方案。

（2）组织保障

为深化落实改善民生，“打造社区 15 分钟生活圈”的工作目标，深圳市规划和国土资源委员会（现规划和自然资源管理局）坪山管理局将“打造社区便捷服务标准化试点”工作列入 2016 年度重点工作计划中，并委托研究中心开展项目。因此，本项目具有作为试点选取和打造的特点，具有标杆性，也受到相当重视。

由社区挂点领导牵头来保障项目实施。结合“四包两到”工作，每个社区便捷服务设施优化工作可以由社区挂点领导牵头总览，具体建设项目由相应的责任单位和建设单位负责实施。

由社区规划师作为每个社区便捷服务设施优化的技术顾问。在项目实施过程中，将设施优化建议收集和实施情况跟踪纳入社区规划师工作范畴中，负责为社区提供具体项目的规划技术指导，搭建起社区和政府间沟通民意政策的桥梁。

将近期项目实施计划与“民生微实事”“群众点菜”工程相结合。试点社区可根据实际情况选取近期项目实施计划中的具体项目，将其纳入以上项目计划中实施。

（3）资金保障

通过多方面筹措建设资金，合理高度安排，分阶段、分重点推进相关项目实施。充分衔接年度政府投资计划并纳入财政预算，优先保障建设条件成熟、重要性强且紧迫的项目资金，确保政府投资资金安排合理到位，同时充分发挥政府资金杠杆效应，带动社会资金投入。

3.3.6 启示与展望

社区基本公共设施关系到社区居民的切实生活质量，也关乎社会资源配置的公平效率，应以人本主义为内核，达成设施便捷服务的目标。此外，对不同发展阶段、不同类型社区的评价标准应因地制宜，灵活运用。本节所介绍的规划实践经验，具有精细型评价、适应型对策、开放型实施的特点，对存量背景下，城市化地区非核心区域的低效用地品质提升具有一定借鉴意义 。

3.4 半城镇化地区基础教育设施配置策略

本节介绍了《深圳市坪山区教育设施专项规划（2017—2035）年》编制思路、内容以及指导实施的经验。适应发展阶段和人口特征，以面向教育体系与社会城市双向促进的发展模式为导向，以“均衡、优质、丰富”的总目标为纲领，规划建立了学龄人口动态预测模型，根据预测结果结合实际确定了适应性的区级基础教育学位配置标准，制定了“近期面向实施、中期结合轨道、远期预留弹性”的规划布局。同时，对接实施管理，提出存量用地二次开发项目学位配置措施，并建立了学位预警机制和学位动态调整机制。

3.4.1 城市发展和人口结构变化对教育设施提出更高的要求

坪山区位于深圳市东部，接壤惠州市惠阳区，是深圳东进的桥头堡，被赋予建设深圳东部中心的历史使命。然而，在高要求背景下，作为后发地区的坪山面临严峻挑战。近年来，随着经济社会的发展、交通条件的改善，以坪山区为代表的深圳市原特区外各区逐渐成为深圳经济建设和城市拓展的主要空间载体。坪山区人口快速增长，幼儿园、小学阶段适龄人口比例已高于全市平均水平。然而，长久以来建设粗放滞后，可用净地缺乏，土地征转困难，致使教育设施建设长期受阻，实施率低，公办学位缺口巨大，供需矛盾日益激化。作为深圳东进桥头堡，未来城市发展的提速、人口结构的变化，将对坪山教育设施体系提出更高的要求。

深圳东部中心定位为坪山区带来了前所未有的发展机遇，如何抢抓机遇，吸引并留住人才，进而提升城市综合竞争力？完善的、高质量的教育设施是营造宜居宜业城区的关键环节，坪山教育亟须一个具有长远计划又贴合实际的指导性文件的支撑，明确近、远期坪山区教育设施发展目标，统筹布局各类教育设施。

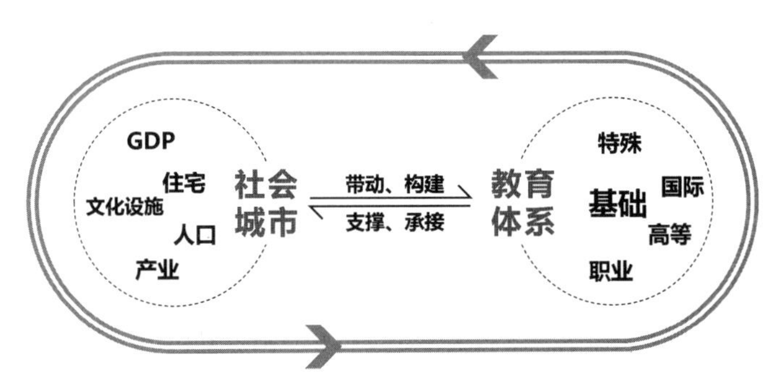

图 3-11　教育体系与社会城市双向促进发展模式图

3.4.2 全链条全覆盖的教育设施规划构思

本次规划的核心思路是构建教育体系与社会城市双向促进的发展模式（图 3-11），涵盖两个层面：

（1）内容体系全链条，兼具战略性和实施性，涵盖从规划编制到实施管理的全流程内容。具体包含：①符合教育规律的“两级平衡”基础教育设施空间布局。②与居住类项目开发建设相适应的实施措施。③构建学位年度预警机制和学区动态调整机制，实现精细化管理。

（2）服务对象全覆盖，构建面向全口径、全龄人口、与未来城市发展相适应的教育设施体系。服务对象从单一均质到多元差异，以人民为中心，体现包容与公平的价值理念，统筹服务户籍人口、外来务工人口等多样人群；设施体系囊括学前教育、义务教育、高中教育、高等教育、继续教育，以及特殊教育、职业教育和国际教育。

3.4.3 教育设施配置规划的主要内容

（1）设施短板识别

由于目前坪山区仅有深圳技术大学一所高校，因此，项目组选取深圳市指标与全国一线城市指标进行横向对比，分别从教育设施占建设用地比例、教育支出占公共财政支出比例、万人大学生数、高等教育在校生结构、A 级学科数量 5 项指标识别深圳市教育设施建设短板和缺项。

针对基础教育设施，首次建立全区适龄人口分布与现状设施空间匹配数据库，从供需匹配度（彩图 3-11）、设施服务压力、学生上学距离（图 3-12）、各类学校生均用地等核心指标全面识别坪山区基础教育短板地区和缺项内容。

图 3-12　坪山实验学校小学部、坪山第二小学在校生上学距离分析

（2）发展目标设立

事业规划＋空间规划相结合，以“均衡、优质、丰富”的总目标为纲领，细化、量化目标，包括教育规模与结构、教育普及与公平、教育质量与竞争力和就近入学在内的四方面共26项指标（表 3-4）。形成区分近、远期的详细指标体系，适应教育事业发展特点。以空间量化目标，落地教育愿景。

表 3-4　坪山区教育发展指标表

一级指标	二级指标	2020 年	2035 年
教育规模和结构	高等教育学校 / 所	2	6
	职业学校 / 所	1	3
	基础教育服务人口 / 万人	80	200
	国际教育学校 / 所	1	2
	特殊教育学校 / 所	随班就读	1
	社区学校和老年大学服务人口 / 万人	80	200
教育普及与公平	学前三年毛入园率 / %	98	100
	义务教育保障率 / %	100	100
	高中阶段毛入学率 / %	99	100
	普惠性幼儿园比例 / %	≥ 80	100
	公办幼儿园比例 / %	≥ 50	≥ 90
	公办中小学比例 / %	≥ 80	≥ 95

续表

一级指标		二级指标	2020 年	2035 年
教育质量与竞争力	基础教育	国家中小学体质健康标准合格率 / %	≥ 92	100
		国家中小学体质健康标准优良率 / %	≥ 25	≥ 50
		“四优”示范学校 / 所	5	20
	高等、职业教育	纳入广东省高水平大学建设计划的高校 / 所	1	6
		国家重点实验室、工程实验室 / 个	1	5
		进入世界 ESI（基本科学指标数据库）排名前 1% 的学科数 / 个	1	5
		高技能人才占技能人才比例 / %	≥ 35	≥ 80
		获得国际职业资格认证的职业院校毕业生比例 / %	≥ 5	≥ 20
		职校“双师型”教师占专业教师比例 / %	≥ 85	100
		“教育企业” / 个	≥ 10	≥ 80
就近入学		初中 15 分钟覆盖居住用地比例 / %	≥ 70	≥ 90
		小学 10 分钟覆盖居住用地比例 / %	≥ 70	≥ 90
		幼儿园 5 分钟覆盖居住用地比例 / %	≥ 70	≥ 90
		社区学校和老年大学 15 分钟覆盖居住用地比例 / %	≥ 70	≥ 90

（3）服务人口预测

从三个方面着手描摹人口画像，家庭结构、年龄结构、学历结构，以多维度的人口特征，精准确定设施需求（彩图 3-12）。

家庭结构：坪山区人口向家庭型转变，就业人口带眷系数上升，人口更趋稳定，对各类需求更加迫切，教育设施应面向全口径人口。

年龄结构：兼顾人口变动因素和人口队列数据，建立与城市发展目标相匹配的情景模拟模型，依据坪山现状预测 2025、2035 年阶段性人口年龄结构，根据学龄段、中青段、老龄段人口比例确定不同阶段教育资源投入重点。

学历结构：根据城市与产业发展趋势和导向，坪山区人口整体受教育程度将不断提升至中心城区水平，对教育设施质量、类型、布局提出更高要求。

（4）配置标准优化

近年来，以坪山区为代表的深圳市原特区外各区逐渐成为城镇化主阵地，坪山区学龄人口比例高于全市平均水平，有必要制定区级基础教育设施学位配置标准。规划结合 7000 份有效问卷（含纸质问卷、电子问卷）、2000 份不同居住建筑物入户调查报告（含坪山区、南山区、福田区）及 22 家规模以上企业学位需求调查报告，综合考虑适龄人口密度、政策因素、人口结构等学位需求影响因素，通过“多数据、多方法、多情景”预测，叠合全面二孩意愿、教育政策变动、外来人口增长趋势等多因子，建立总量预留加多因素修正的规模预测模型，预测未来 10 ~ 15 年学龄人口比例及变动趋势，制定区级学位配置标准，包含坪山学位配置千人指标及居住建筑学位需求测算参数表。

（5）设施空间布局

基础教育。在两级平衡布局的总体思路下，区分近、中、远期进行精细化模式布局。本着均衡便捷原则，适应教育教学规律，在学区与全区层面达成供需双重平衡。近期，核查 50 宗以上用地的详细情况，筛选实施情况最佳用地，采用实施导向模式，保证高实施率，快速补齐缺口（彩图 3-13）。中期，优先启动地铁 14、16 号线和云巴 1 号线站点周边学校，采用轨道临近模式，扩大服务范围，提高就近入学率（彩图 3-14）。远期，应对人口预测的不确定性，保证 160 万常住人口学位需求基础上，预留满足 40 万弹性人口的教育白地 25hm^2，采用弹性供地模式，优先保障公共利益（彩图 3-15）。

高职教。坚持园区集中布局原则，远期布局两园三区高职教体系，依托深圳技术大学和市第三职校，建成一流高职教园区，结合未来产业布局，规划 1 处高教园区及 3 处高职教用地（彩图 3-16）。

（6）科学化运用管理

构建学位预警机制（彩图 3-17）。基于招生维稳和指导建设的目标，研究学位供需影响要素，综合人口导入、规划建设等情况，分学区就下一学年学位供需情况进行预判。根据学位紧张程度设定 A、B、C 三个预警等级，教育局平台提前发布学区预警，缓解就学矛盾。

构建学区动态调整机制。适应快速城市化地区特征，总结梳理学区划分影响因素，对学位供需矛盾异常突出的大学区，根据新建学校情况，动态合理划定学区，优化管理机制。

3.4.4 主要创新手段

（1）精准化服务对象——全方位描摹了人口画像

区别以往专项规划仅关注人口数量，本次规划根据坪山区城市发展特点，分别从数量、结构、空间分布多个维度描摹未来坪山人口总量和特征，基于精准的学位需求预判，建立了契合型的终身教育体系，满足市民对高质量、多元化教育设施的需求。

（2）制定了适应性的基础教育学位配置标准

针对坪山区学龄人口比例高于全市平均水平，且按规划新建地区已出现学位短缺的情况，应甲方要求，项目组开展了基础教育学位需求专项调研，深入解析了坪山区学位需求数量和特征，在调研的基础上，综合考虑各类影响因素，建立预测模型，预判未来

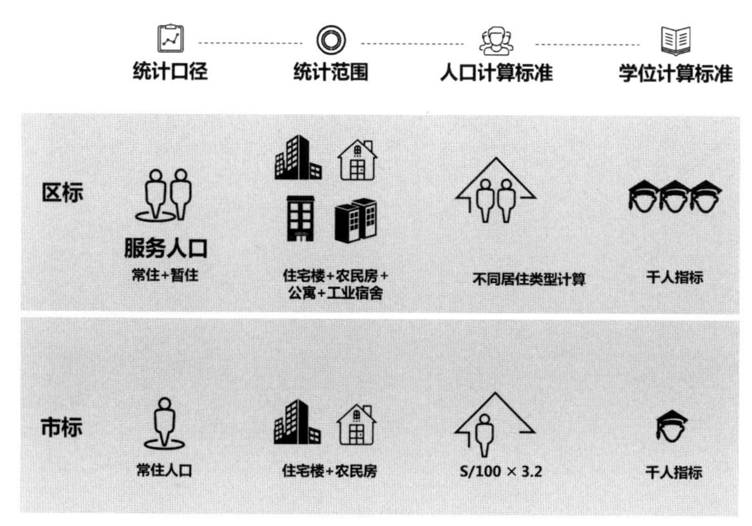

图 3-13　区级配置标准与现行市级标准比较

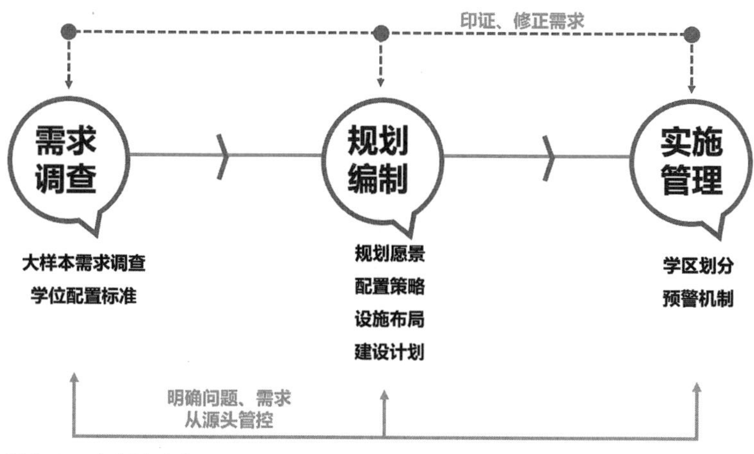

图 3-14　规划内容体系

发展趋势，制定了适应性的学位配置千人指标，并优化细化了居住建筑物学位需求测算方法（图 3-13）。

（3）是多层次全过程面向实施的规划

本次规划融合了事业规划和空间规划，规划部门和教育部门在调研、编制、评审过程中全程参与，密切配合，提出综合型发展目标、指标，并在空间上落实；区别以往传统专项规划，本次规划内容涵盖从标准制定到规划编制再到实施管理的全流程（图 3-14）。提出城市更新项目需配套满足自身需求的基础教育设施，居住建筑规模较小，不足以配备教育设施的，需按照相应比例贡献出相应用地，由片区规划进行统筹布置。

图 3-15 正在按教育设施规划实施的学校

3.4.5 规划实施过程与机制

坪山区的战略定位为深圳市东部中心，承载东部集合城市区域综合服务中心的职能，与高定位和高要求相对的是坪山区逐年增大的学位缺口和捉襟见肘的净地资源，为全面摸底坪山区现状教育设施需求和供给情况，科学预测近、远期学位需求，制定面向未来的，同时可解决现实问题的教育设施规划，深圳市规划和自然资源局坪山管理局（原深圳市规划和国土资源委员会坪山管理局）与深圳市坪山区教育局联合委托研究中心编制《深圳市坪山区教育设施专项规划（2017—2035 年）》。

规划布局方面，编制过程中与在编片区详细规划紧密互动，完成后将规划布局反馈到各片区法定图则，依据专项规划近期中小学布局，调整或新增中小学用地 9 块。依据规划，坪山区积极引进高职校，5 所意向高职校已进入洽谈选址阶段。

规划配置标准方面和配置策略方面，规划制定的千人指标、精细化学位策略标准以及规划学校与住宅联动配置机制已写入《坪山区城市更新居住类项目配建标准》，指导坪山区新增居住类项目的学位配置。

3.4.6 规划实施成效

（1）基础教育方面：学位大幅增加；学位配置标准纳入《坪山区城市更新单元党建教育文体项目配建工作指引》。

规划完成后，10 宗教育设施用地已通过法定图则个案调整落地、核发选址并开工建设，至 2020 年底将增加学位 2.4 万个，未来 5 年坪山区还将新开工学校 13 所，新增基础教育学位 2.6 万个（图 3-15）。

基础教育学位配置标准已纳入《坪山区城市更新单元党建教育文体项目配建工作指引》，成为深圳市坪山区城市规划、更新整备、教育部门审批新建居住类项目学位配置的依据。

（2）高等教育、职业教育方面：区政府积极与中国医学科学院深圳中心、香港理工大学等高校洽谈，目前上述两所高校已进入洽谈、选址阶段；坪山、福田两区就职校建设签订了教育合作框架协议，拟迁址重建的深圳市第一职校、华强职校已进入选址阶段。

（3）终身教育方面：按照本次规划的大教育计划，坪山区依托各类图书馆、美术馆、社区文体中心等公共教育设施及电大，已开展了多种形式的终身教育，包括名师讲座、技能培训、专项素质提升行动等。

3.4.7 启示与借鉴

为适应大城市外围地区发展阶段和人口特征，本项目是一次多部门参与的融合事业规划和空间规划，是覆盖标准研究、规划编制、实施管理的多层面全流程的适应性规划，希望可以为快速城市化地区专项规划编制提供一些参考。未来还需在专项规划组织模式、实施传导、适应动态变化等方面进一步探索。

3.5 基于乡愁的地名规划编制探索——坪山区地名专项规划

本节内容是深圳坪山的地名规划项目。“让居民望得见山、看得见水、记得住乡愁”，这是中国城镇化理想。但在高速城市化地区，乡愁在推土机式的城镇化进程中受到了巨大冲击，传统村落被侵蚀，致使传统价值观、家园认同感、乡土记忆等缺失。地名来源于历史，传承于民间，承载着历史与记忆，是安放乡愁的重要载体。《坪山地名专项规划》建立以乡愁为基底的地名规划体系，为快速城市化地区提供了可推广运用的地名规划编制方法。

3.5.1 城市乡愁，寄于何处

《说文解字》有云：“地名者，从地也，万物所陈列者。”中央城镇化工作会议提出让居民“望得见山、看得见水、记得住乡愁”。乡愁是什么？在现代诗人余光中先生的眼中，乡愁是一枚邮票、一张船票、一方坟墓、一湾海峡。而在我们随机走访的坪山本地居民眼中，乡愁是住了十几年的老房子和熟悉的邻居，是逢年过节做的客家特色茶果、米糕、喜粄。其实乡愁是身边最熟悉的事物，而触动这一切的就是那个简单的地名。

随着城市迅猛发展、管理粗放，这些具有鲜明客家色彩、承载地方乡愁的地名遭到毁灭性破坏。深圳2000多处老地名即将消失和已经消失，取而代之的是，维也纳酒店、一号路、A号路等指位不明且无文化传承的地名仓促上马（图3-16）。城市的乡愁，何处寄放？

图 3-16　地名现状问题示意

3.5.2 以乡愁为基底的地名规划

（1）坪山地名特色

初识坪山的人可能会觉得奇怪，汤坑、黄沙坑、老坑、竹坑、坑梓……坪山地名为何到处是坑？毕竟在现代网络语境中，“坑”实在算不得好词。另外，坪山还有很多听上去让人浮想联翩的地名，聚龙山真的有龙吗？赤子香背后又有什么不为人知的故事（图 3-17）？

坪山地名是深圳客家文化的典型代表。客家特征体现在地名上，多采用描绘地形、方位、姓氏、风俗、方言等直白通俗的命名方式，透露客家人迁徙、生存、生活的点点滴滴，反映移民文化和农耕文化（图 3-18）。上文所提到的“坑”，用的就是地形命名法，意为“长条山沟”，客家人常用“坑”字为山沟里的村庄命名。而“马峦山”，由“马难山”谐音而来，指远道而来的客家人，行路艰辛，马峦山因其山高坡陡，道路难行，连马都很难爬上去，因此取名“马难山”。

（2）基于乡愁的地名规划的编制

《坪山区地名专项规划》以唤醒地方认同感和保证地名实用指位性为双线要求，在传统地名规划基础上融入乡愁，统筹解决失忆和失序双重问题。规划秉持传统与现代融合、局部与整体衔接、功能与特色协调、现在与未来兼顾的原则，将地名学方法和城市规划学科方法相融合，多学科整合创新地名规划编制方法。

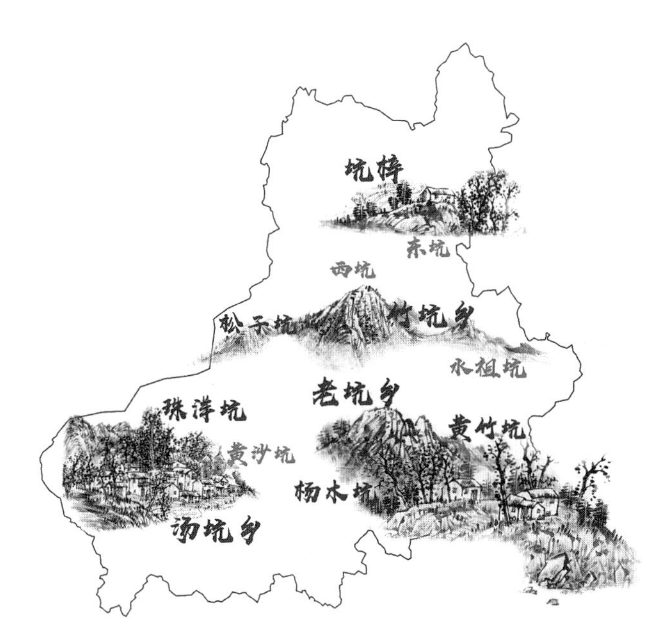

图 3-17　坪山部分特色地名意向

	常用字	代表式地名	含义
地形 特点命名	坑、陂、沥、坪、洋、湖、塘、坳、田、岗、岭	老坑、沙沥、三洋湖、吓陂、牛背岭、牛岗、横岭塘、矮岭等	有坑有溪，有坪有岭，有塘有陂。反映客家人入迁的艰苦环境和开山垦田、筑陂引水的基本概貌
方位 特点命名	背、上、下、角、心、头、东、西	田脚、下角、田段心、上南布、飞东、马西、果园背、澳子头、塘外口等	体现特有的客家语言习惯，独特的方位系统词如口、头、首、心、底、角等
姓氏 聚居命名	屋、围	李屋、钟屋、卢屋、俞屋、老围、新桥围等	体现客家人的移民状况和聚族而居的居住习惯
风俗 物产命名	汤（温泉）、竹（黄竹）、禾场（割禾打场）、谷仓、荔（荔枝）	汤坑、竹坑、禾场头、谷仓吓、荔果园	反映客家族群经济活动和地区开发
方言 谐音命名	马难山、鸡笼山、插柱香	马峦山、聚龙山、赤子香等	利用客家谐音关系，俗名换雅名，显示了客家方言魅力，寄托美好寓意

图 3-18　坪山地名特征图

规划识别出地名体系构建最重要的三个过程——采词、空间化、系统化。通过采词创造地名“细胞”，借由空间化系统化搭建地名“骨骼”，融合乡愁要素为地名注入“灵魂”。“三步法”构建基于乡愁的地名体系（图 3-19）。

①拓宽乡愁边界，甄别最具坪山乡愁特色地名采词

首先，拓宽“乡愁”的传统定义范围。在全球化、现代化的语境中，乡愁所建构的想象融入更广泛的时空语境和文化空间，拓宽“乡愁”的传统定义范围。本项目把能反映地方认同、情感投射、身份认知的地名视为乡愁地名。

图 3-19　地名体系构建示意

其次，追根溯源数字化乡愁采词备选库（彩图 3-18）。通过收集地方地名志、地名史、地名录、历史文物普查等资料，梳理区域建制沿革、地名含义、演变情况，结合村民口述历史和调研访谈获取乡愁地名历史信息，追根溯源数字化乡愁采词备选库。

最后，通过指标量化乡愁地名价值特色。构建全方位多角度、定性与定量相结合的乡愁地名价值评估指标体系（表 3-5），通过对乡愁感知度、历史文化意义、地名的产生和使用年代 3 大指标 11 因子展开地名评价，形成系统化、普适化的手段全面分析地名价值特色。特别考虑到除了文字，方言是地区文化最重要的载体。规划充分尊重当地居民的语言习惯，把客家方言感知纳入评估指标体系，最大限度地挽救客家方言日渐式微的困境。

表 3-5　乡愁地名评价指标体系

指标及权重／%	因子及权重／%	
乡愁感知度 50	当地居民了解程度 30	高
		低
		无
	是否在地图标注 20	1949 年以前
		1949 年以后
		无标注
	与风俗文化、重要民间传说的相关程度 20	高
		低
		无
	社区或者小组使用地名 10	是
		否
	网络宣传率 10	高
		低
		无
	与当地方言的契合程度 10	高
		低
		无

续表

指标及权重 / %	因子及权重 / %	
产生和使用年代 20	产生年代 70	1911 年以前
		1912—1978 年
		1978 年至今
	使用截止年代 30	正在使用
		1949 年以后停用
		1949 年以前停用
历史文化意义 30	与历史上著名人物活动、团体、社会结构的相关程度 40	高
		低
		无
	和历史上重大事件的相关程度 40	高
		低
		无
	地名是否构成整体群落 20	是
		否

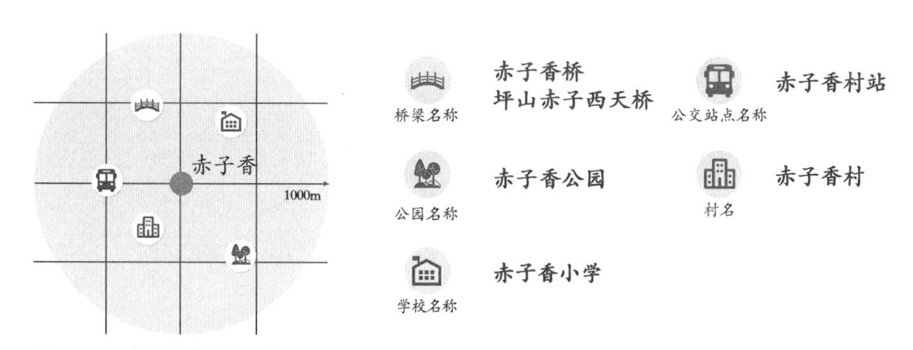

图 3-20　直接关联命名示意

② “空间化”“系统化”双维度构建地名空间格局

维度一：空间化

将乡愁地名图层、片区职能图层和文化图层在空间上叠加，分门别类确定坪山四大地名分区、十八大地名片区的命名指引（彩图 3-19）。

维度二：系统化

在具体要素命名方案中，为了避免繁杂名称带来的记忆迷失，根据人的记忆习惯，把一定范围内的各类地名进行系统关联化命名。具体做法：一是直接关联，把半径 1000m 范围内道路、广场、公园、桥梁、村落等各类地名进行关联，例如由“赤子香”直接关联命名出赤子路、赤子香桥、赤子香公园等地名（图 3-20）。二是联想关联，通

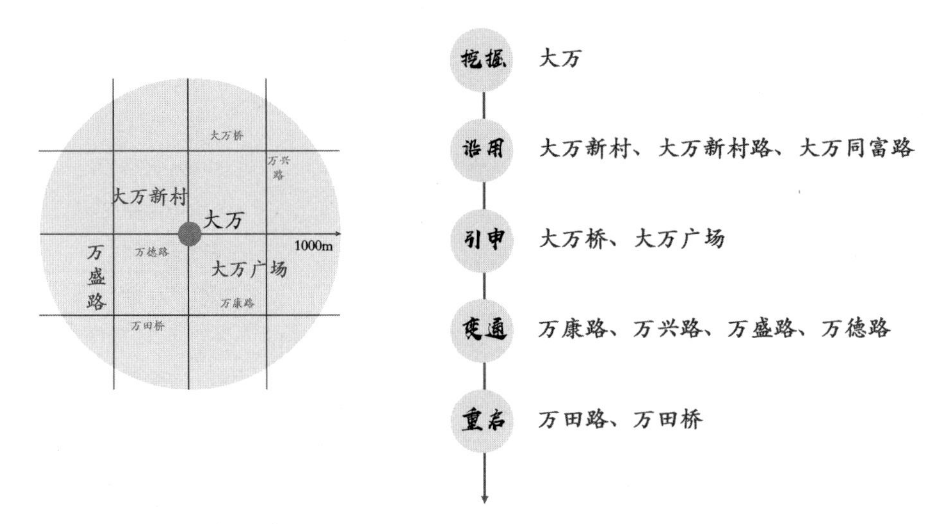

图 3-21 联想关联命名示意

过对地名进行挖掘、延用、引申、变通、重启等方式衍生。例如，由“大万”联想关联命名出大万新村路、万康路、万兴路、万田桥等地名（图 3-21）。

3.5.3 实施机制与保障

《坪山区地名专项规划》由深圳市规划和自然资源局坪山管理局委托编制，意在解决第二次全国地名普查中暴露出的无名、重名或不规范等各类地名问题，同时指导坪山未来地名规划。整个规划过程突出实用性思路，与地名管理和相关使用部门多次对接，旨在打造全面实操型地名规划。根据地名的规划管控要求，规划形成了三大方案——面向现状的地名梳理方案、面向规划的地名命名方案、面向近期实施的重点片区地名实施方案（彩图 3-20）。

地名涉及社会面极广，地名管理有赖于各部门密切配合、协调工作，根据调研中暴露出的现行地名管理问题，本次规划优化了地名命名、更名程序，理顺地名管理与使用部门之间的关系，使地名规划能够更好地落到实处（图 3-22）。

考虑到规划落实是一个循序渐进的过程，对不同要素提出刚柔并济的控制要求（图 3-23）。区级地名（包括主次干道、区级公园广场等公共开敞空间）为刚性控制，提出具体命名方案，强调落实；区级以下地名（包括支路及以下、街道及社区级公园广场等公共开敞空间）为弹性调整，给出相应命名指引，强调指导。针对具体的区级以下地名命名需要，依据命名指引，在具体建设过程中通过个案形式解决。

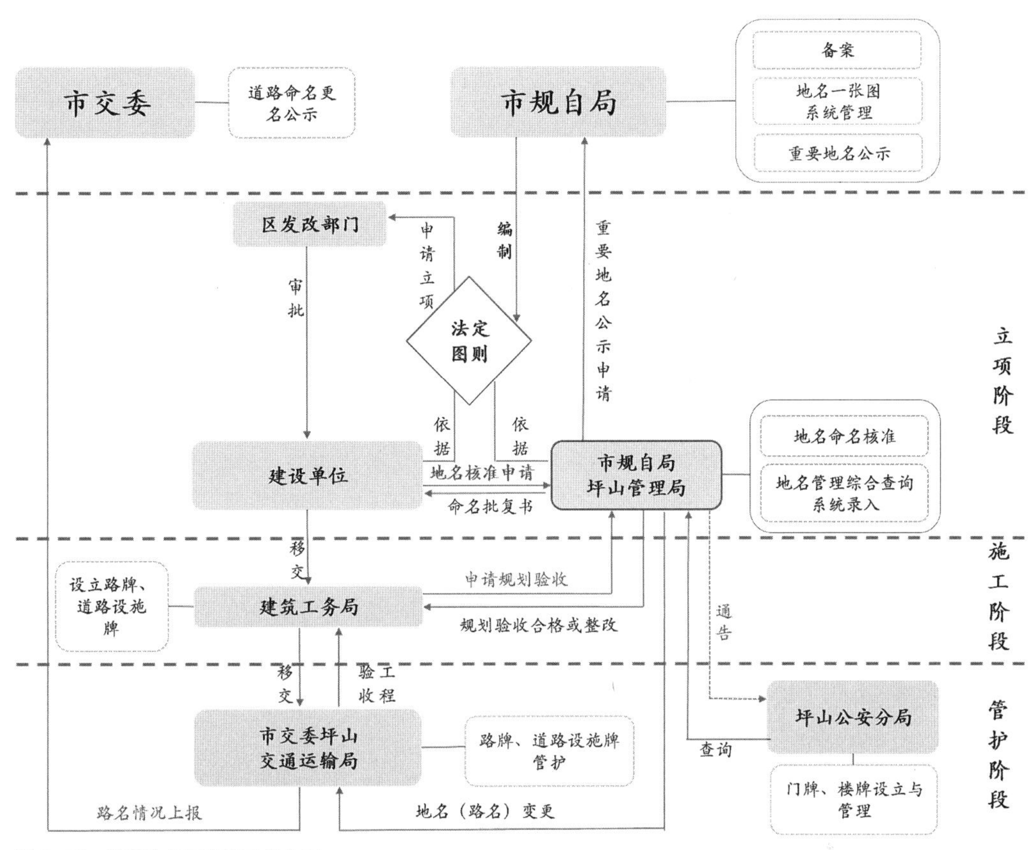

图3-22 道路命名更名流程优化图

图3-23 刚柔并济控制要素示意

3.5.4 实施成效及经验

（1）有效实现了乡愁地名保护与利用

规划建立了乡愁地名及消失地名库、地名双语库，为区地名词典、地名志等编制奠定了坚实基础。对 288 处乡愁地名实行三级保护，为地名非物质文化遗产的保护提供了依据。挽救了 73 个即将消失或已消失的乡愁地名，使乡愁在规划中得以延续（彩图 3-21）。

（2）指导和规范了地方地名管理工作

地名规划直接指导了正在修编的法定图则命名，未来还将一揽子覆盖法定图则规划路名。清理了一批辖区不规范地名，完成了 109 条无名道路和 41 条问题道路的命名和挂牌。完成了一系列地名个案调整，37 个地名纳入深圳“地名一张图”系统，完善辖区地名标准化（彩图 3-22）。

（3）多途径参与唤起居民城市记忆和情感

发挥融媒体作用，通过网上点击、热线电话、社区宣传答疑、听证会等方式开展线上线下意见征询；开展“寻找地名故事”活动、视频征集、微信、展览等活动，多途径参与唤起居民城市记忆和情感。

3.5.5 规划推广运用价值

《坪山区地名专项规划》是乡愁在高速城市化地区具化落地的有益尝试，是用统筹思维对地名进行精细化管理的深入探索。规划建立以乡愁为基底的地名规划体系，为快速城市化地区提供了可推广运用的地名规划编制方法。

3.6 深惠边界争议地确权处置及规划优化

本节内容是深圳与惠州边界地区争议地处置的路径创新与规划实践，是一个城市规划实施与土地要素管理深度融合的研究，通过规划与土地的互动，解决边界地区土地权属历史遗留问题。本案例不仅关注城市的自身发展，同时注重区域的协同与合作，以土地确权为前提，推动区域规划无缝衔接，是对区域规划衔接与实施的有益探索。

3.6.1 土地权属矛盾阻碍城市发展

坪山区位于深圳市东北部，与惠州市惠阳区、大亚湾区交界，是深圳实施“东进战略”

核心支点和广深港澳科技创新走廊重要节点，也是深圳推动大湾区向东辐射的重要门户。粤港澳大湾区未来将建设成为富有活力和国际竞争力的一流湾区和世界级城市群，要求进一步提高区域发展协调性，打造高质量发展的典范。深圳和惠州作为大湾区重要组成部分，需要探索区域协同路径与合作模式，对城市边缘地区的定位和土地功能进行重新审视，过去因发展滞后而沉淀多年的边界土地权属矛盾随之浮现（彩图 3-23）。土地作为最基本的生产要素，与地方和个体利益紧密相关，尤其是土地的持续增值，"既有毗邻市地基础设施带来的便利条件或者说外部性外溢效应，又有城市增长必然性带来的增值效应"，争议矛盾更是"积重难返"难以调和，使跨界要素整合困难重重，城市发展依旧沿袭内耗式竞争的零和游戏规则。

在坪山区与惠州市惠阳区、大亚湾区 32km 的行政边界上，共有 18 块争议土地，面积达 145hm^2。在表现形式上，土地权属争议大多表现为情况复杂、年代久远、查证困难，以及政策性强、实际问题多等特点，目前未全面掌握争议地历史、现状等情况，且深圳市与惠州市规划土地管理使用坐标系参数不一致影响了信息对接，争议地权属处置工作进展缓慢。土地争议的悬而未决导致两地村集体和村民冲突不断；"模糊边界"容易演变为城市之间的管理盲区，产生土地开发失衡失序、违法建设屡禁不止、用地功能混杂以及环境脏乱差等大量社会公共问题；城市规划缺乏有效统筹，公共配套设施缺失或者重复建设，同质化竞争和资源错配现象严重，道路交通、环境卫生、医疗教育等民生设施难以落实；干扰已批项目工程施工，严重阻碍规划落地，成为土地资源约束下坪山发展的痛点。

一直以来，省、市高度重视深惠边界及土地争议问题，坪山区与大亚湾、惠阳区政府及规划国土部门也多次会议协调对接。土地纠纷的处置有调解、仲裁和诉讼三种常规途径，但都存在取证工作量大、时间周期长、工作效率低的问题，局部、渐进性的解决方案已无法满足现今发展需求。随着区域一体化深入，全面统筹、协调可持续发展成为区域社会经济发展的根本要求，突破行政壁垒，寻求区域资源互补与整合，为边界土地争议处理提供了新的思路和路径。

3.6.2 深惠边界争议地处置

（1）争议地处置三大原则

①区域合作。深惠两地行政主体推动、利益主体参与，破除地方保护主义思维局限，以争议地作为区域合作的实践载体，发挥各自资源禀赋的比较优势，探索区域深层次合作，提升资源的有效配置，形成良性竞争格局，解决分权模式下联系松散、同质低效等问题，达到以点带面的效果。

②利益共赢。土地权属争议本质上是利益的博弈，既是对既得权利的主张，也是对

未来发展权的角逐，解决问题的关键在于利益兼顾。秉持“平等互利”的原则，谋求利益整体提升，在经济利益平衡的基础上，研究土地增值收益共享和分配制度，从单方受益向多方受益深化。

③政府主导。争议处置涉及地方政府、村集体、村民等多类主体，诉求多样多变。对于解决方案商讨和决策实施，政府层面更容易达成共识，而且实际管理权和决策权也掌握在各级地方政府手中，因此处置争议的核心主体应是政府。政府担任倡导者和组织者的重要角色，履行平台构建、引导处置、政策制定、组织协调等职责。

（2）争议地处置思路及策略

①刚性弹性结合，保障权利主体利益。由于资料缺失、历史信息无法考证等原因，在没有确凿证据证明土地归属的情况下，尊重历史和现实，“弹性”考虑争议双方诉求，将争议范围“最大化”纳入处置，经双方权利主体确认后转为“刚线”，以地形图和无人机航拍为底图进行标图建库，指导后续收集资料和编制处置方案等工作的开展，力图通过处置解决全部争议问题，杜绝事中事后争议范围随意改变和扩大。

②探索“跨界”补偿，化解基层抗力。争议地多为集体土地，涉及两市三区的村集体、村民等多元利益主体，协调工作烦琐复杂，可将争议的集体土地征转为国有土地，消解基层争议，土地争议问题相应转化为两地政府的协调事务。此路径的关键是在合法合规的前提下保障各方权利主体合法权益。因此，一方面，政府按照“属地管理”原则解决本方利益主体的补偿诉求；另一方面，接受对方政府委托，通过财政转移支付方式解决对方利益主体的补偿诉求，以化解重复补偿的行政风险。

③等面积置换土地。统筹考虑城市规划、现状建设等因素，将争议地和周边“飞地”“插花地”整体研究，以省政府2001年批复行政界线为“基准线”，以现状或规划道路、已批地权属线等作为“参考线”，在置换面积相对平衡的前提下进行土地调补，规整边界土地，便于边界地区的规划编制和实施。

④边界微调，固化成果。以调整后的土地权属线编制行政边界调整方案，完成风险评估、专家论证和征求公众意见后报省民政部门审批备案，明确管理责任，固化争议处理效果。

基于以上思路，对18块争议地分类研究处置策略见表3-6。一块争议地可能会出现多种类型的争议，结合争议地现状建设情况，形成“一地一策”处置方案。

表 3-6　争议地处置策略

争议类型	争议内容	解决策略
行政管辖争议	村界与边界不一致	现状已建的，按村界调整边界。 现状未建的，按村界调整边界，或不调边界，由土地归属方政府进行补偿
土地权属争议	村集体间争议	现状已建的，谁建归谁，对另一方进行补偿。 现状未建的，双方政府各自征转后，再协商边界调整
	村集体与对方国有土地争议	现状已建的，划归村集体。 现状未建的，村集体辖区政府对其补偿，双方政府再协商边界调整。
	国有土地争议（越界发证）	占用深圳出让用地的，由惠州撤证；无法撤证的，等面积置换土地给深圳。 占用深圳未出让用地的，划归至惠州，等面积置换土地给深圳

3.6.3 深惠边界争议地规划优化

深惠边界地带由于受不同行政区管辖，长期处于各自为战的发展局面。首先是功能定位协同性低，坪山范围以产业功能为主导，惠州以居住功能为主导，规划功能定位差异较大。其次，道路通达性差，目前两地主要联系通道较少，现状很多断头路，路网结构及交通承载力限制了要素流通。再次，两地因功能布局和配建标准的差异，未能很好地形成公共服务融合共享（彩图 3-24）。

通过对规划实施的统筹指导，优化空间结构，提升区域整体功能，强化与周边地区在用地功能、道路交通、公共服务设施等方面的衔接，推动形成布局合理、功能完善、衔接顺畅、运作高效的城市布局，提高空间利用效率，形成空间协同、公共服务共享、基础设施互联互通的发展格局。

以某争议地块为例，规划方案，系统优化片区路网结构，畅通对外联系通道，提升内部联通水平，结合两地交通出行需求及特征，打通金辉路、金联路等主要道路，增加南北向联系通道，在既有规划路网基础上新增横向支路 3 条、纵向支路 5 条，形成 5 横 9 纵的路网格局，支路网密度由 $4km/km^2$ 提高至 $12km/km^2$，大大提升了两地通行效率（彩图 3-25）。

3.6.4 实施成效及经验

目前深惠三区的村集体已完成处置协议签订工作，标志着困扰两地数十年的土地争议问题得到圆满解决。通过边界调整固化处置成果，实现了土地权属界线与行政区域界线的有机统一，给边界区域政府管理和社会治理提供了抓手，有效解决了边界区域城市管理盲点，使两地规划衔接优化成为现实，在定位上高度协同，强化功能互补。

对于深圳来讲，一是释放80万m^2空地，使340万m^2土地连接成片，极大缓解了深圳土地资源供需矛盾；二是为坪山国家生物产业基地提供33万m^2的成片产业空间，直接土地价值约20亿元，未来将带来超百亿元的平方公里地均产值。05和06地块优化后4宗工业用地纳入《坪山区2020年城市建设与土地利用年度计划》，拟挂牌出让建设新型产业园区。同时通过行政边界的调整，化解了惠州市越界发证的行政风险，盘活了其大量土地资源。

3.6.5 规划的实践意义与价值

土地权属明晰是城市规划实施的基础，以规划指导土地确权，以土地确权推动规划实施，未来城市规划研究与土地管理的互动将愈加紧密。以大湾区都市圈为目标，从“边界”延伸到“跨界”，从“边缘”延伸到“核心”，着力将两地建设成跨界深度合作的“先行示范区”以及辐射粤东的区域中心，提升地区的综合竞争力和影响力。

另外，深惠边界土地争议处置在协调机制、标图建库、权属核定、征转补偿、边界微调等多方面积累了大量的实践经验，为城市边界土地争议处置提供范例。

3.7 存量发展背景的TOD模式开发探索

城铁联动发展已经成为发达城市的经验共识。以公共交通为导向的开发模式（即“TOD模式”），在改善交通出行、集约高效利用土地、引领城市开发与再开发方面发挥了巨大作用。TOD模式通常被广泛应用在尚未成片开发地区的城市开发中。而在当前深圳的存量时代背景下，通过存量土地开发来支撑轨道与城市建设，是探索轨道与城市可持续发展的关键手段之一。“深圳市轨道四期14、16号线坪山段沿线规划优化及土地预控研究案例”，探索在以低密度旧村旧厂为主的深圳坪山区应用TOD理念进行开发建设，重点解决以下关键问题：如何保障地铁拆迁、为TOD开发腾出空间、应用TOD理念进行规划优化、反哺地铁与城市建设资金等。

3.7.1 存量发展背景和轨道建设契机

为适应深圳市经济社会和重点区域的发展需要，促进区域交通一体化，国家发展改革委2017年批复同意深圳市轨道四期建设计划。其中，建设14、16号线（彩图3-26）可改变坪山区没有轨道交通的落后局面，是推动特区一体化建设和实施“东进战略”、引导城市多中心空间结构形成的重要举措。

坪山拟借助轨道建设契机，实现沿线土地综合开发利用，保障公共配套设施的优先落实，重构城市空间，最终推动地铁建设与城市协同发展。而TOD理念作为一种可一体化实现多重目标的城市发展模式，与坪山发展目标高度匹配。目前坪山段沿线以低层旧村旧厂房为主、建设密度较低、新增建设用地有限，为在土地二次开发过程中实现 TOD 开发理念提供了可能性。

3.7.2 基于 TOD 的轨道沿线规划优化及用地预控

（1）摸清沿线用地现状，为 TOD 开发及地铁融资做好空间准备

通过对两条线路 16 个站点、17.84km^2 土地开展摸底调查，发现地铁站点有 67 万 m^2 建筑物需拆除，为地铁拆迁提供基础数据；地铁沿线工业用地占比 24%，旧村占地 21%；容积率小于 2 的用地比例达 90%，土地利用粗放，改造需求迫切；社区实际掌握用地高达 50%，涉及“五线”控制范围用地较少，调整用地功能性质的可操作性强，总体上来看，具备 TOD 开发的可行性。

（2）以 TOD 理念优化站点周边用地规划，重点提升公共服务配套设施水平

根据上位规划及相关宏观战略，对站点进行 TOD 差异化定位及服务等级划分，并给出了各类型站点的用地布局模式及规划实施指引，对 16 个站点进行用地规划优化。优化路径为土地资源潜力分析—复合开发指引—开发强度指引—地下空间开发优化—道路交通优化—教育配套优化—交通接驳优化。

在两条线路优化后，预计教育设施用地可增加 78.8hm^2，新增学校 21 所，500m 范围内增加保障房配建面积 410 万 m^2，大幅提升了公配设施水平，并推动了城市空间结构重构，为实现土地集约节约利用、促进城市交通一体化发展做好了规划层面的准备（彩图 3-27）。

（3）制定了土地预控方案，保障地铁和城市建设融资

通过深入的土地挖潜、腾挪置换、整合清理等，预计可拓展出 60hm^2 经营性用地，带来招拍挂收入约 200 亿元（彩图 3-28），同时选定低密度建成区选址 7 处（彩图 3-29），面积达 53hm^2，通过区属国企主导统筹，联合地铁集团、开发商及区相关部门，进行统一规划、建设、运营，预计可增加政府间接收入 371 亿元，以弥补地铁与城市建设资金，推动其共同发展。

3.7.3 存量地区 TOD 模式创新

（1）探索了存量地区 TOD 模式的实施路径

通过在站点影响范围区内划定潜在 TOD 一体化开发选址范围，按照 TOD 理念进行

规划优化，着重提升站点周边公配的服务水平，保障社会公平，并建立区属国企主导模式，统一进行收购、规划、建设运营等，以保障实施。

（2）建立了地铁与城市建设提前统筹与协调的工作机制

不同于市区高度建成区，低密度半城市化地区拆除重建需求较为迫切，同时公配欠账多，在地铁开工建设前，可建立与地铁建设相关的部门及市场主体的沟通协调机制，将地铁拆迁范围内建筑物捆绑到周边城市更新项目，根据地铁拆迁进度优先启动项目拆迁；同步启动沿线地下空间开发、地下管道工程、出入口预留等相关工作，避免重复建设，推动地铁与城市建设加快开展。

（3）构建了存量空间土地预控的路径

为保障公配设施及产业项目落地，以及为地铁及城市建设融资需要，对轨道沿线的空地、低密度建成区用地、低效利用国有已出让用地及其他与轨道站点功能不符的用地，以规划调整、用地整合清理、收回或收购等方式，进行提前预控，为地铁和城市建设提供所需要的用地空间。

3.7.4 规划实施效果

（1）部分规划调整建议已纳入法定图则个案调整或研究

截至目前，16号线江岭站两块工业用地分别调整为医疗、教育设施用地（彩图3-30）；14号线沙湖站一城市绿地和道路用地调整为教育设施用地；临坪山大道4块居住用地拟调整为以商业功能为主用地，以逐步提高沿线公配水平、完善用地功能。

（2）已有14个土地预控项目纳入政府工作计划

编制的83个土地预控项目中，已有14个项目纳入政府工作计划，类型涵盖了站点拆迁类、土地整备类、公配设施类、城市更新类等，部分项目已实施。其中，7个轨道站点用地涉及更新项目优先拆除工作；土地整备类项目有沙田整村统筹土地整备（一期）、坪山区马峦街道新合学校土地整备项目；公共配套设施类有田田学校新建工作，坪山二小改扩建实施方案研究；城市更新类项目有江岭广场、城投广场、飞东北立项等。

（3）地铁用地范围内捆绑纳入城市更新项目的17万㎡建筑物已实施优先拆除

此举为政府节约了愈20亿元的房屋征收补偿资金，并为地铁建设提前清出工作场地，保障地铁加快拆迁与建设（图3-24）。

图 3-24　部分站点拆迁示意

（4）三个站点正深入开展 TOD 规划

目前 14 号线坪山围站，16 号线坪环站、江岭站三个站点正在加紧开展 TOD 模式相关研究及规划（彩图 3-31），即将开始实施。

存量时代下的 TOD 理念即将在坪山得到实践，轨道建设为坪山带来了新的发展机遇，坪山 TOD 实践将为深圳原关外、低密度建成区的轨道建设提供借鉴经验。

第 4 章　片区统筹实施

深圳市近年来已成为我国人口密度最高的城市之一，人多地少矛盾十分突出。在此背景下，深圳于 2009 年起以出台《深圳市城市更新办法》为标志，加快了存量用地的开发，逐步建立了一套完整的“政府引导、市场运作”城市更新政策体系，即政府制定规则，以城市更新单元为基本管理单位，更新单元拆除范围，规划均由市场主体按规则常态化申报。深圳城市更新工作由此全面展开，成效显著。

然而，经过几年的快速施行，城市更新工作中也暴露出“重效率，轻公平”“重个体项目，轻整体统筹”等问题，造成市场主体“挑肥拣瘦”碎片式开发、原有法定规划作用弱化等现象，亟须加强政府统筹。特别是在深圳原特区外由原村民自发建设的大量片区，多建于 20 世纪 90 年代前后，缺乏规划引导、空间结构混乱、生态侵蚀严重、公共配套不足、建筑质量差，还由于市场主体提前介入、原土地权利人分散等原因，事实上在片区内形成了不同主体的多个城市更新单元，进一步凸显了“政府统筹、连片更新”的必要性。

基于此，深圳于 2016 年起实施城市更新领域的强区放权，各区积极主动加强城市更新统筹研究，并逐步探索了城市更新片区统筹实施规划的做法：以空间统筹为主线，以统一规则协调多元利益为诉求，以“渐进式”开发思路统筹各单元实施，空间、利益、实施三方面互动反馈，实现片区整体提升。

（1）空间统筹——政府整体统筹，连片规划设计。以国土空间规划为指导，综合划定统筹片区范围，组织编制片区统筹实施规划，明确空间结构、开发规模、公共配套设施等内容，系统集成城市设计、交通市政等专题研究，指导、衔接城市更新单元规划和建筑设计。

（2）利益统筹——制定统一规则，平衡项目利益。综合考虑市场因素，形成片区统一的利益统筹规则，平衡各更新单元的拆迁责任和规划权益，适当控制片区整体开发强度。

（3）实施统筹——协同各方主体，统筹开发时序。统筹划定片区内单元，拆除新建区与保留提升区无缝闭合，统筹开发时序和分期安排，加快重要节点建设，优先保障公共项目和腾挪地块的交付。

坪山区作为深圳原特区外的后发区域，片区统筹城市更新的决心最足、力度最大，形成了一些代表性的探索案例，本章摘取其四：

（1）龙田片区——以片区统筹促进产业空间集聚升级。城市更新市场主体往往缺乏主动配置产业空间的动力，通过统筹，协调市场短期利益与城市长期发展的关系，打造“三生融合”典范。

（2）坪山老街片区——以片区统筹提升老城区品质。老城区路网混乱、地块畸零、生态侵蚀严重，通过统筹，重塑片区空间结构、敞开蓝绿空间、大幅提升公共配套服务，打造品质卓越的国际住区。

（3）坑梓片区——以片区统筹加强特色风貌保护。重点保护利用现有历史建筑，延续客家文化特质，精细化分段设计水系，植入现代化生活形态，形成服务于坪山高新区的“邻里综合体”。

（4）碧岭片区——以片区统筹综合解决社区矛盾。因历史原因，片区原村民内部矛盾突出，通过统筹，“不留下一个死角，不落下一个小村”，整体推动社区全面系统发展。

片区统筹规划是一种政府统筹、多方参与的规划编制方法，旨在应对市场主导的城市更新中存在的单元不闭合、碎片化开发、利益分配不均、公共利益用地难以保障等问题。试点过程中内容和方法体系不断完善，由最初的利益统筹发展至今逐步实现空间、利益、实施等多方面统筹和互动，体现出在市场机制失灵、公共利益受损的背景下，通过政府积极干预，统筹协调公共利益和市场利益的平衡，维持市场机制的正常运作。

片区统筹规划经验对连片拆除重建等类型的城市更新具有一定的借鉴意义：①发挥政府在城市更新中监督者、统筹者、推动者的角色。广州、北京等地“政府主导”城市更新中，政府不仅是监督者，也是经济人，承担了太多的角色，导致推进速度过缓，不利于提升城市功能目标的实现。②坚持城市更新中市场主体地位，充分发挥社会资本的积极性。政府作为“裁判员”，统筹各市场主体利益平衡、责任分担、风险共担。③公共利益优先，保障基础设施和公共服务设施的有效供给。政府统筹各市场主体公共利益的供给内容、位置数量，并在更新过程中优先实施。④统筹集中连片开发，推动总体质量提升。不片面追求单个项目更新，而是推进平方公里级别低品质区域的整体更新。

片区统筹规划是面向二次开发对旧规划的优化方案，属于对图则的优化建议和对更新项目的统筹指导，建议加强与法定图则修编的衔接。未来还可在片区统筹规划框架下，引入市场竞争机制，借鉴土地一级市场招拍挂模式，探索更新项目的市场竞争。

4.1 以综合解决社区矛盾为目标的碧岭片区统筹规划及实施方案

本节内容是深圳市坪山区的碧岭片区统筹规划及实施方案实践项目，是在深圳快速的经济增长没有有效促进社会与生态的均衡发展背景下，以统筹解决社区矛盾为目标，对城市存量规划编制方法进行的创新探索。本案例从片区层面进行土地二次开发统筹，以公共利益优先为原则，以保障产业发展为导向，以不同利益主体之间的权责平衡为前提，进行的一系列规划方法实践。通过建立一定的协调规则机制，结合弹性多元的开发手段，多主体协同推进各项目建设，推动当前城市更新从传统单元式“建小区”向统筹型“建城区”转变，最终取得从连片规划到连片实施的成效，为采用存量规划手段解决社区发展矛盾提供新的思路，为类似区域的统筹开发提供有益借鉴和案例参考。

4.1.1 社区发展困境

改革开放以来，深圳经济持续快速发展，但是快速的经济增长并没有有效促进社会与生态的均衡发展，基层矛盾纠纷与环境品质落后等问题仍旧普遍存在，坪山区碧岭社区就是其中一例。

碧岭社区由于远离城市中心区及过去缺少重大项目发展牵引，社会经济发展相对滞后，现状仍以原村民自发建设的旧民房和旧工业区为主。社区山水资源丰富，但是环境品质较低。由于社区治理主体之间关系尚未真正理顺、社区发展历史上的利益矛盾等历史原因，碧岭社区股份合作公司与分公司、分公司之间、村民之间内部矛盾不断，如不从片区整体层面的统筹土地二次开发利益分配，必然导致土地二次开发的合法用地指标等集体资产难以在各分公司平衡。此外，社区内部分已出让工业用地的业主自发调整居住功能的动机强烈，原有规划对同一区域旧村采取拆除或保留的截然相反的规划思路都将进一步加剧社区矛盾。

为彻底解决社区历史遗留问题，坪山区政府决定用“政府统筹、连片推动”的土地二次开发策略推动社区系统更新，在开发过程中力图不留死角、连片开发，破解深圳城市更新的二次开发利益不均衡与“碎片化”等难题，以实现社区整体均衡发展。

随着深圳市“东进战略”下坪山区位的提升，碧岭片区作为坪山区的西门户，有望迎来新的发展机遇。片区现状为高度建成区，但容积率较低，以旧村和旧厂房为主，周边群山环绕，有炳坑水库、碧岭水、坪山河等生态资源，自然禀赋良好，山水资源丰富，具备打造高品质城市空间的条件（彩图 4-1）。目前片区已集中了 5 个城市更新项目（含潜在意向），未来一段时间将迎来土地二次开发的高潮。

碧岭片区规划统筹实施方案项目从加强社区治理、解决社区矛盾的角度出发，以利益统筹为手段，空间统筹为目标，实施统筹为保障，打造安全高效的生产空间、舒适宜居的生活空间、碧水蓝天的生态空间，树立“三生融合”的城市新典范为目标。以尊重规律、注重生态环境保护为原则，结合马峦山、炳坑水库、碧水湖等山水资源，打造主次分明的城市慢行系统，植入多样景观节点，使人穿梭于不同的自然风貌与城市风光之间，实现亲水、观光、休闲、出行的便捷联系。在此基础上，实现碧岭社区的经济、社会、生态统筹协调发展，一揽子解决社区治理的难题。

4.1.2 碧岭片区规划统筹思路

（1）生态为先的发展理念

整体构建通山达水的蓝绿空间生态网络，塑造“两山、两河、两湖、四廊”生态景观格局，创造性地利用山水资源，全方位营造望山见水的景观游憩体验。

其中，碧水湖公园的设计根据与周边用地的划分，设置开放性的公园边界，以生活水岸、文化水岸和生态水岸三个主题，纵向上与周边城市功能形成呼应，横向上三条水岸相互穿插渗透，共同构建生态公园的功能构架（彩图 4-2）。每幅条带关联并凸显水岸线及相应的功能设施和活动内容。通过碧道串联城市公共空间，收集、净化规划公共用地的雨水，完善碧道系统及其相关配套设施。将水质净化站与景观结合，打造人工瀑布。

（2）产业引领的发展思路

通过与片区内相关产业规划衔接，基地应聚焦医药研发、医疗器械和生命科学数字技术三大领域，统筹区域生物制药产业制造空间，与周边区域生物医药产业形成联动，聚焦三大领域高端核心环节（彩图 4-3）。

协调区域相关产业分工，充分利用基地周边资源，加强与宝龙工业区的联系合作，与国家生物产业基地联动发展，参与高新区的分工协作。围绕炳坑水库和碧水湖的生态景观核心资源，优先布局世界顶尖生命健康产业论坛、重大科研创新平台等源头创新载体。

4.1.3 碧岭片区规划统筹实施方案

（1）合理划分片区开发单元

开发单元的划定，是片区统筹规划方案的重点和难点之一，既对片区现状情况摸查进行检验，也对规划方案的编制起到指导意义。因此，划分开发单元的总体原则是面积适中、利益均衡，单元间无缝隙、不重叠。对现状建设完好且具有较高历史价值的安田世居、嘉绩世居、鹿岭世居等历史建筑和碧岭小学给予现状保留。

核查土地和业主情况，综合考虑现状规划路网、宗地边界、居民小组边界、建筑物等，进一步划定开发单元。对三洲田水以北市场主体无人问津的区域划定两个开发单元，调整上下沙更新单元的边界与中心花园单元无缝衔接。结合片区产业空间发展规划，将“工业区块线外”更新单元与三洲田水南侧的若干更新单元整体捆绑（彩图 4-4）。

（2）优先保障公共配套项目用地

在目前的城市更新项目中，开发主体为了提高项目经济收益，往往忽视或只考虑项目本身的公共服务设施，导致片区公共配套不足，严重影响城市服务水平。片区统筹的首要目标，就是要配足公共服务设施。

参考坪山区近期已出让用地开发容积率和坪山区已批城市更新项目拆建比，取高值确定片区开发总量。经测算，碧岭片区规划居住建筑总量约 300 万 m^2，按照 30m^2/ 人的居住标准，规划总人口约 10 万人。根据《深圳市城市规划标准与准则（修订）》落实教育设施、医疗卫生设施、综合文化体育中心等公共配套项目用地（彩图 4-5）。

（3）确保产业空间，提高产业建筑量

在市场利益的驱使下，开发主体通常选择城市更新中经济效益较高的“工改居”或“工改商”项目，鲜有以产业为导向的城市更新项目。产业空间是保持城市可持续发展的重要支撑，碧岭片区通过城市更新，集约利用土地，使片区产业建筑面积提高约 60%，同时推动片区产业转型升级。

位于工业区块线内的 DY02 单元，探索“政府引导 + 市场主导 + 国企参与”的城市更新实施模式，为保障项目可实施，产业集中布局，鼓励市场主体积极参与，预先做好经济测算与利益平衡，保障市场开发主体的经济可行性。在安置基础上，适当给予一定开发建设用地或规划指标，推动规划实施。最终可贡献 46 万 m^2 的产业用地和 5 万 m^2 的道路用地，项目土地贡献率达到 58%（彩图 4-6）。

（4）平衡拆迁责任和规划权益

在当前的城市更新项目开发中，往往出现开发主体接受土地贡献率同时又提高开发容积率的现象，在这种城市公共利益与开发主体利益的相互博弈之间，城市居住环境通常就沦为牺牲品。因此，需要通过一定的规则、合适的标准和普遍接受的方式，确定各开发单元的规划权益，平衡各开发主体的拆迁责任，实现各项目之间经济利益的均衡。

根据全市已批城市更新项目的拆建比，考虑碧岭片区实际，采用一定的拆建比规则平衡项目间利益，同时，为消除项目现状建筑功能差异，结合经济分析，对现状工业建筑按照一定的折算比例进行修正。

在此规则下，以各项目现状情况为基础，计算各项目规划建筑面积和留用开发用地面积，合理安排项目贡献用地的功能，并通过土地贡献率等指标校核开发单元间的利益平衡。

（5）统筹多种模式，分期实施

在片区统筹开发中，不同的地块应采用不用的策略和模式，并按照现状、规划条件成熟程度，结合业主意愿等情况合理安排时序，分期实施。在碧岭片区，现状保留使用安田世居、嘉绩世居、鹿岭世居等历史建筑和碧岭小学等已建成建筑；近期启动工业区块线内、碧岭第一工业区和碧岭中心花园城市更新单元；远期开展安田片区、上下沙片区等其他城市更新单元。

（6）自上而下推进，成立专班组

成立由区委书记、区长任组长，常务副区长任常务副组长，区水务局、区更新整备局、街道办、规划分局等相关区职能部门为成员的碧岭片区专班组，其中规划分局负责规划统筹，区更新整备局负责更新项目技术指导，街道办负责基层协调。高效组织、协同推进，采取政府规划统筹与市场主体实施联动，协调解决各类问题，整体推动片区快速建设。

4.1.4 贡献与价值

本案例是把城市更新作为推进社会治理的重要载体，构建以净拆建比为核心，多指标协调的利益统筹规则。通过容积率、商住比、土地移交率等指标动态调整拆建比取值，协调各项目间利益平衡，促使股份公司、股份分公司、村民利益达成均衡。

同时，为抑制“挑肥拣瘦”、碎片化开发提供抓手，推动城市更新从传统单元式“建小区”向统筹型“建城区”转变，更大范围实现城区功能平衡和布局优化，实现提升社区治理与促进城区发展的双赢。

4.2 基于城市品质整体提升的坪山老城片区统筹规划

在大规模城市建设发展之后的“存量规划”时代，城市更新成为拓展城市发展空间的主要手段，城市品质提升成为城市建设发展的重要方向。为解决传统的城市更新单元规划存在的开发碎片化、利益协调难、实施无序、公共利益设施无法落实等问题，深圳坪山区积极探索片区统筹模式，按照“政府统筹，连片推动”的思路，兼顾规划导向和公共利益，推动片区整体实施。老城片区作为坪山片区统筹规划的首次实践，本节结合项目实际，针对性地提出了利益统筹、空间统筹、实施统筹的具体策略。通过统筹利益分配、空间结构重塑、合理确定开发时序等技术和政策手段，实现老城片区的形象和品质提升，探索出对城市空间拓展提质增效具有积极示范意义的新路径。

4.2.1 老城区开发建设背景与困境

2019年，深圳坪山区一届三次党代会提出了“科学统筹城区规划建设和管理治理，积极探索保障创新坪山建设的城市可持续发展新路径”，强调加快统筹推进坪山老城片区等重点区域的开发建设，老城片区的发展迎来了新契机。

坪山老城片区位于深圳坪山中心区，区位条件优越，由坪山大道、龙坪路、东纵路围合而成。占地面积约156hm^2，现状总开发量约140万m^2，容积率约1.16。片区现状主要以多层的私宅及旧厂房为主，含少量临街商铺。片区生态本底良好，北邻燕子岭公园，坪山河绕城而过，集聚山、水、林、草多种元素，同时分布文武帝宫、东江纵队纪念馆等多处人文景观。片区更新潜力巨大，是坪山中心区少有的拥有成片存量可更新地块的片区之一。

老城片区现状为高度建成区，经过多年的发展变迁，片区以旧村及旧厂房为主的功能已经不再适合城市发展的需求，面临着用地混杂、建设品质较差，路网混乱、缺乏内外联系，地块畸零、用地结构失衡，公配不足、民生发展滞后，侵蚀生态、缺少景观利用等发展瓶颈。

作为坪山中心区的重要节点，老城片区蕴含着较高的土地升值空间和开发潜力，通过对存量土地的二次开发，将为中心区升级提供发展空间和创新驱动力。然而，传统的碎片式更新由于只注重自身的物质修复，缺乏整体的统筹考虑，难以满足片区的目标需求。在此背景下，迫切需要加强政府统筹力度，提出高标准的城市空间建设要求，推动老城片区整体开发建设。通过整体谋划，统一规则，从优化用地结构、改善交通组织、敞开蓝绿空间、切实落实教育医疗配套设施等方面实现片区能级和品质的全面提升。

4.2.2 统筹规划的必要性

拆除范围犬牙交错，未能全覆盖。老城片区现已集聚了8个更新项目，集中连片，改造意愿强烈。但由于缺乏统筹引导，在满足既有更新政策后，开发商各自为政，各项目拆除范围缺乏无缝衔接，造成零散用地未纳入更新，公共利益空间无法保障，统筹协调难度大。

路网混乱，用地结构不合理。老城片区内部路网混乱，主次干道与支路网密度均严重不足。断头路、丁字交叉口较多，导致道路微循环差。道路斜交严重，造成用地畸零，形成多处三角地，土地使用效率低下，城市空间亟须重塑。

生态空间遭到侵占。环城而过的坪山河作为老城片区与自然间重要的生态载体，并未得到有效利用，城市生态空间不成体系。其老城段河道蓝线、生态湿地遭受建筑侵占现象突出。河道的土地征收存在一定困难。

公共配套设施不足。老城片区各类配套设施建设落后，公共服务呈现供给不足、分布不均的特征。而在更新中，由于各项目间未考虑周边更新项目对现状及规划设施指标的占用情况，易出现重复计算导致的总体需求不足，不利于实现片区整体服务水平的提升。

法定图则修编滞后。老城片区目前最新的法定图则为 2016 年修编的《深圳市坪山 LG303-03 号片区 [坪山中心（老城）地区] 法定图则》，规划多以现状保留为主，已严重滞后于片区现时的社会发展和战略背景要求，难以发挥对片区更新的统筹指导作用。

4.2.3 片区统筹规划思路

由坪山区政府组织推进的坪山老城片区统筹规划，是政府主导、市场参与的片区统筹规划的首次实践。通过统筹规划和专题研究，对接各项目的专项规划与建筑设计，建立多方参与的工作机制，实现全阶段、全方位的整体统筹设计。

结合对上位规划的落实、片区的发展定位，通过城市空间的重塑，统一规则，平衡各方利益，完成更新单元划定、开发量控制、道路交通、市政工程、城市设计管控以及规划实施等内容，形成了一套相对完整的规划编制体系和解决问题思路。

在市级政策的刚性管控下，老城片区构建以“净拆建比”为核心的更新单元利益管控规则，遵循“多拆多建，少拆少建”的原则，在经济可行的基础上，调动市场的积极性，保障项目均可实施，同时制定统一规则，均衡各项目的土地贡献、公配责任，使片区整体利益平衡。

4.2.4 片区统筹空间规划内容

（1）空间结构重塑

凸显坪山河、赤坳水等生态本底，延续三洋湖、东门片区特色商业、休闲及文化活力中心格局，沿城市干道建设路、立新路以及三洋湖路打造城市公共服务轴，并结合轨道交通站点，布局 3 处 TOD 城市服务中心，着力塑造“一带、三轴、四心、多绿廊”空间结构（彩图 4-7）。

（2）路网系统优化

对外强化区域联系，通过建设路、沿河路的改造，加强片区与周边干路网的衔接贯通。内部坚持以“小街区、密路网”道路布局理念重塑片区路网结构，对路网进行整体优化，提升支路网密度，打通道路微循环。同时，构建全龄友好的城市慢行系统，应对不同人群需求的日常出行。总体形成“三横四纵”车行交通路网和便捷、高效的立体慢行网络（彩图 4-8）。

（3）生态空间缝合

串联山水，清退蓝绿空间内的违法建筑，修复坪山河生态廊道，构建河道生长入城的绿色网络。老城片区三面临绿，利用坪山河优势景观资源，统筹布局河流水系、绿地湿地与城市的关系，沿河打造多段式生态景观，建立一套连续完整、全面渗透的景观空间网络。片区内部强调利用收储地块新建湿地公园以及滨河文化设施，作为片区核心公共空间；实现集聚创新活力与生态空间为一体的生态绿廊，串联主要公共空间；同时将滨水岸线通过多条线性绿廊引入各组团中，将城市组团与绿色空间取得渗透与融合，实现“碧一江春水，道两岸风华”的美好愿景（彩图 4-9）。

（4）公共服务均衡

充分考虑片区规划需求和未来发展，遵循“类型丰富、便捷可达”的原则，构建多元完善的公共服务体系，高效便捷的公共服务布局，康乐多样的公共服务内容。新增公共服务设施 34 处，其中包括 3 处大型文化设施，9 所幼儿园，5 所中小学，1 所 200 床综合医院，8 处社区健康服务中心等，为实现丰富多元的文化服务、老有颐养的乐龄生活、全面管理的健康服务、无处不在的健身空间、学有所教的终身教育等目标提供空间保障（彩图 4-10）。同时，协调各开发主体，通过空间的腾挪置换，集中移交坪山河周边的公共利益用地，为大型公共服务设施的落地提供发展条件，全面提升片区公共服务水平。

（5）“无废城市”建设

坚持“无废城市”建设，在尊重现状地形基础上，通过竖向设计（彩图 4-11），将局部场地适当抬升，减少开发土方外运。经估算，片区二次开发拟产生 290 万土方量，通过竖向抬升与建筑底层架空可消纳 210 万方，剩余 80 万方可用于湿地公园地形塑造，综合平衡后，基本可实现土方内部平衡。

（6）法定图则衔接

根据片区发展目标和定位，从功能结构、交通组织、生态缝合、公共服务等方面对法定图则进行适当优化（彩图 4-12），敞开了蓝绿空间，增加了路网密度，大幅提高了公共服务设施用地，为片区可持续发展预留了弹性空间（表 4-1）。

表 4-1　老城规划优化方案和法定图则方案用地平衡表

用地代码		用地性质	法定图则方案		规划优化方案	
			用地面积／万m²	比例／%	用地面积／万m²	比例／%
建设用地	R	居住用地	51.9	34.4	48.6	33.1
	C	商业服务设施用地	5.5	3.6	5.8	4.0
	M	工业用地	14.6	9.7	0	0
	GIC	公共管理与服务设施用地	16.3	10.8	26.6	18.1
	G	绿地与广场用地	24.2	16.0	25.7	17.5
	S	交通设施用地	38.4	25.4	39.9	27.1
	U	公用设施用地	0.1	0.1	0.4	0.3
	小计		151.0	100.0	147.0	100.0
水域			5.4	—	9.4	—
合计			156.5	—	156.5	—

4.2.5 片区统筹规划实施路径

（1）拆除范围优化

结合老城已有项目的进度，综合考虑项目申报范围、规划功能及经济可行性，以平衡开发主体的利益诉求为基础，优化调整部分计划已批和潜在项目的拆除范围（彩图 4-13），实现拆除范围无缝衔接，不留死角，避免碎片化开发，为片区连片开发提供空间保障。

（2）开发时序安排

综合统筹规划和利益平衡方案，结合开发必要性、各项目进度及实施难易程度，系统安排片区整体拆建时序（彩图 4-14）。近期推进坪山河周边计划已批及规划已批的项目，远期推进条件成熟的潜在项目，要求各项目分期实施，优先移交道路、学校等公共利益用地，同时做好项目间时序衔接，在保障社会利益的前提下，实现有序开发。

4.2.6 创新思路与做法

（1）创新统筹规划技术编制方法

片区统筹规划充分运用规划的公共政策属性，加强资源整合。向上衔接优化法定图则，在法定图则的基本框架下，优化用地结构和公共设施配置要求，整体统筹。通过城市设计、道路交通、市政工程专题研究，对接各项目的专项规划与建筑设计进行详细蓝图落实，实现全阶段、全方位的规划统筹，并对不同设计层面内容进一步深化，确保规划的科学性。同时以实施为导向，制定严格的规划导控体系，向下指导后续城市更新。

（2）优化拆除范围，落实拆迁责任

在平衡开发主体利益诉求的基础上，捆绑拆迁责任，将零星建筑捆绑至周边更新项目拆除，统一规划，避免碎片化开发，以腾挪出必要的道路、基础设施空间，提升土地使用效率及建设完成度，实现公共利益最大化。

（3）敞开蓝绿空间，释放成片公共利益用地

通过更新清退蓝绿空间内的违法建筑，敞开坪山河重要生态廊道，腾挪整合各项目贡献用地，释放集中连片的公共利益用地，为大型公共服务设施的落地提供空间保障，为整体品质提升提供发展条件。

4.2.7 片区统筹规划实施成效

（1）为规划编制提供技术参考

随着老城片区统筹规划的深入开展，融合不同阶段、不同内容的统筹规划编制方法日益清晰，初步实现了统筹规划在连片推动、面向实施等多个方面进行探索的实践意义，为片区的法定图则修编以及其余统筹规划提供了技术参考。

（2）加快推进更新项目的实施

老城片区统筹规划已指导多个项目调整拆除范围，在土地贡献、空间布局等方面整体平衡，实现资源配置合理化、综合利益最优化目标。同时实行刚性弹性结合的规划管控，明确更新单元的规划要点，有效缩短了审查时间。目前，一期项目已实现同步完成计划立项，进入规划公示阶段。

4.2.8 片区统筹规划探索的价值

以坪山老城片区为例，市场的利益驱动导致片区发展不平衡，更新后的各自为政导致片区发展不充分。由政府主导，连片推动，统一规则，平衡利益，提出在功能结构、交通组织、生态系统、公共服务等方面整体优化，明确拆除范围及开发时序安排等实施保障的片区统筹规划，是坪山在新时代下高质量发展的积极探索。

4.3 特色风貌保护导向下的坑梓老城更新片区统筹规划实践

本节内容是深圳市存量时代背景下坪山区坑梓老城更新片区统筹规划研究项目。坑梓老城作为原深圳大工业区时代坪山两大街道级最中心、最繁华、最具历史味道的片区，现规划定位跃升为高新区综合服务副中心，城市更新改造动力十足，面临着“跨越式”发展要求整体空间重构、潜在更新项目“空间割据”、历史建筑保护活化阻碍多等诸多问题，急需开展更新统筹规划研究工作。与此同时，在面临贯彻“生态文明建设”“城市双修”等理念的背景下，“保护历史文化，提升城市内涵”成为城市更新工作的新焦点，而该片区历史人文生态资源要素集聚，保护与开发亟待统筹引导。

为加快落实历史文化保护工作，构建更合理的功能布局，完善高新区公共服务配套，营造更具特色的城区风貌，项目从城区空间结构、城区空间形态及体验、历史建筑保护与活化引导管控以及更新模式等方面开展统筹规划研究，以实现坑梓老城区高质量发展的总体目标。

4.3.1 城市更新和高质量发展要求

经过多年的探索和实践，深圳的城市更新已进入全面推进的新时期，逐步由早期粗放的散点式改造向整体的专门化改造方向转变，由追逐个体利益向实现城市整体和谐发展转变，但仍存在单元规划各自为政、城市长远目标和市场主体追求短期利益难协调、项目建设品质差等弊病。

近年来，在城市更新面临贯彻“生态文明建设”“城市双修”等理念、建设粤港澳大湾区和先行示范区的新机遇等背景下，市规划和自然资源主管部门加快印发《关于深入推进城市更新工作促进城市高质量发展的若干措施》等核心指导文件，重点强调“要转变理念，深化城市更新内涵……”。然而，片区法定图则由于编制年期久远，在历史文化保护与活化、生态保护与修复等方面规划引导滞后，难以指导新时期的“存量规划”。而《坑梓中心片区统筹规划及实施方案》则是体现坪山区政府以“政府统筹，连片开发”的城市更新实施思路，积极落实和强化坑梓老城历史风貌特色保护，其工作刻不容缓、意义重大。与此同时，本次规划编制方法也从传统的单一划定紫线控制范围，向保护责任捆绑、活化功能引导、空间形态管控以及区域产业发展等多途径、全方位转变，值得其他涉及历史文化保护的片区统筹规划借鉴。

4.3.2 坑梓老城片区发展现状

坑梓老城位于深圳坪山东北部，坑梓中心片区，距离坪山中心区约 5km，北接新能源基地，东邻国家生物医药基地，是深圳市国家高新区坪山园区（以下简称“坪山高新区”）的重要组成部分，轨道 14 号快线（在建）设坑梓中心站，外围高快速路基本建成，区位交通条件优越（彩图 4-15）。

项目片区现状以八九十年代建设的旧村和旧工业区为主，城市肌理和风貌特色突出（彩图 4-16）。作为原深圳大工业区时代坑梓街道最中心、最繁华、最具历史味道的片区，由于社会经济的快速发展和时代更迭，其教育医疗、基础设施配套滞后，服务水平低下，城市功能及空间环境品质早已不能满足建设高新区的发展要求，亟待进行老城复兴和空间升级。

片区更新改造意愿强烈，共有 10 个更新项目，基本实现全覆盖（彩图 4-17）。潜在更新项目内现存大量客家历史建筑，且将贯穿老城南北的田坑水分为若干段。经调研了解，多个更新意向改造方案对历史建筑保护与活化、滨水公共空间连通与设计统筹考虑不足。

4.3.3 片区统筹规划要点及内容

（1）统筹更新拆除范围，鼓励有机更新和保护责任捆绑

在避免大拆大建，践行绿色发展的新形势下，“有机更新”成为当下深圳城市更新的必然选择。基于此，规划认为应该有机融合“拆除重建、综合整治、保留使用”多种发展模式，实现真正的“片区统筹”，确保拆除与保留无缝衔接。

项目组通过深入现场踏勘，结合更新上位规划和近期重大公共项目建设要求，尊重企业改造意愿，充分识别现状保留和综合整治片区，合理划定更新拆除范围。首先，方案提出重点保留 12 处历史建筑及风貌区（彩图 4-18），要求市场改造主体按照相关政策进行保留、活化或移交政府统筹管理（彩图 4-19），并将其纳入更新计划立项前置条件；其次，要保留具有本地生活属性、空间尺度宜人的城中村及街区，如原人民路步行街和其沿线已自发改造为商业综合体的旧工业区，要求从潜在更新范围调出，纳入综合整治提升范围（彩图 4-20）；再次，对于建设品质较好的旧住宅区、公共服务设施继续保留使用，要求更新项目与其做好公共空间、慢行、市政管线等衔接工作；最后，对于尚未纳入拆除的零星旧村和旧工业区，实施方案按照“不留死角，就近捆绑；尊重行政边界，深入主体座谈；多拆多建，少拆少得”的原则进行整体统筹和捆绑拆除（彩图 4-21）。

（2）统筹用地空间规划，构筑人文生态特质的空间格局

历史建筑、田坑水二者地理空间集聚是片区最大的特色，所以统筹规划方案希望延续坑梓文化特质与意蕴，修复生态基底和安全格局。首先，方案强调顺应基地本底肌理，

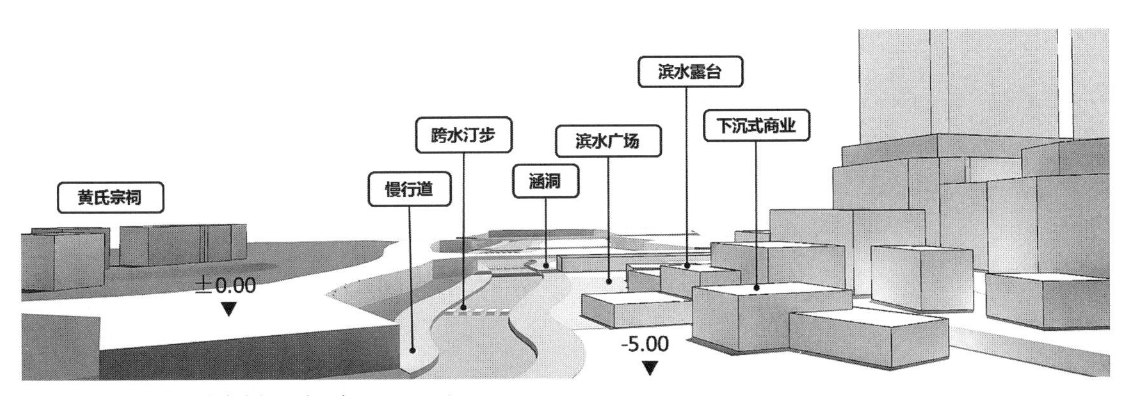

图 4-1　河道下沉及滨水空间设计示意

着力提升居民的归属感和凝聚力，系统整合和串联片区历史、人文及生态公园等核心要素，塑造南北向的中央活力轴和贯穿区域的田坑水生态休闲服务带，以及围绕历史建筑、公共服务设施形成的三大服务核，力图打造连续、疏密有致的功能空间体验以及公共服务节点，构建与高新区整体功能协调、空间协同发展的空间结构和公共开敞空间体系（彩图 4-22）。

用地布局方面，结合地铁站点布设商务、特色商业空间；加大区级、社区级公共服务配套供给，重点提升教育、医疗服务水平；理顺主干路网骨架，快速对接外围高快速路，贯通内部微循环；充分挖潜自然人文资源，着重围绕历史建筑布局公共绿地与广场，优先预控 20 ~ 40m 宽的滨水休闲绿带与南北向公共活力绿轴，打造高品质的文娱配套和绿地生态系统（彩图 4-23）。

（3）统筹历史人文、生态，差异化落实保护与开发要求

为擦亮“客家文化”名片，彰显老城“水湾”特色本底，规划提出围绕滨水空间及历史建筑打造特色文化体验路径。在历史文化保护方面，规划要求应依据周边用地条件、建筑保护级别及要求进行区别化、差异化活化利用。如针对区级文保——新乔世居，在进行原真性保护的基础上植入展览馆、咖啡馆、书房等功能，适当融入现代生活形态；针对非文保建筑，可进行新旧融合、古今传承，植入公共服务、文化、商业等综合功能（学前培训、家政等业态），形成现代化社区“邻里综合体”，重塑和睦融洽的人情邻里（彩图 4-24）。

在生态特色凸显方面，规划对水系进行了分段精细化情景主题式设计（彩图 4-25），通过“河道下沉”打造连贯舒适的滨水地景（图 4-1），构建田坑水公共休闲服务带，形成多条“山水连通”慢行、视线通廊，并进行开敞空间设计与开发控制。最后，将文物保护、生态水系设计指引和管控要求落实到各更新项目，在更新单元规划中深化、细化。

（4）统筹城市空间形态，强化整体设计传导和单元内部强度腾挪

片区现状河道封闭，历史建筑消隐，城市空间形态凌乱，未能依托其山水资源和历史文化底蕴，形成具有特色的综合性服务中心区。统筹规划希望通过整体城市设计，重塑片区空间肌理和城市形态，让历史建筑、山体水系回归公众视野。方案提出，可以在保持各更新单元规划开发总量不变的前提下，内部地块开发强度腾挪，将田坑水公共休闲服务带和中央慢行街区两侧的建筑量转移到外围地块，打造开合有序的“龙脊天街”和“秀水绿谷”，形成“整体疏密有致、中轴节奏有序”的空间形态（彩图 4-26、彩图 4-27）。

4.3.4 片区统筹规划实施效果

（1）前期进度把控为“整体推动、连片开发”奠定了基础

经过项目前期的沟通协调和统筹引导，结合更新主管部门印发的操作规程，目前片区 8 个潜在更新项目已陆续完成立项前期准备工作，完全具备 “政府统筹，连片更新”的实施条件。

（2）基本实现了历史建筑保护责任捆绑、拆除范围无缝闭合

对于尚未纳入拆除的零星旧村和旧工业区以及需要进行保护与活化或移交政府的历史建筑，以更新的利益保障为前提，已基本完成捆绑拆除任务和明确单元规划管控要求，实现拆除无缝闭合，实施方案获得了城市更新主管部门和潜在主体的高度认可。

（3）推动法定图则修编并为其提供了重要技术参考

目前片区的法定图则已启动修编工作，并与统筹规划无缝对接。双方在规划理念、空间布局、路网优化、历史建筑活化、公共空间打造等方面认知取得高度一致。其认为统筹规划既落实了市层面上位规划的战略传导，又保障了地方的发展诉求和更新项目的可实施性，为图则修编提供了重要技术参考。

4.3.5 总结与思考

本案例是更新规划统筹保护历史风貌特色的重要实践，通过“强化更新前期统筹，注重更新权益与规划编制相结合；坚持整体规划引领，强化空间设计传导与管控落实”等创新举措，有效破解了更新大拆大建、城区特色风貌缺失等难题。

4.4 推动连片成规模产业空间释放的龙田片区统筹规划实践

城市快速发展带来的土地资源供需矛盾日益凸显，为区域发展提供充足的用地空间是如今城市开发的重要课题。同时，在城市开发过程中完成产业用地的有效释放与利用，是促进土地集约化利用与产业升级转型的关键，是区域增速发展的重要突破口。基于此，本节对龙田片区进行了全面的梳理分析，从其现状建设情况、相关规划定位与目标、产业用地发展情况等方面进行了剖析，指出目前发展的问题及困境，利用片区统筹规划手段对龙田片区用地布局进行研究及落实，尤其对产业用地进行空间上的腾挪置换，对片区利益统筹与产业用地空间规划进行探索，以期推动龙田片区快速发展，为坪山高新区以及国家级新能源汽车产业基地释放出连片产业用地空间。

4.4.1 产业发展困境

深圳在多年的城市化进程中，由于早期经济发展主要依靠“三来一补”模式的初级加工制造产业，产业形态低端，对土地资源消耗很大，生产效能低下的工业用地大量占用城市产业空间，现已基本处于无地可用的境况。在资源约束条件下，在新增产业用地极其有限的情况下，产业用地的腾挪置换及提升改造是产业发展的主要手段。2018 年《关于推进较大面积产业空间土地整备工作情况的报告》要求深圳市要划定一批较大面积产业空间整备项目，建立较大面积产业空间整备项目库，作为深圳市未来 3 ~ 5 年重点整备的成片成规模产业空间（彩图 4-28）。2019 年坪山区划定了区内四大重点整备片区，包括坪山高新北产业整备片区、高新南整备片区、龙田北整备片区、碧岭整备片区。

本节试图探寻一条释放提升产业用地的途径，通过片区统筹规划研究，引入经济指标为规划决策提供支撑，对片区内用地功能布局、产业用地规整、公共配套设施建设等进行重新规划，以期破解片区发展的空间难题，推动片区快速发展。本节所称“产业用地空间”是指为产业发展提供土地支持的用地。

4.4.2 龙田片区现状及产业发展概况

龙田片区位于深圳市坪山区北部，与惠州市惠阳区交界，北邻坪地国际低碳城，西靠松子坑水库生态控制区，片区规划范围 699hm^2（彩图 4-29）。

在深圳“东进战略”推进下，坪山区的区位价值得到大幅度提升，龙田片区作为国家级新能源汽车产业基地及坪山高新区的重要组成部分，坪山高新区的发展带动龙田片区快速转型是必然趋势。然而，龙田片区现状的产业结构与产业用地空间明显已不能适应区域的发展要求。

图 4-2 龙田片区厂房现状照片

龙田片区现有工业用地 223hm^2，占片区面积的 47%，工业厂房建筑总量 211 万 m^2，占片区总建筑面积的 56%，工业厂房零散分布于片区，且多为 6 层以下建筑物，仅莹展工业园区有较高层建筑物，土地节约集约利用程度低。

龙田片区现状工业园区规模较小，单个规模大部分小于 3hm^2，虽有形成一定规模的工业园区，如同富裕工业区、138 工业区、莹展工业区等，但产业门类低端、生产效率低下、建筑质量不高、配套服务不齐全、路网体系不完善，难以引进及承载新型产业用地空间的需求，且难以形成规模效应（图 4-2）。

随着坪山在深圳城市空间结构中地位的提升以及自身的发展需求逐渐加大，未来很长一段时间在产业发展方面将更加关注新能源产业、高新技术产业等，这些行业的发展对于用地的要求远高于现在水平，可见，坪山对产业用地的需求将日渐明显。

《新能源汽车产业基地规划（2006—2020）》提出龙田片区承担新能源汽车的生产制造功能，正在编制的《坪山区综合发展规划》对龙田的定位是未来产业创新平台，规划的坪山大道城市综合发展带与东部科技创新服务带在此交汇，《深圳市工业区块线管理办法》将龙田片区 40% 的用地划入一级工业区块线管理范围，意味着范围线内的用地类型必须是产业（彩图 4-30）。由此可见，产业是龙田的主要发展思路，而为此进行产业用地空间的释放及提升，为区域产业发展做好土地准备是目前亟须开展的一项工作。

4.4.3 龙田片区统筹规划实践

（1）发展思路

初步确定龙田片区以龙兴路为发展主轴线，龙兴路以东、龙湾路以北及白石路以东

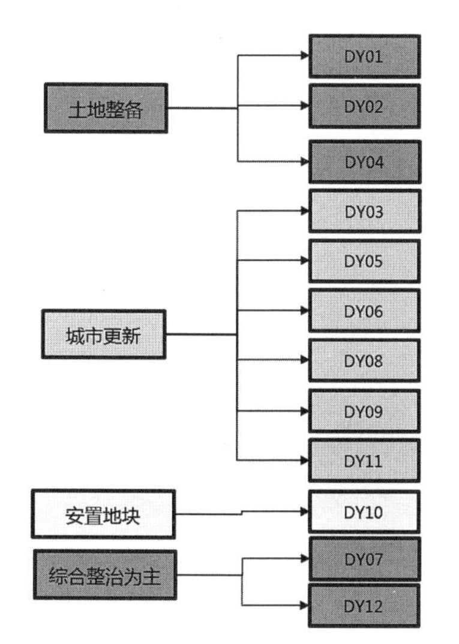

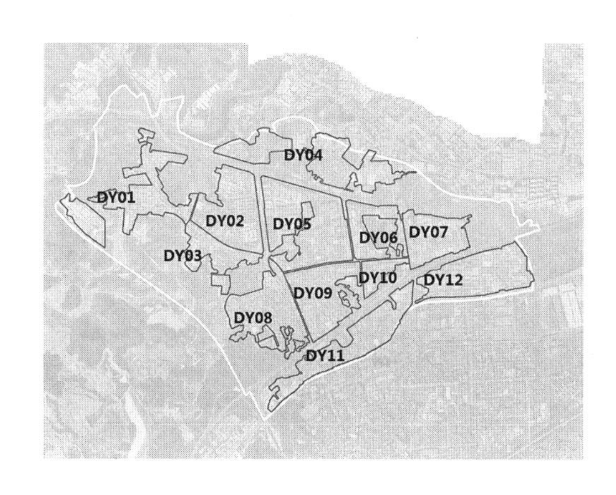

图 4-3 龙田片区开发单元划分图

为集中产业空间，田坑水、生态控制线周边及现状山体为绿色空间，其余为居住配套空间的规划结构（彩图 4-31）。

（2）开发模式

综合考虑了龙田片区的现状建设与权属信息、自然村村界、潜在城市更新项目、规划路网等因素，划定 12 个开发单元（图 4-3）。根据社区土地权属情况确定开发单元的土地二次开发方式，其中划定拆除重建单元 6 个、综合整治单元 2 个、土地整备单元 3 个、安置单元 1 个。

（3）利益统筹

通过“先利益统筹后空间规划”的存量空间统筹思路为后续的产业用地腾挪奠定良好的基础。根据深圳及坪山区已批城市更新项目的经验，考虑已有城市更新项目利润率，龙田片区以一定的拆建比作为控制指标。同时，考虑土地二次开发项目经济可行性，拆建比需考虑不同建筑类型拆建的折算系数。基于此，综合考虑开发必要性、重要性、紧迫性及实施难易程度，确定各开发单元的开发规模上限，并绑定公共服务设施配建责任，重大公共配套设施绑定先行开发单元及现状建成度较低地区，以此协调各个开发单元之间的利益平衡及确定开发总量。

根据利益平衡方案，确定留用地规划方案与政府收回地块规划意向。根据已设定的初始容积率及拆建比，通过容积率指标调整利益平衡方案，并根据土地贡献率调整做出校核，保证项目开发的经济性与可实施性。

（4）落实产业用地空间

产业空间是保持城市可持续发展的重要支撑，深圳市 2016 年出台了《深圳市工业区块线管理办法》，要求工业区块线内优先规划产业用地。龙田片区有 163hm^2 用地被划入工业区块线范围，范围内有将近 150 万 m^2 的工业建筑，为落实该管理办法，强化产业用地和空间保障，龙田片区未来的产业用地不可减少，片区内的产业建筑量也不可减少。

以集约节约用地为前提，整合片区内所有产业用地至工业区块线内，落实了普通工业用地 161hm^2，并增加产业建筑面积 323 万 m^2（彩图 4-32）。

根据上位及相关规划，制定片区新能源汽车与未来产业发展战略，引导片区产业升级，鼓励规模以上新能源汽车产业与其他高新技术产业入驻，给予充分发展空间及适当容积率奖励。同时，为加强对片区内产业用地管控，保障龙田片区产业发展活力，根据坪山产业引进政策及片区发展方向，确定龙田片区产业类型的准入门槛，对符合产业指引的企业实行准入核定。制定一定的指标评价体系，从土地利用效率、企业发展状况、生态效益等方面对产业用地实行全方位监管。基于前期的过程监管判定产业用地的利用效率，建立回收、回购、置换等促进低效用地的转化和盘活。

（5）完善城市路网体系及公共配套

优先布局快速路绿梓大道北延段与外环高速，加强片区内工业区与外界交通联系。拓宽主干道路龙兴路与白石路，将宝梓北路由坑梓中心区引入片区，同时结合快速路网实现客货分流，改善片区产业空间的交通条件。完善南北向次干道体系与片区支路网体系，加强产业空间内部联系及产业区与居住区的联系，形成完整的路网体系。

以预期 20 万人口配置公共服务设施，优先配置九年一贯制学校、综合医院等重大教育、医疗设施，并根据利益平衡方案，分配开发单元的公共服务设施承担责任。通过建设人才公寓，配建保障性住房，发展龙田片区商业中心与社区邻里中心，合理布局社区级公共服务设施，保障产业生产与研发人员生活配套，促进产城融合（彩图 4-33）。

4.4.4 片区统筹实施机制及成效

释放连片产业空间，助力坪山高新区发展。龙田片区被划入工业区块线范围的面积占研究范围的 40% 左右，因此，保障片区内的产业空间成为规划统筹研究的重点内容。经过本次规划统筹，释放了约 1.6km^2 集中连片的产业空间，为坪山未来发展及布局产业起到了重要的空间保障作用。

与法定图则修编互动，共谋龙田新发展。由于龙田片区所在的 [龙田 - 沙砾地区] 法定图则已于 2018 年初获批，规划统筹研究的开展进一步落实了法定图则对龙田片区开发建设的空间要求，同时在规划统筹研究过程中也优化了法定图则的部分内容，诸如关于居住用地的空间布局和类型设置、公建配套设施的统筹和用地布局等。

保障片区政府可统筹用地需求，高配置预留供给量。通过多种土地开发方式统筹，在兼顾项目开发主体的利益，实现社区转型升级，促进集体经济发展的基础上，保障政府落实公共配套设施建设的需要。通过片区统筹，政府可收回及整合经营性用地 $78hm^2$，非经营性用地 $432hm^2$。预计提供保障性住房建筑面积 95 万 m^2。

受深圳市规划和自然局坪山管理局的委托，龙田片区统筹规划旨在研究为坪山区释放出更多产业空间的路径，完成对约 $1.6km^2$ 集中连片的产业空间的腾挪研究，保障坪山未来的发展及产业的布局。

4.4.5 总结与启示

片区统筹规划是深圳坪山在存量规划背景下，通过对土地二次开发的统筹规划与利益平衡，对片区资源的重新统筹配置，升级改造产业空间与完善公共配套设施的尝试性研究。本节对龙田片区的现状建设情况、相关规划定位与目标、产业用地发展情况等方面进行了剖析，指出目前发展的问题及困境，利用片区统筹规划手段对龙田片区用地布局进行研究及落实，尤其对产业用地进行空间上的腾挪置换，释放了连片约 $1.6km^2$ 的产业用地，便于统一进行产业布局与规划，为坪山区新能源汽车产业与未来产业发展提供空间可能。

通过对坪山区龙田片区统筹规划的实例研究，探讨片区统筹规划与利益平衡方案，实现产业用地的升级改造与城市资源的优化配置，是对现有存量产业用地开发进行统筹规划的一次有益尝试。

第5章 土地整备利益统筹

深圳市自1980年成立经济特区以来，特区内及特区外城市化建设沿着不同的路径飞速发展，特区内在20世纪90年代就划定了原农村集体建设红线并完成了土地征转，通过城市规划进行严格的管理和控制。特区外城市建设长期缺乏引导，主要靠工业化推动城市化，政府、农村集体及个人进行了大量的无序开发建设。虽然2004年特区外开展了城市化转地工作，但是原农村集体仍掌握了大量土地，国有土地与原农村集体掌握土地犬牙交错，形成了“政府用不了，社区不能用”的困境。

2010年国务院批复同意深圳市将特区扩大至全市范围。为破解土地二元制制约城市建设难题，加快推进特区一体化建设，深圳市坪山区探索整村统筹土地整备模式，一种有别于城市更新和传统土地整备的土地二次开发和规划实施模式，一揽子解决土地历史遗留问题，补足长期公共配套设施欠账，提升城市建设水平。

目前，南布、沙湖、沙田三个社区的整村统筹土地整备初见成效，为深圳市土地整备利益统筹政策制定打下了良好基础，完成了项目审批、规划审批、用地审批等工作，已进入建设实施周期。南布、沙湖、沙田社区“整村统筹”土地整备三个项目各有特点，南布项目旨在一揽子全面解决社区历史遗留问题，沙湖项目以落实市区级市政与公共基础设施为出发点，沙田项目以落实产业空间腾挪为主要目的，主要落脚点不同，面临的困难及解决过程也略有差异。

南布、沙湖、沙田社区“整村统筹”土地整备项目的探索与实践，开启了全市探索有别于城市更新模式的全新的土地二次开发模式的局面，集中体现了社区主体、政府主导、市场参与的特点，为全面解决原农村城市化过程出现的历史遗留问题及引领社区实现深度城市化创造了契机。深圳市规划和自然资源局在总结坪山等地土地整备利益统筹实践经验的基础上，出台了《深圳市土地整备利益统筹项目管理办法》（深规土规〔2018〕6号），坪山经验在全市范围内得到推广，有力推动了相关区域土地整备工作。

5.1 坪山“整村统筹”土地整备思路概述

5.1.1 “整村统筹”土地整备背景

深圳坪山区位于深圳东北部，面积 166km^2，东靠惠州大亚湾石化城，南连大鹏半岛，西邻盐田港，北面是龙岗中心城，是深化深莞惠合作的重要节点。

坪山自新区成立后，就承担着市委、市政府赋予的建设“科学发展示范区、综合配套改革先行区、深圳未来新的区域发展极”的历史使命，推动深莞惠一体化进程的加快。2012 年，坪山、前海被深圳市列为土地管理制度改革综合试点，其中“整村统筹”土地整备模式的探索与实践是坪山土地管理制度改革综合试点工作主要内容之一。之所以提出“整村统筹”土地整备模式，基于以下几个方面：一是经过 2004 年原特区内外城市化转地，土地已全部转为国有，但因各种历史遗留问题，国有用地占比约 56%，原农村集体组织仍掌握约全区 44% 的土地。国有土地与原农村集体经济组织掌握土地相互交错，受查违大环境的影响，原农村集体实际掌握的大量土地难以建设和改造，形成“政府用不了、社区不好用”的局面，严重影响城市建设，难以满足坪山需要落实重大基础设施和重大产业项目的需要和大开发大建设的形势。二是城市更新虽然在全市迅速推进，但由于当时的坪山土地价值尚未凸显，市场吸引力不足，且大部分社区达不到合法用地的准入门槛，难以通过城市更新解决社区和政府面临的土地问题，其他方式诸如房屋征收，“两规”“三规”处置，产业升级“1+6”等利益分享有限，接受度不高，解决的问题有限，坪山急需探索完善现有土地再开发手段，形成能够系统解决原农村土地问题的新模式。三是坪山大部分社区仅依靠集体物业出租的租金维持，产业多为“三来一补”等劳动密集型产业，较为低端，社区基础设施和公共配套严重不足，也急需一种可实现深度城市化、融入现代化的社会经济发展和城市建设中来的转型发展方式。

5.1.2 “整村统筹”土地整备思路

“整村统筹”土地整备是在农村城市化过程中，以一定的行政管理辖区为单位，以遏制违法建筑为前提，以土地权属调查为基础，通过“自上而下”“自下而上”相结合的工作方式，综合考虑该类区域自然、人文、社会、经济发展等因素，综合运用规划、土地、产权、行政、法律、社会、政策等相关政策及手段；统筹辖区内的国有已出让土地、未征转手续用地、非农建设用地等多种类型的土地，优化整合城市空间，实现辖区内由统一的开发主体来统筹其拆迁安置补偿等问题，一揽子解决土地历史遗留问题；整合各方资源，凝结发展共识，调动社区居民自主决策、共谋发展的积极性，促进社区转型发展，形成政府、社区、居民等多方共赢的局面，实现整个区域的完全城市化和深度城市化。

通过政府与社区“算大账”，社区与村民“算小账”。在项目范围内，政府与原农村集体经济组织继受单位“算大账”，通过资金安排、土地确权、用地规划等手段，集约节约安排土地，保障城市建设与社区发展空间需求；原农村集体经济组织与村民“算小账”，通过货币、股权和实物安置等手段，确保权益人相关权益，实现整备范围内土地的全面确权。

通过政府与社区算大账，给予社区“土地 + 规划 + 资金”的综合补偿方案，政府收回土地、整合空间、落实公共基础设施及产业项目，进一步明晰产权、一揽子解决土地历史遗留问题；社区得到完全产权的土地和相应的规划建设指标用于开发建设，不仅可用于安置，也获得了可以进入市场的物业和自有物业，实现社区股份公司集体资产增值及社区转型发展。通过社区与村民算小账，形成村民接受的补偿方案，村民得到完全产权的物业安置或对等的市场价货币补偿，实现了物业安置和增值，保障了村民利益，同时大账扣除小账支出后的物业和资金属于社区集体，即多出的利益是集体的，用于集体经济发展，村民共享发展成果。

5.1.3 核心统筹要素——土地 + 规划 + 资金

虽然整村统筹土地整备涉及各个方面，但从利益分配的角度来讲，对于社区补偿的核心要素主要包括了土地、规划、资金三个方面，形成了整村统筹土地整备的“大账”。

（1）土地——社区留用地

社区留用地，是指通过腾挪社区合法用地、落实非农建设用地和征地返还地指标、核实未完善征（转）补偿手续规划建设用地而确定的既能满足社区未来发展空间需求又能实现参与各方的利益统筹的用地，是政府对原农村集体经济组织继受单位实际控制土地实施土地整备的一种补偿。由于坪山确定南布、沙湖两个社区进行整村统筹土地整备试点之初，概念新颖，尚无明确的相关政策和类似案例进行指引借鉴，在结合已有城市更新、房屋征收等经验的基础上，坪山进行了大量探索研究，并对后期深圳市正式颁布实施的《土地整备利益统筹试点项目管理办法（试行）》提供了实践借鉴，目前社区留用地的思路为：项目范围内已批的合法用地、项目范围外调入的合法指标以及本案例核定的利益共享用地；利益共享用地为未完善征（转）地补偿手续规划建设用地的一定比例（最多为 50%）用地；合法用地 1 ∶ 1 留用；社区留用地总规模最多不超过整备范围内规划建设用地的 55%。

（2）规划——社区留用地规划

在南布、沙湖社区试点实践时，在全市层面尚未形成统一的规则，由于土地整备专项规划地位与城市更新单元规划的地位基本类似，为此，这两个社区的土地整备专项规划是参照城市更新单元规划的编制、申报、审批等开展的。

整村统筹土地整备的规划研究，采用“自上而下”与“自下而上”相结合的协商式的规划编制方式，遵循多方参与、协商谈判、面向实施的原则。项目实施范围的划定以片区功能完整性、系统性和实施性为前提，社区留用地规划用途以生效法定图则的主导功能为依据，结合项目实施要求等因素确定；项目实施范围内公共服务设施、城市基础设施、城市绿地等公共利益用地总量不得减少；规划应符合基本生态控制线、一级水源保护区、城市橙线、城市黄线、城市紫线的相关管理要求。规划主要内容包括土地分配，确定社区留用地、移交政府用地的规模及选址范围；用地功能、开发强度、公共服务设施、综合交通、市政工程、城市“五线”位置及控制要求；总体控制要求，根据社区留用地规划对周边环境承载力的影响，确定需优化调整的城市“五线”及各项配套设施；对政府发展用地提出产业发展方向等；规划实施，明确土地整备实施主体及相关各方责任。

（3）资金——土地整备补偿资金

整村统筹土地整备的资金补偿，一方面包括相关权利主体的物业的补偿，以及因整村统筹土地整备引起的搬迁补偿费、装修补偿费、停业补偿等内容；另一方面包括未完善征（转）地补偿手续土地的土地补偿费用，以及处理范围内青苗、附着物等的补偿。补偿标准坚持“公平、合理”的原则，每项补偿资金的依据充分合理，有政策依据。其中建筑物补偿范围，考虑到部分建筑位于社区留用地范围内，且参考城市更新项目贡献15% 土地的要求，整村统筹土地整备建筑物补偿范围为“社区留用地 /（1% ~ 15%）”范围以外的建筑。资金补偿标准在房屋重置价和不高于《深圳市公共基础设施建设项目房屋拆迁管理办法》片区拆迁评估均价之间选择，针对住宅、工业厂房选择以重置成本价计算包干补偿标准。

（4）土地、规划、资金三种要素的互动及转换

虽然补偿资金、留用地以及规划均有相对规范的核定方式，但是为了进一步推广模式的适用性，考虑到部分项目可能不能满足留用地的安排、规划设计等指标，整村统筹模式的三种核心要素在等价值的原则上，建立灵活转换的规则，建立“土地、规划、资金”的互动实施机制，即在土地、规划、资金核定的基础上，以保持总量平衡为前提，结合社区的基本诉求以及实际情况，通过适当调整，来实现社区内土地资源的合理布局，提高社区内土地集约节约利用，保障社区及居民的合法权益。

主要操作路径为在社区留用地规划条件允许的情况下，一方面可以适度增加社区留用地上的建筑物总量，按照增加建筑物的量来折合成一定比例的土地，以减少社区留用地规模，增加政府收回土地面积，为区域产业、基础设施提供更多的土地资源空间，提

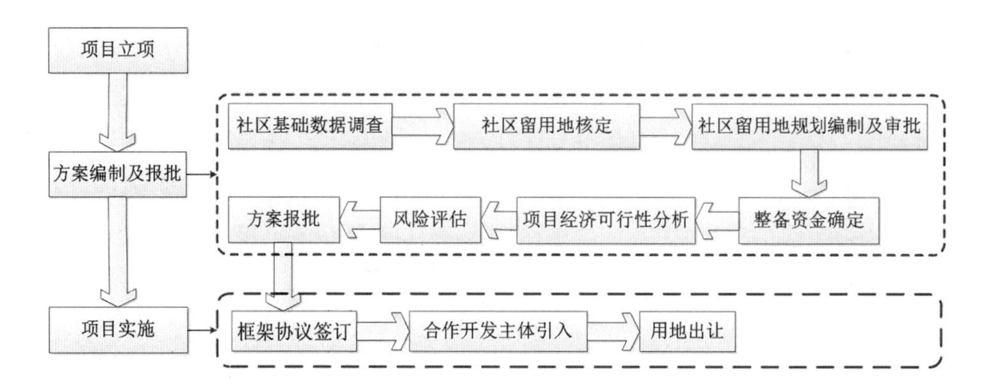

图 5-1 实施流程图
（图片来源：戴小平，赖伟胜，仝兆远，等 . 深圳市存量更新规划实施探索：整村统筹土地整备模式与实务 [M]. 北京：中国建筑工业出版社，2019）

高土地资源节约集约利用水平；另一方面将增加的建筑物量按照市场评估价，相应减少补偿资金，减少政府资金压力。在社区留用地和建筑物规模不充裕的情况下，对于社区留用地无法落实的土地，将其折算成对应的建筑物指标，再按照市场评估价给予对应的资金补充，以解决社区的土地和规划无法落实的问题。

5.1.4 “整村统筹”操作流程

为规范行政审批机制、明晰各部门职责、促进项目运转、指导社区项目运营，坪山在南布、沙湖整村统筹土地整备试点过程中，结合了深圳市集体资产管理、社区管理、规划国土管理相关政策及制度，参照深圳市城市更新、非农建设用地合作开发、“农地入市”等政策，形成了整村统筹土地整备的操作流程。主要有三个阶段：项目立项、方案编制及报批、项目实施，具体分为 11 大步骤，包括项目立项、社区基础数据调查、社区留用地核定、社区留用地规划编制及审批、整备资金确定、项目经济可行性分析、风险评估、方案报批、框架协议签订、合作开发引入、用地出让等（图 5-1）。

5.2 南布“整村统筹”土地整备项目

5.2.1 土地整备的必要性

南布社区位于坪山城市发展的中轴线上（彩图 5-1），用地面积为 244.15hm^2，总人口约 1.2 万人。自大工业区成立以来，南布社区历年征转地面积约 220.01hm^2，为支持坪山发展作出了重大贡献，剩余社区实际掌握用地约 29.49hm^2，其中约 12% 涉及不同情况的历史遗留问题。

（1）解决社区土地紧缺问题，保障社区可持续发展

在深圳市出口加工区及大工业区设立初期，南布社区贡献了大量建设用地，大力支持了深圳市的城市建设及产业发展，在随后历年的征地转地过程中，社区留用的可建设用地越来越少，发展空间受到阻碍。为了继续壮大和发展社区集体经济，进一步提升社区居民的生活环境，完善片区公共配套设施服务水平，南布社区及其居民都表现出了主动积极参与意愿，希望通过整村统筹土地整备试点工作的推进，有效促进社区经济快速发展，大幅提升社区建设水平。南布社区整村统筹土地整备，通过“自上而下”与“自下而上”相结合的模式，实现城市建设目标与社区发展诉求相结合，推动社区经济的全方位、可持续发展。

（2）加快推动片区规划实施，打造坪山城市客厅

在深圳市“东进战略”的背景下，未来坪山将打造成深圳发展第三级，坪山的定位实现跨越式提升。从《坪山综合发展规划 2017—2035（初稿）》来看，南布社区所在的燕子湖片区，将打造为中央活力之心，成为坪山中心区深圳都市圈东部创新与区域服务中心的核心功能板块；再从《坪山区中心区扩容空间规划》来看，坪山中心区由原来的 4.68km^2 扩展到 24km^2，扩容后的坪山中心区包括南布社区将打造成为产学研孵化核，承载坪山中心区作为深莞慧“3+2”都市圈核心区的主要载体。南布社区未来发展过程中应坚持“主动对接、产城融合”“空间优化、功能完善”的发展模式，依托出口加工区的综合生活服务配套需求，坪山河湿地公园和燕子岭生态公园的优良生态本底，通过整村统筹土地整备，有力推进坪山综合发展规划等一系列规划的实施，打造坪山城市客厅。

由此，2011 年，南布社区主动申请纳入整村统筹土地整备试点，到 2014 年项目通过市政府审批进入实施阶段，标志着第一个整村统筹土地整备试点项目取得了初步成功，对加快坪山特区一体化社区转型发展、探索存量规划新模式、实现社区跨越式发展具有重要的试点意义。

5.2.2 南布整村统筹方案与探索

针对社区现状土地利用低效、与政府用地犬牙交错、历史遗留问题较多，由于尚无政策参考，通过多方多轮谈判协商，最终划定 17.3hm^2 社区留用地，贡献政府用地 11.13hm^2，加上统征统转，南布社区总贡献用地率达到 93%。

留用地规划重点将社区留用地在法定图则中规划的居住用地由三类居住调整为二类

居住，同时配备一定量的商业、办公功能，确定社区留用地总建筑量为 75 万 m^2（彩图 5-2）。此外，土地整备补偿资金为 5077 万元。

（1）开创了高度城市化地区存量土地再开发模式的新探索

通过综合运用规划、土地、产权等相关政策，一揽子解决了原农村城市化土地历史遗留问题，对资源进行了重新配置，创新了土地规划政策的集成，加强了政府在土地、规划以及拆迁补偿方面的统筹引导能力。

（2）深度实践“自上而下”与“自下而上”工作机制的规划编制新模式

整村统筹土地整备专项规划涉及部门众多，包含社区、规划国土部门、土地整备中心、街道办等，通过多方、多轮沟通协商，逐渐形成并达成一致的规划方案。这种协商式的规划模式有效地反映了“自上而下”和“自下而上”相融合的工作机制的优越性，可达到事半功倍的效果。

（3）实现一个平台承接多个目标，加快推进特区一体化

通过整村统筹土地整备，承接“党建、社区建设、城市建设、转型发展”等多个目标，实现社区管理的现代化转型，通过现代化居住小区的建立，完善辖区内的基础设施建设；同时为社区居民提供多样化的文化娱乐设施，丰富居民精神文化生活，建设社区文明新风气。此外，通过信息化、智慧化的运营管理，为南布社区居民提供更加优质的社区服务，使其真正享受城市化发展成果。

5.2.3 实施成效

（1）用地整合提升产业和公配设施建设

通过整村统筹土地整备项目实施，已经完成南布社区坪山河周边首期 4.42hm^2 的储备地入库，在南布社区自身用地非常紧张的情况下，提供了 0.37hm^2 的工业研发用地，结合周边国有用地可以一起释放近 1hm^2 的新型产业用地。此外，为政府提供约 4.9hm^2 的公共配套设施，将极大完善城市基础设施和公共服务配套，提升居民的生活水平和质量。

（2）社区转型升级效果显著

通过整村统筹土地整备项目，社区在开发过程中可获得不少于 5 万 m^2 的商业、办公物业用于经营，经初步测算，每年均可以获得 2880 万元以上的经营性收入，是现在年经营性收入 600 万元的 4.8 倍。在长期的持续经营管理理念下，可提供项目的物业管理增

图 5-2　南布社区整村统筹土地整备实施效果图

值服务，对于开发获得的利润及每年的经营收入可在异地进行实业、房地产开发等项目投资，实现资产保值及增值（图 5-2）。

5.3 沙湖“整村统筹”土地整备项目

5.3.1 “整村统筹”土地整备目的

沙湖社区位于坪山区的西部片区（图 5-3），南坪三期、坪盐通道、东部过境高速三大对外交通干道汇集沙湖社区，是坪山的重要门户地区；同时南坪三期、坪盐通道、再生水厂、儿童公园、华谊兄弟文化影视城等一大批市、区级重大项目集中在沙湖社区范围内。由于土地管理二元化，国有用地和社区实际掌握用地犬牙交错，造成社区土地利用效率低、政府重大项目难以落实。

（1）实施各项规划，提升坪山门户形象。《坪山新区综合发展规划（2010—2020）》是坪山“高水平规划引领城市建设，加快推动新区产业转型发展”的重要指引，标志着坪山进入大开发大建设阶段。按照规划，沙湖社区汇聚了坪山对外联系的主要通道（现有横坪公路—坪山大道、锦龙大道、金碧路，规划中的东部过境高速、南坪快速三期和坪盐通道），其作为坪山的门户区域位置凸显。整村统筹土地整备是推动

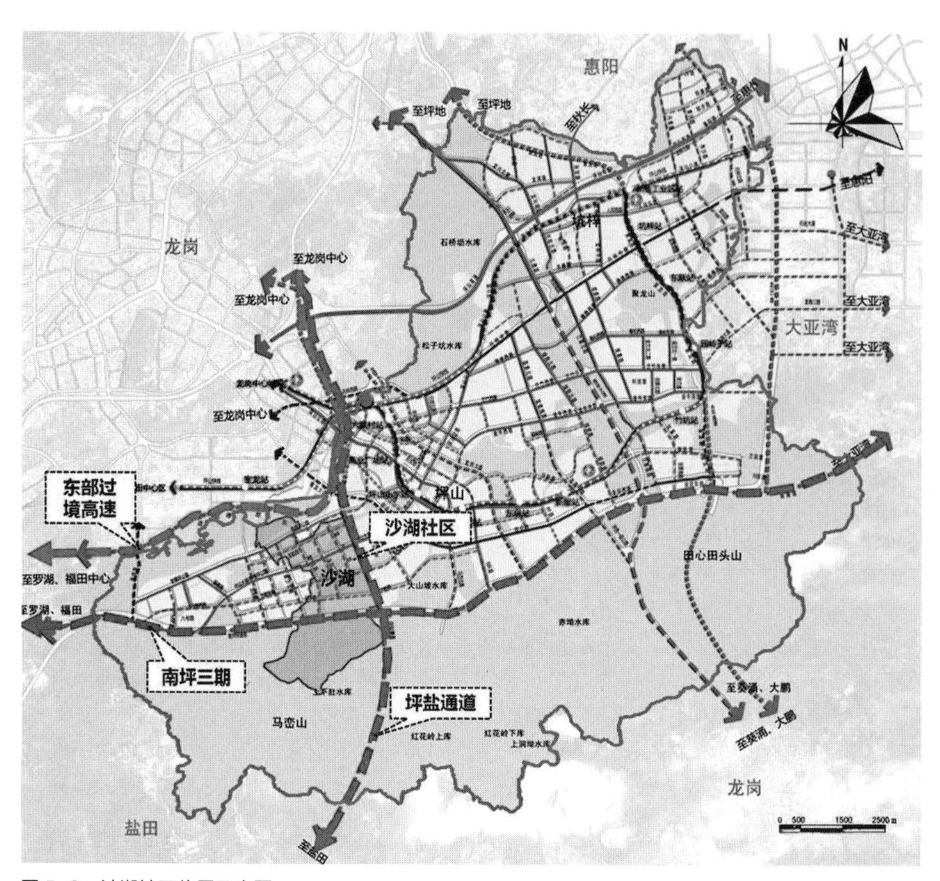

图 5-3 沙湖社区位置示意图

该规划实施的重要举措之一，通过整备释放可建设土地，不仅可以满足坪山重大项目的用地需求，保证片区规划的落地实施，还可以解决片区公共配套设施建设用地需求，提升坪山公共设施基本水平，改善社区居民生活质量，打造坪山的门户形象，提升坪山整体城市面貌。2012 年，坪山作为深圳市新一轮土地管理制度改革的综合试点地区，为推动土地管理制度改革，坪山确立以沙湖、南布社区为载体全面推进整村统筹土地整备试点工作。

（2）落实重点项目，提升城市服务水平。“十二五”期间，整备范围内共涉及重大项目 13 项。其中，市级重点项目 5 项，包括南坪三期、坪盐通道、老横坪公路改造、坪山河干流综合整治项目等；区级重点项目 7 项，主要有沙湖再生水厂、儿童公园、富园路、科环路等；社会重大投资项目 1 项，包括华谊兄弟文化影视城项目；还有重点谋划的坪山生命健康城项目，其启动区就选址在沙湖社区。沙湖片区未来发展势头强劲，需要充足的土地空间和相配套的开发策略作支撑。通过整村统筹土地整备可释放所需市政配套和产业建设用地，从而保证该片区重大项目落地实施，提升片区综合竞争力。

（3）加快生态清退，保护基本生态环境。《深圳市人民政府关于进一步规范基本生态控制线管理的实施意见》要求“大力推动建设用地清退和生态修复，合理疏导合法建筑，积极引导线内社区转型发展”。在沙湖整村统筹土地整备中有 223.87 万 m^2（占整备范围的 61.68%）的土地位于生态控制线内，且生态控制线内存在历史上形成的已建成用地约 4 万 m^2。整村统筹土地整备采用权益置换、资金补偿等多种途径，运用综合手段统筹推动生态清退和生态修复，一方面可加强生态环境保护和促进城市生态质量提升，另一方面可解决居民安置问题，为其转型发展和居民共同富裕创造条件。

（4）破解土地瓶颈，促成共赢发展局面。片区开发建设遭遇现状土地权属“碎片化”，重点项目落地陷入困境。现状国有储备用地与未征转土地犬牙交错，重大项目选址均涉及沙湖社区实际掌握土地，项目落地遭遇土地碎片化，导致国有土地、社区土地都不好利用，亟须将沙湖社区实际掌握的土地进行整合。沙湖社区居民对现状居住环境、生活配套等存在改善性需求，通过土地整备改善社区医院、学校、道路、公园、绿地等公共基础设施，重构社区空间，顺应居民生活空间重构诉求。沙湖社区经济现状以厂房租赁为主，收入来源单一，经济负担较重；通过土地整备提升土地价值，在与坪山共同建设沙湖片区的过程中享受发展红利，可以增加集体经济实力、转变经营方式、减轻经济负担，顺应了社区经济转型诉求。

为破解城市发展瓶颈、推动片区规划实施、促进社区的转型发展，经过政府与社区的充分沟通，2011 年沙湖社区主动申请纳入整村统筹土地整备试点，2015 年市政府审议通过沙湖整村统筹土地整备实施方案和专项规划，2015 年 11 月，签订四方框架协议，标志着沙湖整村统筹土地整备项目正式进入实施阶段。

5.3.2 沙湖整村统筹方案和举措

通过整村统筹土地整备，沙湖社区将获得权属清晰的社区留用地 57.11hm^2，政府收回约 305.84hm^2，其中建设用地 81.79hm^2，包括一部分经营用地 23.62hm^2。根据沙湖地区现状实际掌握用地在碧岭沙湖发展单元规划中可平均分配到约 220 万 m^2 的建筑量，同时，社区结合经济测算结果，也提出了 220 万 m^2 的规划建设指标诉求，最终，通过多方协商谈判，社区留用地建筑总量为 220 万 m^2。通过政策核算，土地整备补偿资金总额约 14.61 亿元（彩图 5-3）。

（1）采用土地、规划、资金三位一体规划编制方法

第一步通过现状调研和建筑测绘，摸清社区实际掌握土地的规模和权属状况、社区建筑规模；第二步政府与社区算大账，形成规划、资金、土地三位一体补偿方案；第三步社区与居民算小账，自行解决居民拆迁补偿及集体物业发展的问题。规划同步制定社会经济转型方案，促成社区由政企不分的“一锅粥”管理向政企分离的市场化管理蜕变。

通过多政策集成工作模式，实现从单一空间规划到土地、规划、资金三位一体的规划编制方法转变。

（2）追求多方共赢的规划实施目标

通过整村统筹土地整备，空间实现重构和腾挪，政府获得305.84万m^2集中连片土地，可快速启动重大基础设施建设；社区获得57.11万m^2的经营性用地、220万m^2的建筑总规模及14.13亿元的整备资金，极大增强了社区集体经济实力；社区居民除获得可进入市场流通的确权商品房，还将获得持续增长的集体经济分红。

（3）采取面向实施的全过程规划“协商”工作机制

在整个土地整备工作过程中，规划师作为协调者，促进政府与社区在同一目标平台进行多次意见反馈、诉求表达，实现全过程规划协商。同时，政府、社区及规划师等多方参与人员共同形成领导、决策、监督控制、执行、实施及中介服务等多层级机构和工作小组，明确职责分工，确保项目稳步推进和实施。

5.3.3 实施成效

（1）生态用地清退工作卓有成效

通过整村统筹土地整备，改变了政府用地与社区实际掌握用地犬牙交错的状况，政府一方面可解决生态控制线内黄一、黄二等居民小组的整体搬迁问题；另一方面收回整备范围内全部的生态控制线用地，使这部分生态用地与沙湖社区范围内已转为国有的生态用地和马峦社区已全部转为国有的生态用地连成一片，方便政府的统一管理。

（2）为沙湖片区产业用地连片开发打下基础

政府可收回新型产业用地约19.92万m^2，与周边的国有土地整合后，总计盘活了新型产业用地约32.77万m^2，为坪山产业转型升级奠定了必要的基础。

（3）为沙湖片区质量城市建设奠定了基础

政府收回61.49万m^2的公共配套设施用地，可以解决社区再生水厂、儿童公园、市区级以及沙湖社区内道路、医院、学校等公共设施建设用地的需求，完善片区公共配套与道路交通，改善居民生活环境，提升城市发展质量（彩图5-4）。

图 5-4 沙田片区现状航拍图

5.4 沙田整村统筹（一期）土地整备利益统筹项目

5.4.1 整备背景和目的

沙田社区位于坪山高新区北部，在 5.63km^2 范围内工业用地占比约 50%，规模达 2.38km^2，是深圳市委市政府高度关注的连片产业空间。片区内现状毛容积率仅 0.34（图 5-4），但因合法用地不足、征收补偿标准低，城市更新及房屋征收工作难以开展。随着高新区建设进程的加快，土地整备工作尚未完成，坪山区面临重大产业市政项目亟须落地的难题。

（1）推动规划落实，提高土地集约节约利用水平

沙田片区是东进辐射粤东地区的重要战略支点，也是全市新能源汽车产业基地的核心区域。该片区将集中安排新能源汽车生产、关键零部件、核心材料生产等类型的企业和技术创新中心，市、区领导对片区规划落实寄予厚望。该片区具备释放出连片产业空间的潜力，是深圳市要求的“集中连片”重点整备片区，既可推进市、区实施“东进战略”，又为坪山区高新区的建设工作提供用地空间。鉴于社区实际掌握土地与国有土地交错的现状，通过推进沙田土地整备工作，可释放出连片的土地空间，推动《坪山高新区综合发展规划》《坪山高新区空间规划》等相关规划的落实。

在沙田片区内，一方面由于城市化转地不彻底，社区实际掌控土地与国有储备土地之间犬牙交错，导致政府储备土地与社区实际掌控土地之间相互制约，双方都无法高效利用。比如在南京金龙项目开展土地清理之前，因涉及 0.8 万 m^2 社区实际掌握土地，导致 17 万 m^2 的土地无法正常使用。另一方面社区掌控的土地由于未完善相应手续，土地开发建设受限，土地利用效率偏低，且土地资源价值偏低。通过土地整备利益统筹项目，可进一步理顺社区留用土地和国有土地的空间界线，完善社区留用土地开发建设手续。社区留用土地和国有土地都可以统一规划、统一建设，有效释放土地空间资源，拓展坪山区城市发展空间，提升土地节约集约利用水平。

（2）保障重大产业项目，完善城市基础设施

根据深圳市 2018 年度各区较大面积产业空间土地整备专项任务和《市土地整备局关于开展重点整备片区前期研究工作的函》的相关要求，坪山区将着力在沙田片区整备出成片成规模的产业空间，进行统一规划开发。2016 年，南京金龙项目亟须落地，重大产业用地保障、违法建筑空间管控、土地整备行动专项行动亟须开展，同时社区对开展土地整备提出自己安置、工作步骤等相关诉求。在“总体考虑，分期实施”的工作思路下，为切实做好相关迫切的重点工作任务，开展了沙田整村统筹（一期）土地整备利益统筹项目工作。目前，南京金龙等重大产业项目已落地沙田，亟须按照土地整备利益统筹方式进行统一核算，保障各方利益。预计本项目整备完成后，政府可收回部分经营性用地，并有效释放约 1km^2 用地空间，解决市、区重大产业项目的用地紧缺问题，全力打造新能源汽车产业基地和聚龙科技创新城，加快推动全市“东进战略”的实施。

沙田社区位置比较偏僻，城市基础设施建设相对落后：一是片区市政道路需要完善，虽然现状已形成由深汕高速、坪山大道、秀沙路、丹梓北路为基础的骨架网络，但是片区内次干路、支路密度较低，一些原居民住宅区存在断头路，交通微循环系统有待进一步完善，特别是该片区规划有地铁 14 号线沙田站、昂鹅车辆段，需要通过土地整备来落实相关规划；二是片区教育设施需要完善，沙田片区内“上学难”一直以来都是本地居民反映的焦点问题，片区内幼儿园数量较少，且分布不均，亟须进一步完善；三是片区医疗卫生设施需要完善，现状共有医疗卫生设施 3 处，其中仅有一处为公立社康中心，其余两处均为私人诊所，医疗卫生设施存在较大盲区，社区居民就医不便。通过土地整备利益统筹项目，政府收回土地中，部分可用于公共配套设施的建设，解决片区内道路、医院、学校等公共设施不足的问题，加快推动新型城市化建设。在整村统筹土地整备整体研究的基础上，充分考虑社区整体情况，为保障重大产业项目顺利开展，社区和区政府协商决定分期实施土地整备。2016 年 8 月，沙田整村统筹（一期）土地整备利益统筹试点项目正式列入《土地整备利益统筹试点项目目录(2016)》，标志着沙田整村统筹(一期)土地整备利益统筹项目正式启动。

5.4.2 沙田整村统筹方案与举措

不同于南布、沙湖整村统筹土地整备，在沙田项目实施时，《土地整备利益统筹试点项目管理办法》已颁布实施，由此，沙田项目的土地、规划、资金的确定均有政策可依。根据政策规定，社区留用地包括项目范围内已批的合法用地、项目范围外调入的合法用地以及核定的利益共享用地，留用地指标不超过规定的 55% 上限。沙田整村统筹(一期)给予社区的计容积率留用土地指标约 16.05 万 m^2，包括社区留用土地约 12.04 万 m^2 和贡献教育用地 4.01 万 m^2，此外，需调出指标 4.8 万 m^2。根据《土地整备利益统筹试点项目管理办法》核算，建筑总规模约 75.27 万 m^2，土地整备资金补偿金额为 10.07 亿元。

(1)创新整村统筹下的分期立项、分期实施模式

改变以往单个项目进行立项、编制方案和开发实施，核算总体大账后编制片区总体规划，同时对项目进行分期立项、分期实施。一期重点解决南京金龙和清华紫光等重大产业项目，二期重点解决昂鹅车辆段、地铁站点等公配市政项目。既平衡各方主体利益，又保证重大项目落地，保障整体到部分平稳推进。

(2)探索“先整备，后统筹”工作机制

在沙田一期试行“先整备，后统筹”(彩图 5-5)，先行整备片区北边涉及的建筑物，按照房屋征收的标准进行拆迁补偿，提前收储整合用地，释放用地空间用于产业发展。后期在实施方案中，统筹留用指标、用地分配和规划指标，解决社区居民的拆迁安置和支持社区集体经济发展。避免了方案审批时间过长影响规划实施，打通了房屋征收和利益统筹的衔接路径。

(3)论证整村统筹土地整备可行性，建立留用地指标台账管理制度

对比分析城市更新、物业安置、货币补偿等多种模式，发现整村统筹土地整备成为对接多重目标、助力片区发展的唯一出路。在核算片区土地、规划、资金等经济大账的同时，创新地将超出的 5 万 m^2 留用地指标进行转移，同时为规范指标的管理和保障二期的顺利实施，规定转移指标需与沙田二期留用地统筹处理。创新了留用地指标与土地整备的统筹处理方式。

图 5-5　南京金龙实施效果

（4）统筹编制片区整体规划方案，学校纳入社区级公共配套

明确沙田片区的发展定位，制定产业发展策略，研究沙田片区的用地空间布局和用地规划方案（彩图 5-6），形成“一轴、一带、一基地、双核、三区”的空间布局。在留用地规划中，学校作为社区级公共配套，在留用地内进行配建。在实现学位自满足的同时，也能服务周边人口，为其他项目解决“学位难”问题提供了宝贵经验。

5.4.3 实施成效

（1）释放连片产业空间，实现集体经济转型发展

通过沙田整村统筹，可收回土地近 90 万 m^2，整合释放深汕高速以北 2.9km^2 的产业用地空间。对社区而言，能够实现集体资产的增值，从现状的 41 亿元达到整备后的 360 亿元。

（2）落实重大产业市政项目，保障整村统筹顺利实施

沙田项目的研究，保障了整村谈判顺利推进。2016 年和 2019 年沙田一期和二期顺利立项，在整备收储用地上建设的南京金龙已建成投产（图 5-5），昂鹅车辆段也进场施工。

（3）促成法定图则修编，指导相关专项规划编制

为 [龙田 - 沙砾地区] 法定图则的修编提供参考，指导沙田一期留用地规划、昂鹅车辆段规划选址、沙田社区三年发展规划等相关规划的编制。

（4）推动土地整备改革创新，加快坪山高新区建设

沙田片区先后被列入市“拓展空间保障发展”和较大面积产业空间的重点整备片区，“先整备后统筹”模式被写入坪山高新区土地整备综合改革试点实施方案中，建立指标台账管理制度等经验被借鉴写入《深圳市土地整备利益统筹项目管理办法》。

5.4.4 “整村统筹”土地整备经验启示

作为深圳城市副中心之一及新一轮土地管理制度改革的综合试点区，坪山勇于担当，敢于作为，以改革的智慧、勇气和韧劲率先通过土地管理制度改革来破解城市存量建设用地二次开发困境和难题，探索走出了一条有助于统筹解决城市和基层社区整体长远发展的“坪山样本”，为全国新型城镇化地区提供了可复制可推广的“坪山经验”。

坪山的“整村统筹”土地整备实验，为全市政策体系完善、试点逐步推广乃至为全国的土地管理制度改革提供了新思路、新路子，甚至直接推动了全市《土地整备利益统筹试点项目管理办法》的编制出台。坪山“整村统筹”政策探索的许多核心思路如政策理念、政策大账、审批机制等在全市各区遍地开花，形成示范和样板。

改革之路从无坦途。面对亟须落地的重大基础设施项目和重大产业项目，如何优先保障供地、推动城区高质量发展？坪山因时而变、随事而制，在利益统筹政策框架上深化改革，在沙田试点“先整备后统筹”的土地开发方式和工作机制，在保持“政策大账”核算方式一致的基础上前置供地时序，探索出一条政府主导整备下的提前供地路径。

第6章 社区规划实施

深圳是一座拥有两千多万人口的年轻城市，生活在这里的人民努力、积极、向上，对生活充满着热切的期盼。然而，深圳土地空间仅相当于北京的八分之一，或上海、广州的三分之一，土地资源稀缺直接制约了居住品质的提升、社会环境的安定以及基层管理能力的完善。

为了提高人民群众的生活质量、城市管理水平和社会文明程度，推进国际化城市建设和现代化进程，深圳自 2002 年起对基层管理和治理模式进行了探索，借由城市化转地的背景将原来的村委会管理模式转变为社区工作站管理模式，社区工作站成为深圳城市管理的最小行政单元。于 2005 年确定推行的“居站分设”管理体制开启了深圳社区的建设发展步伐。

随着城市化进程的加快，社区作为深圳城市管理中的基本单元，亟须从“硬件”和“软件”方面进行提升和转变，为实现人民群众的美好生活提供最基本的抓手。近年来，深圳在社区建设和规划方面开展了大量工作，快速提升了社区基层建设的水平，社区建设成效显著。

社区规划作为城市总体规划的重要补充，后期逐渐形成独立的社区规划理论体系。社区规划的编制和实施对促进社区的基础设施建设，提升社区的公共服务能力，推进特区一体化进程，实践新型城市化建设有着重要的意义。

（1）社区规划在实现社会全面进步、实现人的全面发展、实现经济社会的可持续发展等方面发挥着巨大作用。

（2）社区规划为社区谋求利益与发展提供重要政策手段，切实解决社区产业发展、城市开发与土地紧缺、生态保护等矛盾。

（3）社区规划为社区保持发展活力提供路径和目标，实现社区社会经济和社区发展完美转型。

坪山区是深圳市最年轻的行政区，一直坚持走新型城市化道路，以高水平规划引领区内的开发建设。但由于历史原因,在城市建设的方方面面,与原特区相比还存在很大的差距。为加快社区发展步伐,坪山区在社区规划方面进行了一系列探索,不仅开展了全区23个社区的三年发展规划,而且对重点社区也编制了相应的规划指引,本章摘取其三:

(1)坪山新区六和社区转型发展规划研究——以六和社区为对象,针对社区“半城镇化”的现状,指出社区转型的核心问题并提出发展思路,制定统筹空间、经济、社会、文化等资源的系统解决方案,促进“半城镇化”社区的城市化转型。

(2)坪山新区23个社区三年发展规划(2016—2018年)——以坪山23个社区为对象,立足问题导向,聚焦各社区在党建发展、经济发展、交通建设、环境改善、民生保障、支持政策等实际情况,提出各社区的发展策略,构建实现目标的发展路径。

(3)坪山区龙田社区发展规划研究——以龙田社区为对象,聚焦典型的大城市边缘地带的原农村社区的经济产业发展、空间功能结构构建、基础设施建设、历史文化发展等发展问题及思路,为存量背景下大都市边缘区原农村发展提供有益借鉴。

6.1 “半城镇化”社区转型发展路径探索——坪山区六和社区转型发展规划

本节内容是深圳坪山区的社区转型规划项目。以六和社区为项目编制主体,针对社区“半城镇化”的现状,深入调研结合社区规划师“定期问诊”,指出六和社区转型的核心问题并提出引导社区与坪山中心区共融共生的发展思路,制定统筹空间、经济、社会、文化等资源的系统解决方案,促进“半城镇化”社区的城市化转型。

6.1.1 社区亟待转型谋发展

2009年,坪山新区成立,六和社区所在地被确立为坪山新中心区,社区发展目标大幅提升,转型动力被激发。2012年,《深圳市坪山中心区城市发展单元规划大纲》经市政府审批,坪山中心区正式步入实施阶段,社区作为掌握土地资源的实体逐渐从城市化的被动参与者成为主要推动者。为了搭上中心区开发建设的快车,六和社区主动出击,谋划转型发展。

6.1.2 六和社区“半城镇化”特征

虽然位于坪山中心区,但六和社区的空间形态和社会经济面貌具有典型的半城镇化特征。特征一:社区边界和坪山中心区边界几乎重合,社区和中心区实现了空间上的共融共生。特征二:《中心区城市发展单元规划大纲》明确空间结构,确定开发模式,社区现状

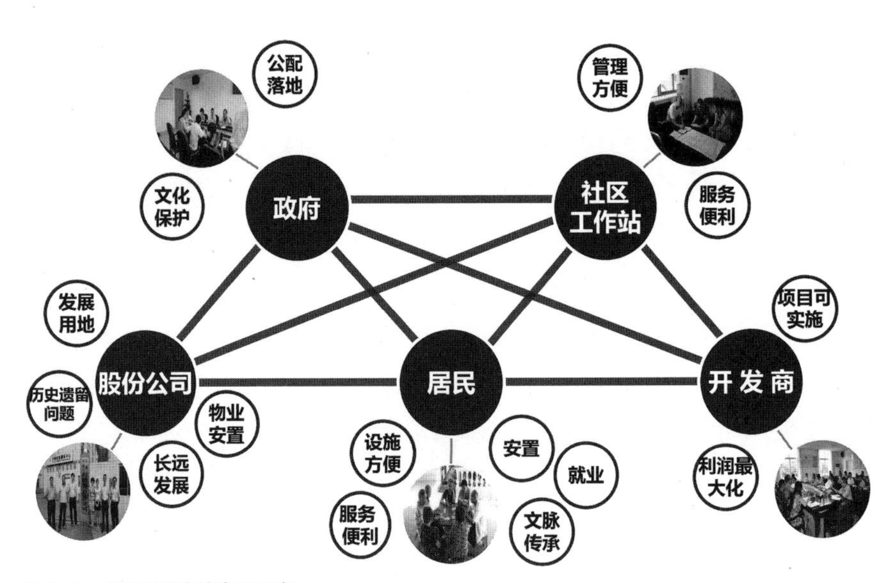

图 6-1 多方利益主体协调示意

以旧村旧工业区为主的实际掌握用地将以城市更新为主、土地整备为辅的方式全面建设。特征三：社区自身利益盘根错节。社区两级股份公司（社区级和小组级）独立运作。社区级股份公司在社区内没有物业，呈现“大村弱，小村强”的局面，社区总体发展缺乏统筹。特征四：已有逾 10 家开发主体介入社区二次开发前期工作，社区整体被割裂。

上述特征使得六和社区物质空间基本确定，转型的核心问题集中在多方主体利益平衡下社区用地布局优化调整、社会建设层面。如何通过规划手段在维护公共利益的前提下，为社区谋求长远利益和最大利益是本次规划的重点。

6.1.3 “半城镇化”社区转型规划编制思路

六和社区转型规划以空间为载体，统筹整合社会、经济、文化等资源，构建协调性、主动性、综合性、过程性的规划。

（1）协调多方主体，平衡多方利益促进规划实施的协调性规划

本规划指出多方利益分配未能达成共识是制约规划实施和社区转型的瓶颈，不明晰权益，规划实施受限，社区在经济、社会、产业等方面的转型更无从谈起。项目组先后对街道、社区工作站、股份公司、居民、开发商等主体开展了 30 余次访谈，针对有物业居民和租户设计了 2 套调查问卷并发放 450 份，通过多方主体参与，明确各自利益诉求（图 6-1）。按照“公共设施用地优先，政府、社区、开发商等多方利益平衡”的原则，平衡各个主体之间的权益与责任，通过多方案情景实施模拟以确定最优方案，最终将多方共

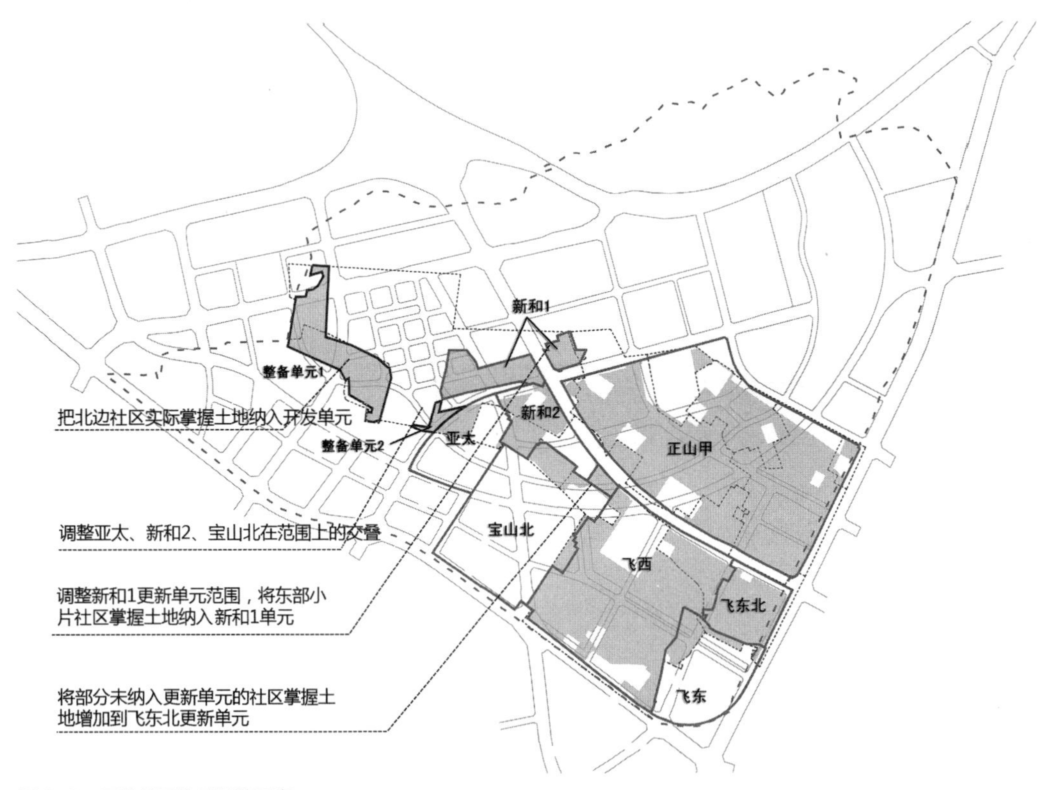

图 6-2　开发单元边界调整示意

识转换成规划内容，使规划具有更强的合理性及可操作性。

在空间布置上，协调不同开发主体，微调开发单元（图 6-2），做到社区实际掌握用地全覆盖，避免形成新的历史遗留问题；结合开发单元开发时序优先保障公共设施落地和居民安置，优化社区空间结构（彩图 6-1）；在不突破政策前提下，各单元统筹协调，在片区内为社区级股份公司争取支撑社区长远发展的物业资产。

（2）主动谋划，保障股份公司可持续发展的主动性规划

集体股份公司作为原农村集体经济组织继受单位，是社区发展的龙头，有资源、有能力、有需求争夺城市发展的话语权。在传统低端的土地和物业出租模式难以为继的现状下，本规划着眼于长远发展，抢抓中心区开发契机，主动谋划社区经济发展。首先，通过建立社区用地台账，盘点股份公司物业资产，摸清社区家底，充分认识自身价值，为解决社区土地历史遗留问题、股份公司谈判提供数据支撑。其次，整合小组股份公司愈 30 万 m^2 的分散物业，集聚资源要素，便于股份公司做大做强。最后，主动对接社区经济和中心区产业，“借东风”实现股份公司从“输血”到“造血”，为股份公司注入可持续发展动力。借力返还物业开展物业租售管理巩固物业经济，联

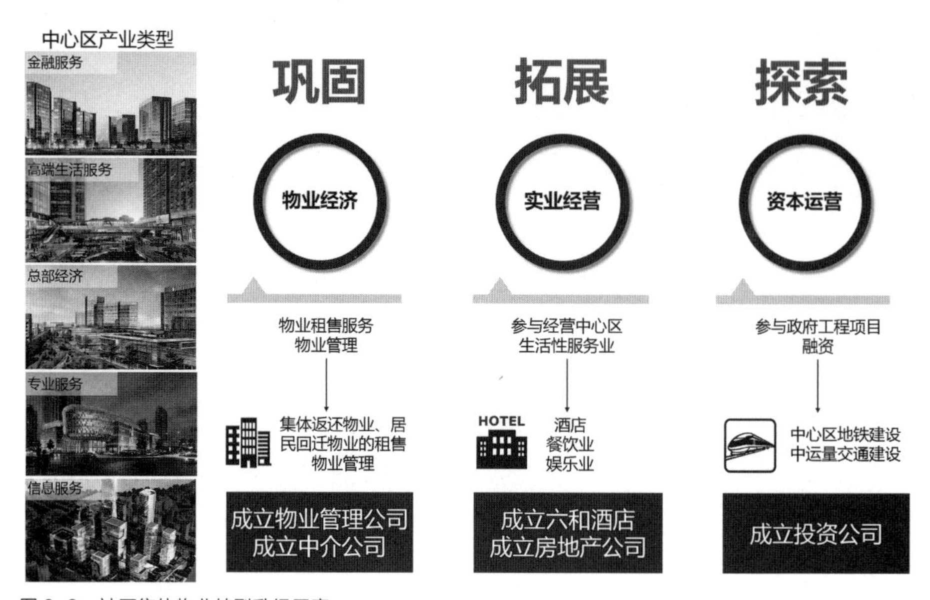

图 6-3 社区集体物业转型升级示意

手开发商参与中心区生活性服务业拓展实业经营，参与中心区地铁建设投资探索资本运营（图 6-3）。

（3）融合空间、土地、经济、社会、文化等多视角的综合性规划

相较于传统规划，社区规划是多学科合作的综合性规划，本规划采用多规合一的编制思路，不局限于物质空间，从社会治理、社区服务、文化保护等视角为社区发展提供思路，拓展了城市规划的社会学内涵（彩图 6-2）。如社区公共服务设施以单元改造后人口规模、服务半径和功能类型为基本依据进行合理配置。同一级别功能和服务方式类似的设施集中设置，形成高效多功能的公共服务中心。同时引导差异化的资源配置，丰富服务内涵，提升社区居民的归属感。

值得一提的是，为在二次开发中留住记忆与乡愁，项目组前后历时一个月对社区进行扫地式摸排，以影像形式对社区现状和改造过程进行全记录。除了记录街景、建筑风貌，创造性地记录市井生活方式和民风民俗，还邀请村里老人口述历史，拍摄照片万余张，视频百余部，作为珍贵的影像留存见证社区发展。

（4）全过程参与，动态调整的过程性规划

创新社区规划编制方法，从重视成果质量转向推动规划过程，由“送成果下基层”转变为“送过程下基层”（彩图 6-3）。为了更好地服务社区，项目组同时承担社区规划师职责，从 2013 年至今扎根社区，采取“长期跟踪，定期问诊”手段，建立“编制—

反馈—调整—实施”机制，根据社区反馈不断修正和完善方案，协调解决社区面临的各项发展问题。

（5）社区主导、公众参与的社区发展规划

项目是政府委托、社区主导的新尝试，创造了一个社区和相关规划对话的平台，社区得以充分发声，由政府来买单。在项目过程中，项目组先后对街道、社区工作站、股份公司、居民、开发商等主体开展了多次访谈，针对有物业居民和租户设计了调查问卷，通过多方主体参与，明确各自利益诉求并跟进解决；多次召开社区现场工作会、规划咨询会对社区居民进行规划宣讲和咨询答疑；与社区共同研究社会民生、产业改造、开发模式，回应社区居民关注的安置、上学、买菜、就业等问题；以宣传册和展板的方式对社区进行规划宣传，通过生动、通俗易懂的语言讲述六和社区规划与实施，为社区改造增信。

6.1.4 规划实施成效

为社区解决空间、经济、民生等方面的现实问题并提供持续服务，得到六和社区、街道办、坪山区的广泛认可和推广。研究成果自批复以来，制定的多项内容已经得到落实，具体如下：

成效一：提出的近期重点行动项目得到落实

六和社区进入拆迁建设阶段，提出的2个更新项目，18条道路，2个学校，1个文化配套已完工或在建。部分重点民生项目纳入区“民生微实事”“百姓点菜”“惠民工程”等工程并落实社区健身路径（器材）安装、风水塘护栏修护、巷道路灯安装等共计38项。社区面貌即将焕然一新，民生诉求得到解决，居民安居乐业（彩图6-4）。

成效二：协助社区把发展意图融入法定规划

协助社区把安置诉求、集体经济发展意图、公配设施要求等融入更新单元规划，促进社区和开发商、政府达成共识，目前4个更新单元规划获批（彩图6-5），进入实施阶段。在此基础上，调整优化社区用地布局，为法定图则的动态修订提供依据，目前《深圳市坪山中心区法定图则》已通过图则委审议。

成效三：为社区争取用地权益、政策扶持和资金扶持

通过多项目统筹，落实社区级股份公司发展所需的物业，解决社区股份公司“无地发展”的困境；协助小组股份公司制定转型发展方案，获得区政策和资金扶持；协助股份公司成立物业管理子公司；协助社区和开发商完成三方协议的签订。

成效四：为“六和·印记”客家民俗文化展览馆提供珍贵资料

社区拟成立“六和·印记”客家民俗文化展览馆，项目组所摄的记录社区现状街景、

建筑风貌、民风民俗、口述历史、市井生活方式等万余张照片。百余部视频将成为展览馆的珍贵资料（彩图 6-6）。

成效五：指导社区规划在坪山全面铺开

本规划作为坪山第一个由社区主导编制的社区规划，从工作框架和技术方法上为社区规划在坪山全面铺开提供了经验。此后，陆续开展了《江岭社区发展规划》等一系列社区规划。项目组后续继续承担《六和社区三年发展规划（2016—2018 年）》项目的编制工作，重点聚焦于社区近三年的发展目标和行动计划，以项目为抓手促进规划实施，促使六和社区“一年一个样，三年大变样”。

六和社区转型发展是“半城镇化”社区二次开发过程中主动转型的典型范例，完整展现出关系复杂的各方主体从利益博弈到达成共识的全过程，对深圳市大量改造动力强劲的“半城镇化”社区转型发展具有一定借鉴意义。

6.2 覆盖全域的社区发展规划编制探索
——以深圳市坪山 23 个社区发展规划为例

本节基于深圳坪山全域 23 个社区发展规划的编制研究工作，系统梳理社区规划编制内容和工作模式，提出了以党建工作为核心，以抓基础设施建设为重点，以发展社区服务为龙头的工作思路，涵盖了经济转型、城市建设、社会管理、居民自治、环境治理等规划内容，对于提升社区的公共服务能力，推进特区一体化，实践新型城市化建设有着重要意义。

“社区”一词最早来源于德文中社会学的概念，普遍得到认同的关于社区的解释是以一定地理区域为基础的社会群体。社区作为社会环境的基本构成单元，是社会大系统的微缩形态。社区居民是该基本单元中的核心元素，构建完善的社区发展体系则是服务于社区居民最重要的一环。

从标准的城市规划体系来看，社区规划是城市总体规划的重要补充，而后逐渐形成独立的社区规划理论体系。以往的规划编制思路是基于空间、由政府主导的自上而下的编制模式，在基层、公众参与等方面有所缺失。为寻求社区发展路径、盘活社区沉淀资产，基于社区突出特色，本项目系统编制坪山区 23 个社区的发展规划，以聚焦于经济发展、城市建设、环境改善、民生保障、社会治理等多层次，城市规划和社会学相融合的自下而上的社区发展规划。

6.2.1 坪山区社区发展概况及规划编制背景

坪山区从 1993 年龙岗区的两个镇经过大工业区、卫星城、城市副中心等阶段发展成为行政区，管理人口逐渐增加、建设用地范围逐渐扩大、产业层次逐步提升。自 2016 年成立行政区以来进入了快速发展阶段，经济社会发展全面提速，优势产业格局初步形成，发展活力不断增强，城市品质明显改善。

（1）集体经济水平稳定，以“出租经济”为主

坪山区共 23 个社区，居民小组 166 个、居委会 8 个、社区级股份公司 15 家、居民小组级股份公司 64 家。社区集体收入主要依靠物业出租，两级股份公司物业总占地面积约 149 万 m^2，总建筑面积约 245 万 m^2，其中工业厂房出租面积约 227 万 m^2，占比高达 92%；商业出租面积约 18 万 m^2。目前出租空置率仅为 1%，厂房租金在 9 ~ 12 元 /m^2 之间，商铺租金在 10 ~ 30 元 /m^2 之间。

（2）基层管理工作复杂

深圳属移民城市，外来人口占比很大，而坪山同样面临人口严重“倒挂”问题，给社区管理带来巨大压力。现有人员配置难以满足大规模人口管理的需求。以六联社区为例，社区工作站专职编制员 11 人、临聘编制员 11 人、计生专干 16 人、自聘人员 8 人，总共 46 名工作人员需为社区辖区内 35000 人（其中 90% 为外来人员）服务，平均每名工作人员需服务 761 人，服务对象之多、服务内容之杂，导致社区管理机构严重超负荷运转。

（3）土地再开发意愿强烈

土地是社区最重要的资产，土地的经济效益决定了社区经济发展水平，是社区经济转型的重要依托。土地二次开发作为改造和整治城中村直接有效的手段，目前主要模式是城市更新、“整村统筹”土地整备。沙田社区是依托整村统筹来完成快速转型发展。

（4）公配体系优化空间大

目前通过政府投资建设的教育、文体、医疗卫生、市政等设施逐渐完善，但由于历史上建设“欠账”较多，各社区的公共配套设施、市政基础设施仍停留在社区级别，小且分散，整体优化完善、后续管理提升空间大。

（5）社区规划编制背景

社区发展规划是为了有效地利用社区资源，合理配置生产力和城乡居民点，提高社会经济效益，保持良好的生态环境，促进社区开发与建设，从而制定比较全面的发展计划。其在实现社会全面进步、实现人的全面发展、实现经济社会的可持续发展等方面发挥着巨大作用。

本项目编制工作由坪山区发展和财政局统筹，各社区组织实施，直接委托研究中心

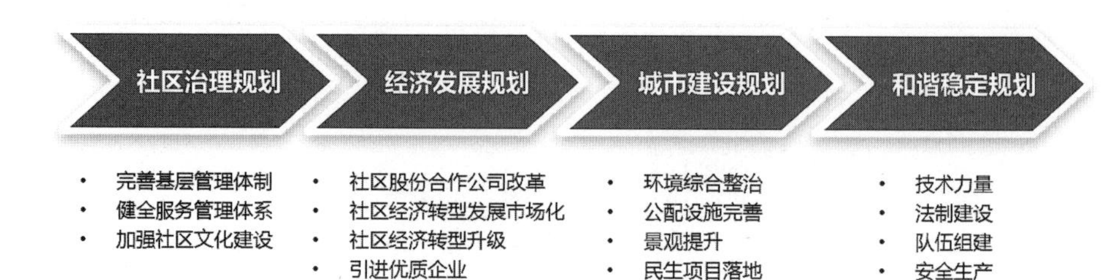

图 6-4 社区发展策略规划内容

作为编制单位。自 2016 年 3 月正式启动，各项目组开展了一系列社区调研和访谈活动，积极进行现场踏勘，及时了解社区诉求，对社区基本情况、土地权属、各类规划、建筑物现状等进行了梳理。4 月，深入分析社区发展特点，结合社区实际，进一步明确社区发展目标，梳理社区三年规划发展项目库，并于 5 月份撰写完成规划文本、研究报告初稿。为充分反映社区发展诉求，通过发函征求意见、专题汇报等形式与社区进行了多次沟通，并征求了协调办公室意见，按反馈意见对成果进行优化调整、深化完善，于 6 月份形成了送审成果。

表 6-1 计划项目库内容（以六联社区为例）

大类	小类	序号	项目名称	项目概况	总投资额／万元	201 资
社区主导型（2 项）	产业园区（1 项）	1	丰田工业园	位置：锦龙大道与金碧路交叉路口西北；用地规模：9.17 万 m^2；现状：工业为主	40000.00	[illegible]
	文体设施（1 项）	2	丰田文化广场	金坪路以北，临近锦龙大道；现状为旧民居、林地、水池；新建项目	170.25	
新区主导型（11 项）	规划类（1 项）	1	编制六联社区规划	六联社区范围目前主要涉及五处法定图则，[宝龙东 – 新布地区]、[坪山坪环地区]、[沙湖地区]、[碧岭地区]、[坪山中心区] 发展单元规划	50.00	
	文体设施（5 项）	2	世界厂小学	洋岭路与向阳路交汇处；现状为厂房；新建 36 个班	2400.00	[illegible]
		3	六联小学	联旺一街；现状为小学；扩建 24 个班	403.20	[illegible]
		4	六联社区公园	坪兰路与联侨路交汇处；现状为水域、林地、菜地；新建项目，占地 2.99hm^2	1097.50	[illegible]
		5	六联体育场	坪兰路与瑞联路交汇处；现状为林地、菜地；新建项目，占地 9922m^2	297.66	
	道路（5 项）	6	坪联路	次干道；长 884m, 宽 26m；续建项目	3600.00	[illegible]
		7	金碧路	次干道；长 5500m，宽 26m；改建项目	44000.00	[illegible]
		8	联创路	次干道；长 1053m, 宽 26m；新建项目	8200.00	[illegible]
		9	坪兰路	支路；长 1310m, 宽 15m；新建项目	5517.00	[illegible]
		10	联坪路	支路；长 1378m, 宽 16m；新建项目	2684.00	[illegible]
	储备地（1 项）	11	国有储备地	位于规划东城路两侧	255.00	

6.2.2 社区规划编制思路

（1）深调研，找问题。通过部门调研、居民访谈和现场踏勘等途径，全面、深入摸查社区人口结构、组织体系、经济指标、民生服务、城市建设等基本现状，总结分析社区存在问题（彩图 6-7），如空间开发管控、建设用地紧缺等土地问题；社区意愿与上位规划定位冲突等规划问题；缺少公用停车场、乱停放现象严重、社区实际管辖范围与社区边界管理线不一致等城市管理问题；社区厂房转型难、扶持少等经济转型问题。

（2）辨特色，立目标。根据社区的突出特色和存在的特殊问题，将社区分为五类进行差异化规划研究（彩图 6-8）。综合分析社区发展态势、社区发展诉求和上位规划，明确社区发展定位，合理确定社区近中远期发展目标。

（3）构路径，定规划。从党群建设、经济转型、城市建设、社会管理、安全维稳等多方面提出发展策略（图 6-4），创新社区治理模式、构建发展路径。

（4）列计划，落项目。制订年度计划（表 6-1），以社区主导、社区协助两类项目落实规划要求，确定实施主体、资金来源、工作进度等内容，形成社区发展的重要落脚点。

工作内容	2016 年资金安排	资金来源	牵头单位	建设单位	备注
建，招商引资，引入端技术产业	编制项目建议书并进行立项申报	社会投资	社区	待定	
—	编制项目建议书并进行立项申报	政府投资	社区	建设管理服务中心	
社区规划研究	编制项目建议书并完成规划研究项目立项工作	政府投资	中心区开发建设办公室	待定	
规划阶段	完善用地手续及前期施工设计	政府投资	公共事业局	深圳市花样年房地产开发有限公司	世界厂（花样年）城市更新项目
—	完善扩建部分用地手续及施工设计	政府投资	公共事业局	建设管理服务中心	
—	编制项目建议书并进行立项申报	政府投资	城市管理局	建设管理服务中心	
—	编制项目建议书并进行立项申报	政府投资	公共事业局	建设管理服务中心	列入《坪山新区“交通建设大会战”重点建设项目》
正在施工	完成总工程量的 70%	政府投资	建设管理服务中心	建设管理服务中心	
正在施工	完成总工程量的 30%	政府投资	发展和财政局	建设管理服务中心	
前期研究	编制项目建议书并进行立项申报	政府投资	发展和财政局	建设管理服务中心	
前期研究	编制项目建议书并进行立项申报	政府投资	发展和财政局	建设管理服务中心	
前期研究	编制项目建议书并进行立项申报	政府投资	发展和财政局	建设管理服务中心	
闲置储备地	完工	政府投资	土地储备办		

6.2.3 社区发展规划编制亮点

研究范围的全覆盖——全面覆盖，无缝衔接。研究范围是坪山区 23 个社区，全覆盖坪山区所有行政范围，实现了空间范围的无缝衔接，为全面权衡区与社区、社区与社区的空间诉求提供条件。

规划内容的综合性——综合发展，经济为本。兼顾了社区发展的空间、经济和社会属性，形成了以经济发展为核心，涵盖社区治理、经济发展、社会发展、城市建设等多方面的综合发展规划（图 6-5）。

规划编制模式的新探索——社区主体，公众参与。采用了以社区为编制主体的“自下而上”的规划编制方式，建立社区规划、实施、管理长效机制，财政和政策支持等。充分注重公众参与，强化公众参与（图 6-6），通过调研社区工作站、两级股份公司、社区居民等基层组织和公众代表，使得在规划成果中充分体现社区诉求、公众意愿。

规划工作的新思路——突出特色，差异规划。以区位分析、自然条件与自然资源评价、城市化与经济基础、社会与科技发展分析、生态环境分析等作为评价因子（图 6-7），明确社区发展的优势条件与制约因素（表 6-2），将社区分类后进行差异化研究。

表 6-2 坪山区 23 个社区类型

类型	优势	制约因素	规划重点和策略
生态型社区	生态本底良好； 丰富的自然景观资源	大部分位于控制线内； 建设用地短缺； 人口较少，以原村民为主	平衡生态保护和经济发展； 用地清退、置换
半生态型社区	部分用地划入生态控制线内； 世居等历史文化痕迹	控制线外建设用地较多	将生态资源优势和经济发展有机结合； 保护性利用； 微更新 、综合整治
过渡型社区	较多新增土地开发	社区功能混杂，居民职业构成复杂，服务配套设施落后，社区组织和分工体系尚不完善，产业形态低端	自身资源深度挖掘； 争取政策、资金扶持； 引进知名企业和重大项目； 品质提升
城市化社区	区位优越， 基础设施相对完善； 二次开发市场动力强	建成度高，开发难度相对较大	品质提升； 城市更新项目的推进、拆迁安置房的分配、二次开发后股民的就业，以及重建过程中社会文化的保留与传承等问题

规划落实的实践性——面向实施，项目落地。以“宏观引导、底线管制”作为新思维，实现了“多规融合”，即以综合发展规划、国民经济与社会发展“十三五”规划等上位规划为宏观引导，结合法定图则、产业空间发展规划等为底线管制，考虑社区诉求，

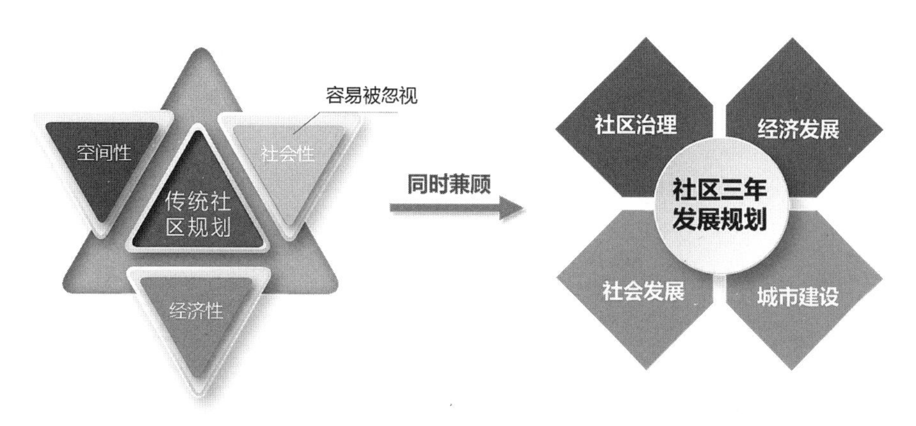

图 6-5　规划内容

____社区发展规划　调查问卷

尊敬的受访者：

您好！[illegible]

第一部分：基本情况

第二部分：关于公共服务设施

调研问卷

坪山新区社区三年发展规划编制访谈提纲

为推动社区发展，按照《新区领导挂点社区、办事处领导驻点社区工作方案》（深坪办函[2015]88 号）相关工作安排，开展社区发展三年规划（2016-2018 年）编制工作。

社区发展三年规划是社区经济和社会发展的战略性、纲领性、综合性规划，对于推动社区全面协调发展具有十分重要的意义。为了切实解决社区存在的问题，使规划符合社区实际、反映居民真实诉求、可实施性强，达到促进社区发展的目标，开展本次调研访谈。访谈提纲如下：

一、社区管理

（一）社区组织建设（居委会）、社区工作站管理等

1. 目前社区居委会工作人员的构成是怎样的？流动人口是否有参与到社区治理的渠道？

2. 居委会主要从事哪些工作？

3. 居委会办公场所、工作经费及人员津贴来自哪里？是否获得股份公司支持？

4. 居委会与党委、工作站、股份公司是否存在交叉任职？对协调解决社区工作是否有影响？

5. 社区工作站的组织架构是怎样的、承担哪些职能？

6. 社区工作站站长及工作人员来自哪里，是否有编制？是否有非户籍人员到工作站工作，比例如何？

7. 工作站与社区党委、居委会的关系是怎样的，人员上是否存在交叉任职，有没有需要协调解决的问题？

调研提纲

社区诉求一览表

图 6-6　公众参与本规划的多种形式

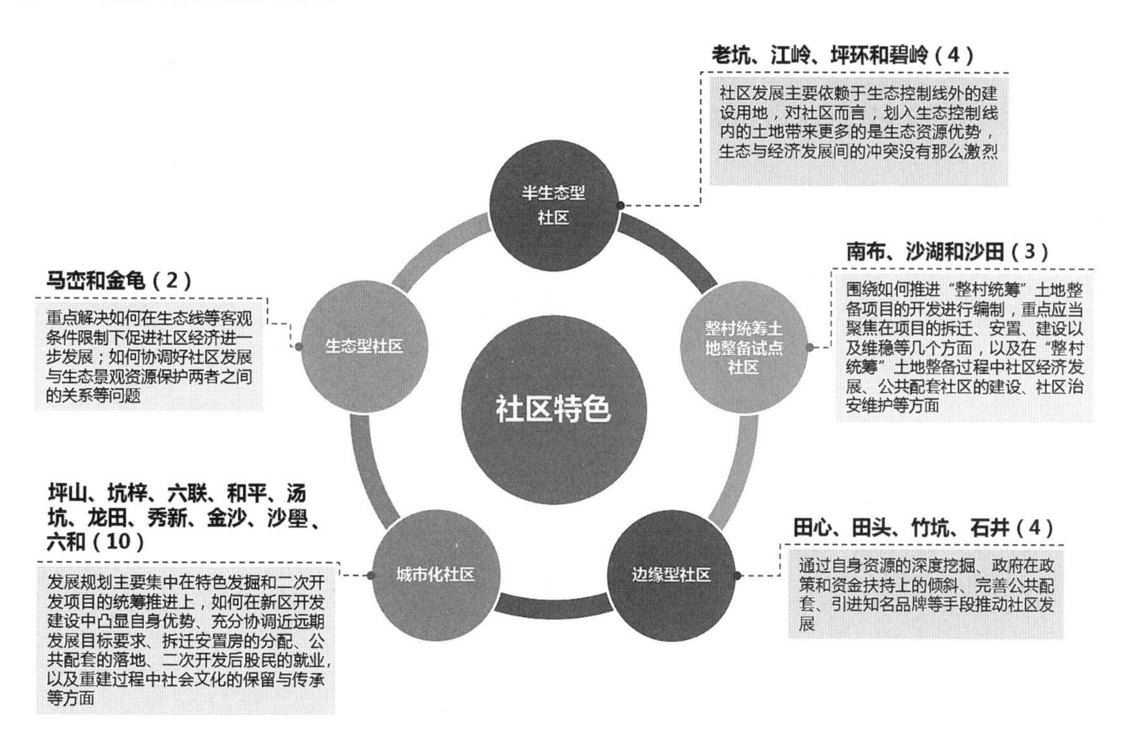

图 6-7　坪山区 23 个社区具体分类及发展思路

以项目的形式落实社区发展空间规划，实现了社区发展空间上的“多规融合”，最终实现社区经济、城市建设、产业和生态建设的协调发展。

6.2.4 规划实施成效

对社区现状和未来蓝图有更全面的了解和更好的引领。经过社区现状调研，掌握了各社区的非农、资产、人均分工、二次开发项目等情况，对社区现状有了更全面的认识，对社区发展现状、未来蓝图起到更好的引领作用。同时社区三年发展规划有效地利用社区资源，提高社区经济效益，保持良好的生态环境，促进社区开发与建设，为社区发展指明方向，为社区谋求利益提供重要手段，为社区保持经济活力提供路径。

统筹协调社区基层与新区发展诉求。本规划统筹协调社区基层与新区发展诉求，一方面向新区反映社区合理诉求和发展意愿，并对相关规划提出修正要求；同时，也根据新区发展诉求，合理明确社区发展方向，说服社区配合城市建设，真正实现社区和新区的协同发展。

部分规划项目已得到落实。一是提出的社区协助的建设项目已列入《坪山新区 2017 年政府投资项目计划》中。二是提出的社区主导类民生项目通过“百姓点菜”“政府买单”及“民生微实事”等途径得到解决。

部分社区发展意愿已被纳入相关规划研究项目，是其他规划研究项目在土地利用、空间布局、城市建设等方面的重要参考。如社区发展意愿已被纳入在编的《坪山区综合发展规划》；社区的城市建设规划，已被纳入在编的《坪山老中心区统筹规划及实施方案》《汤坑片区统筹规划及实施方案研究》《龙田片区统筹规划》《沙壆片区统筹规划》等一系列片区统筹规划中。

社区城市管理水平得到提升。社区发展规划中提出的基层党建提升类项目、安全维稳类项目、城市建设类项目，很好地体现了 2016 年“城市管理治理年”的精神，社区以项目为抓手一一落实，城市功能、品质、形象和基层治理能力得到大幅提升，基本实现“十三五”良好开局。

6.2.5 总结

社区规划是一项涉及社会学、城市规划、地理学、经济学、管理学等多方面的综合性规划研究，是构建新型社区治理体系、促进社区股份合作公司转型发展、强化公共服务管理的客观需要。

在此基础上，探索和实践建立了社区发展规划体系，并以深圳坪山区 23 个社区为案例，在摸清现状、研判发展形势到制定发展目标、策略及实施计划的编制工作模式下，对社区进行全方位、多层次规划，力求推动社区转型发展，并能对社区规划体系的完善建立起到积极作用。

6.3 深圳坪山龙田社区发展规划

近年来，深圳市在特区外开展的完全城市化的改革行动催生了特区外原农村地区社区的产生，《深圳市社区建设工作试行办法》的印发标志着深圳市全面开展社区的管理建设。然而，在深圳市快速城镇化推动经济发展的大环境下，在特区外产生了大量的原农村不完全城镇化的社区，这些社区大部分都出现了人口倒挂现象、集体经济单一、产业效益低、空间形态破碎等，阻碍了社区的转型发展。为寻求原农村社区转型发展路径，本节试图以坪山区龙田社区为例，聚焦原农村社区的经济产业发展、空间功能结构构建、道路学校等基础设施建设、历史文化发展等，为存量背景下大都市边缘区原农村发展提供有益借鉴。

6.3.1 龙田社区发展概况及困境

龙田社区位于坪山区坑梓街道办事处西北部，东与惠阳区秋长镇一河之隔，南至深汕公路，西、北与龙岗区坪地街道毗邻，社区范围 9.23km^2（彩图 6-9）。距离惠州南站 14km，盐田港 26km，深圳市区愈 40km，广州市区 125km。深汕高速公路、城市主干道深汕公路从其东南部穿过，现状龙兴路贯穿社区东西部，为联通坪山至坪地的道路之一。

龙田社区总人口约 4.63 万人，其中常住人口 4.36 万人，常住人口中的户籍人口 0.25 万人；青壮年人口 3.38 万人，占常住人口总数 78%；老年人口 0.1 万人，老龄化率为 3%。

社区产业规模小，以五金、家具、塑胶制品等类型为主。产业经济以第二产业为主，缺乏龙头企业带动，以家具制造、五金塑胶制造等类型企业为主，规模小、产值低、零散分布于社区，并未形成大的规模效应。同时，目前社区内所引进的产业类型与新能源汽车产业及其相关领域均没有产生较大关联，为适应未来形势发展，龙田社区进行产业类型及结构调整任务重。

社区公共设施配套体系完善，优化提升空间较大，主要呈现以下特征：教育设施不能满足现实需求，现有医院等级低，技术力量薄弱，商业设施层次低，现有商业设施较为滞后，服务能力较差，业态低端，环境杂乱。

在深圳“东进战略”推进下，坪山区的区位价值得到大幅度提升，龙田社区作为国家级新能源汽车产业基地及坪山高新区的重要组成部分，通过新能源产业的发展带动龙

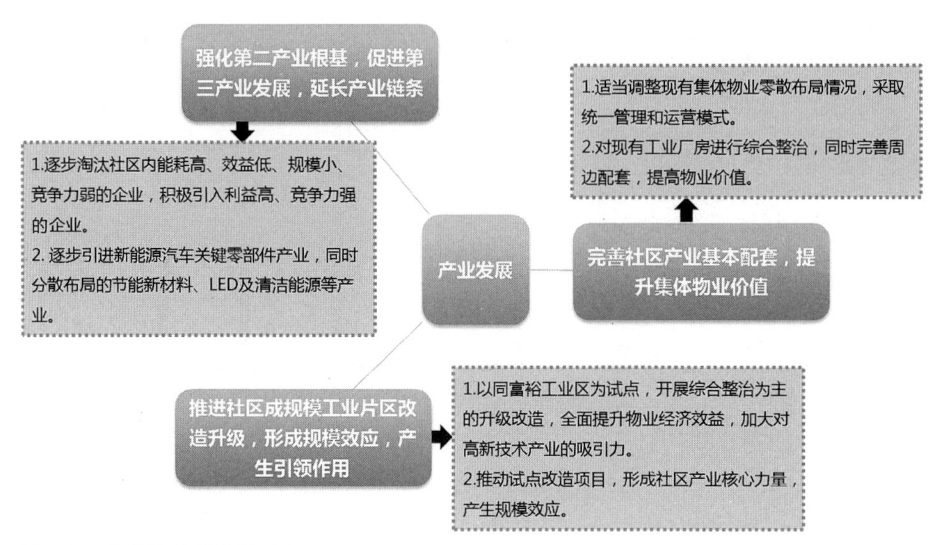

图 6-8 龙田社区产业发展思路

田片区城市综合发展是必然趋势。然而，龙田片区现状的产业结构与产业用地空间明显已不能适应区域的发展要求。

就目前龙田社区的现状条件看，主要有以下三个表现：一是依托新能源汽车产业基地，未来发展的外部推动力较强；二是产业基础薄弱，集体经济依赖性大，社区经济亟须转型发展；三是公共管理和服务层次不高，有待提升。基于现状分析，对于龙田社区的发展道路提出以下三个问题：一是如何使社区的总体经济保持“稳中求进”的发展？二是如何统筹社区公共设施配套建设，进一步提升社区品质？三是如何能够提升社区管理服务水平？

6.3.2 龙田社区发展规划主要内容

作为新能源汽车产业基地的生产制造片区之一，龙田未来将作为新能源汽车产业基地生产生活配套服务片区，逐步转型发展为社区管理体系完善、产业经济发展多样化、公共配套服务全方位、社区氛围活力和谐的新型现代社区。

龙田社区力争三年内逐步建成具有完善的管理体系、多样化的经济发展、全方位的公共配套服务，和谐健康的社会和人文氛围的新型、现代、高品质社区（彩图 6-10）。

（1）产业空间集成是龙田发展主调

龙田社区产业经济调整与转型发展将成为社区发展的主要抓手（图 6-8），强化第二产业根基，促进第三产业发展，延长产业链条。一方面逐步淘汰社区内能耗高、效益低、

图 6-9　龙田社区交通模式

规模小、竞争力弱的企业，积极引入利益高、竞争力强的企业。集体物业中有 14% 左右将在两年内到期，需对不符合需求的产业进行逐步淘汰。另一方面积极落实新区关于新能源汽车产业基地发展战略以及新区产业发展名录，优先租赁与新能源汽车相关的关键零部件、节能新材料、LED 及清洁能源等产业。

推进社区成规模工业片区改造升级，形成规模效应，产生引领作用。一方面以社区内成规模工业片区（同富裕工业区升级改造）为试点，开展关于升级改造的相应研究，制定方案。另一方面推动试点改造项目，形成社区产业核心力量，产生规模效应。

完善社区产业基本配套，提升集体物业价值。一方面适当调整现有集体物业零散布局情况，采取统一管理和运营模式，对现有工业厂房进行综合整治，同时完善周边配套，提高物业价值。另一方面，通过土地二次开发，置换集体物业，提升综合价值。

（2）交通格局架起龙田发展动脉

立足于深圳“东进战略”，提升龙田社区区位条件，着力配合推进高 / 快速路、城市次干道等交通系统建设，构建更加完善的交通路网格局，推进与周边地区的快速联通，改善社区出行环境（图 6-9）。

配合区相关部门完成绿梓大道（北段）、外环高速龙田段建设工作，争取两年内完成建设工作，连通社区外围高 / 快速网，形成快速交通环线，分离过境交通。协助区相关部门完成龙兴路、龙田路、宝龙路、吓龙路等 5 条城市主、次干道的征收拆迁工作，争取一年内完成建设工作，并基本建成“五横四纵”主干路网（彩图 6-11）。争取向区相关部门申报并完成公墓路硬底化全覆盖工程。

（3）配套建设激活龙田发展细胞

以改善社区内民生基本设施为重点，逐步落实公共配套设施建设，加快提升综合服务水平，为社区居民提供更加优质高效的公共服务（彩图 6-12）。重点推进龙田小学改扩建、社区健康服务中心等项目。逐步落实城市更新项目的公共配建设施，包括幼儿园、新兴小学、肉菜市场等，为社区居民提供便利的生活环境。优化社区内其他公共设施，包括龙湖综合市场、大窝社康中心、石陂头社区公园等，创造优质的社区环境和品质。

（4）环境氛围铸就龙田发展情怀

保护优先，适度利用，分级分类有针对性地制定保护和发展策略。龙田世居作为省级文物，延续原有的功能，以体现其原汁原味古色古香的历史氛围，延续历史文脉，传承和弘扬地方文化。其他世居及祠堂在延续原有功能（如祭祀）基础上，可引入社区文化功能，如社区图书馆、老年人文化活动室、青少年活动室等，激活古建筑活力。鉴于目前的使用状况，建议采取日常保养、防护加固、现状修整、重点修复等措施。远期在保证文物安全和真实性的前提下，对其进行改善时进行内部装修的改变，再进行功能植入。

6.3.3 规划实施成效及启示

（1）制定三年行动计划作为社区管理重要抓手

通过建立不同项目实施主体的行动项目库，包括社区主导和社区协助两大类，每一类均从基层党建、经济发展、城市建设、和谐稳定四方面列明项目，并从项目名称、项目概况、建设性质、用地面积、投资规模、实施时序及工作安排、责任单位、协助单位等进行详细说明。龙田社区三年行动计划共梳理出 47 个项目，其中包含社区党建类项目 5 个，经济发展类项目 7 个，城市建设类项目 29 个，社会管理类项目 5 个，社区安全类 1 个，各类项目根据归口管理和职责分工，在规划中确定责任单位，负责项目的进度跟踪与报送、问题梳理与协调工作。

（2）加速龙田社区各种基础设施建设

龙田社区的发展有目共睹，外环高速、绿梓大道的建设及设计方案的加速推进，以及龙兴路的改扩建工程极大地提升了社区的交通优势，优化了社区的交通环境。

社区内新兴街城市更新项目的开工建设将为社区综合环境的提升打下极好的开端，幼儿园、新兴小学等公共配套设施的建设也加固了社区的软实力。

依托中龙屠宰场提供围绕“新鲜屠宰”特色的一系列餐饮等配套服务，形成了具有地方特色餐饮文化的亮点工程，打开了社区的社会知名度（彩图 6-13）。

（3）对不完全城镇化社区发展的启示

本项目编制工作由坪山区发展和财政局统筹，各社区组织实施，直接委托研究中心为编制单位。自 2016 年 3 月正式启动之后，相继开展了一系列社区调研和访谈活动，积极进行现场踏勘，及时了解社区诉求，同时深入分析社区发展特点，结合社区实际，进一步明确社区发展目标，梳理社区三年规划发展项目库并形成项目成果。

坪山是深圳东进的重要节点，龙田社区作为坪山的北部门户，未来势必要承接坪山乃至深圳的生产制造发展。本节聚焦了原农村社区的经济产业发展、空间功能结构构建、道路学校等基础设施建设、历史文化发展等，为存量背景下大都市边缘区原农村发展提供有益借鉴。

下篇　规划实施机制

第 7 章　从规划编制到实施推进

城市规划编制到规划实施是一个动态且连续性的实践过程。规划编制的每一个工作环节都与规划实施密切关联。本部分以研究中心所承担的相关规划实践工作为例，从人员配置、数据储备、规划编制、实施推进等方面，总结阐述研究中心如何推进、保障规划落地实施的机制。

7.1 高素质的人员和技术储备

7.1.1 多元完备的数据库

研究中心立足坪山，深耕坪山规划十余年，掌握了坪山不同时期不同专题的海量数据，构建了航拍、GIS、社会经济等基础数据库，涵盖地籍、建筑、人口、交通、经济、相关规划等专题。跟随着坪山城市发展与建设的步伐，数据库适时更新、不断完善。项目团队在规划项目的前期调研、中期编制、后期评估中可以按需调取数据。

研究中心多次聘请专业公司对坪山全域进行了高精度航拍，构建了内部共享的 360° 卫星影像数据库（彩图 7-1），定期更新，拥有高质量的画质和色彩呈现，满足高标准作图要求，高精度展现坪山城市现状。依托深圳市规划和自然资源局的规划“一张图”系统平台及坪山局业务工作，研究中心收集整理了坪山区的自然和城市 GIS 数据，包括各类控制线、建筑普查、地政地籍、山水本底、路网轨道等多类型、多时空层面的数据。此外，在专项规划中，研究中心项目组经过翔实的田野调研，收集整理了坪山全域的停车场台账、地名等专项数据库。

多元完备的基础数据作为重要工作基础，有力支撑了各类型城乡规划的编制，如在编的国土空间分区规划，逐一摸清了全区各地块用地权属和规划性质变更。强有力、精而全的现状数据有助于发掘核心问题，有助于形成契合实际、合理科学的规划方案，也有助于提高团队工作效率，减小数据收集和沟通调动的阻力，推动项目编制的针对性和实施的落地性。

7.1.2 稳定的人员配置

研究中心成立于 2020 年 4 月，系原深圳市坪山区规划国土事务中心改革调整后的承接事业单位，致力在城市规划建设管理和自然资源保护利用等方面加快推动发展战略、规划计划、法律法规、政策措施等的研究转化运用，为城市和区域发展、经济社会发展、空间规划布局、自然资源、公共服务等领域提供专业技术支撑，努力在城市发展中发挥参谋智囊、专业支撑、技术服务的作用。

目前，研究中心下设行政部、规划研究部、土地研究部、公共项目研究部、城市更新研究部 5 个部门，员工 70 余名，其中 70% 以上的专业技术人员具有高级、中级以上职称或硕士及以上学历，专业涵盖城乡规划、土地管理、人文地理、市政交通、城市设计、土木工程、地理信息、遥感测绘等。

研究中心自成立以来，核心员工构成十分稳定。主任、部长、项目负责人层面的骨干成员很少变动，90% 以上的负责人在岗位任职超过 5 年。在这样一个稳定的团队引领下，研究中心始终保持服务城市发展建设、从实际需求出发、面向规划实施的理念，有序推动相关规划的编制及实施。

7.1.3 技术和业务能力培训

研究中心十分重视团队建设，积极开展技术人员的技术和业务能力培训，其中重要的手段包括定期技术会和人员培训。每周中心主任主持召开一次技术会，初衷来自三个层面：一是技术的把控，与会人员对每个设计项目进行自省自查；二是会前的分享和交流，紧跟大方向，及时梳理政策最新文件；三是项目进度的督办，每个项目需要上交进度表，研究中心按照相关进度进行排会，如果项目到规定的时间没有相关的成果就要进行督办。人员培训主要依托坪山讲坛，区、市局组织的会议，以及行业同行的资源。内容一般包括实用性的规划理念和相关政策的分享。以往参与的包括中国城市规划学会组织的规划年会、深圳市规划协会会议、注册规划师的相关培训等，每年都会安排中心人员前往参与培训。

研究中心也跟相关高校保持密切的学术交流与合作。在面对复杂的项目设计时，还会引入高校研究团队开展专题研究合作，结合已有学术研究成果和技术方法，在实践中更新理论，并用理论因地制宜解决相关实际问题。同时，研究中心还是深圳大学等高校的实习实践基地，建立了产学研结合的平台。

7.2 面向实施的规划编制

7.2.1 可实施性作为规划目标

在规划编制过程中，充分考虑项目的可实施性，以面向实施为目标进行规划。研究中心在规划编制工作中主要从三个角度推进项目落地。首先是技术路线的恰当研判和合理的目标设定。每个项目有不同的时代背景和实际诉求，因此规划思路和技术路线充分分析了时代背景和面临的问题。例如《坪山区综合发展规划（2017—2035）》就是这样应运而生的规划，在改革时代、湾区时代及创新时代的背景下，在先行示范、深圳东进的区位优势下，坪山需要新的定位、新的作为和新的空间支撑。项目围绕“中心职能、创新跨越、品质城区”三大目标，提出坪山新的战略定位和目标愿景。其次是结合规划方案，提出实施路径，这是规划落地的关键一步。在《坪山新区城市综合发展投融资规划》中，探索了政企合作（PPP）的实施路径，将区属融资平台转型为政企合作平台，整合运用城市更新、土地整备等开发政策，明确合作模式、盈利模式，联合社会主体进行片区综合开发。最后是结合规划方案和实施方案，提出实施管理保障措施。在落实《坪山新区综合发展近期建设规划（2016—2020）》时，就提出建立产业用地的预控管理机制，优化新区产业用地供应流程，并建立近期区域合作的协调机制。

研究中心作为基层服务单位，70%的规划项目为实施类项目，成果直接面向实施工作，因而可实施性既是规划工作的核心目标，也是检验项目质量的重要标准。在规划编制中，立足于发展背景，从解决实际问题出发，规划项目围绕可实施性目标，因地制宜提出发展定位、策略和规划方案，提出实施路径和机制，最后通过不同的手段落实到空间上。如《坪山区地名专项规划》完整地体现了这一过程。在编制前期聚焦于解决第二次全国地名普查中暴露出的无名、重名或不规范等各类地名问题，以指导坪山未来地名规划。在整个规划过程中突出实用性思路，与地名管理和相关使用部门多次对接，并根据地名的规划管控要求，形成了面向现状的地名梳理方案、面向规划的地名命名方案、面向近期实施的重点片区地名实施方案。在规划落实过程中，对不同要素提出刚柔并济的控制要求，例如区级地名（包括主次干道、区级公园广场等公共开敞空间）为刚性控制，提出具体命名方案，强调落实；区级以下地名（包括支路及以下、街道及社区级公园广场等公共开敞空间）为弹性调整，给出相应命名指引，强调指导；以弹性与刚性相结合的手段促进方案的落实。

7.2.2 深入的现状调研与问题识别

城市规划需要对城市的社会、经济、环境和技术发展等各项要素进行统筹安排，使之各得其所、协调发展。因地制宜是规划工作的重要特点，现状调研是规划的必要基础，没有扎实的调查研究工作，缺乏大量的一手资料，就难以正确认识对象，不利于制订合乎实际、具有科学性的规划成果。实际上，调查研究的过程也是城市规划方案的孕育过程，研究中心在工作中也高度重视这一点。

城市规划的调查研究工作一般有三个方面：现场踏勘、基础资料的收集与整理、分析研究。研究中心立足于坪山区，在掌握了丰富多元的数据基础上，再对每一个规划项目的开展现场反复调研，牢牢把握现状特征。通过针对性、问题导向的多次现场调研，采用包括实地踏勘、访谈、问卷调查等多样调研方式，分析总结场地核心问题和工作重难点。

实地踏勘是感知和翔实了解基地现状的直接方式。比如在坪山中心区法定图则修编工作的前期调研中，项目组通过划分若干片区，按时间计划用脚反复“丈量”了规划范围的土地使用、现状建筑及配套设施的情况。在撰写现状调研报告的过程中，对不明确的内容进行了专项的补调研，确保真正摸清现状。

城市是承载不同人群网络的空间，调研中进行访谈收集各方意愿，结合现状和多方需求识别关键问题。秉承“深调研，找问题”工作思路，在坪山全域的社区发展规划编制探索中，各项目组开展了一系列社区调研和访谈活动，积极进行现场踏勘，及时了解社区诉求（彩图 6-7）。通过部门调研、居民访谈和现场踏勘等途径，全面、深入摸查社区人口结构、组织体系、经济指标、民生服务、城市建设等内容，对基本现状进行了梳理，在此基础上撰写完成研究报告初稿。为了充分反映社区发展诉求，通过发函征求意见、专题汇报等形式与社区进行了多次沟通，并征求了协调办公室意见，按反馈意见对成果进行优化调整、深化完善。

问卷调查亦可为调研做坚实的支撑。基于存量规划的背景，项目组在编制新能源汽车充电桩布局规划前期工作中，调研了停车场和充电桩发展现状。范围涉及 144km^2、21 个社区，包括地上和地下共计 233 个停车场，收回问卷 213 份，建立了 1 个停车场信息台账。在教育设施专项规划项目中，通过 7000 份有效问卷（含纸质问卷、电子问卷）、2000 份不同居住建筑物入户调查报告（含深圳市坪山区、南山区、福田区）及 22 家规模以上企业学位需求调查报告，发现坪山区学龄人口比例高于全市平均水平，为优化学位配置标准进行了详尽的现状调研。

城市建设是一个不断变化的动态过程，规划所需的资料数量大、范围广、变化多，调查研究工作要经常进行，对原有资料要不断地进行修正补充。

7.2.3 协商式的规划方法

城市规划作为重要的公共政策，市民权利越来越得到重视，面临着如何协调多元社会利益诉求、维护多元利益平衡的问题。城市规划并非市场的对立物，而是保证市场有序运作的基本规则。因此，城市规划必须充分考虑市场的力量和市场的利益诉求。

存量规划时代空间资源紧约束，深圳已进入存量发展时代，以城市更新作为重要供地手段，规划必须考虑相关利益人的诉求，只有促成更新利益方达成共识，才能保障规划实施，研究中心的许多项目都开展“协商式规划”探索。协商式规划强调“规划要充分反映不同利益群体的社会诉求，平衡各方利益，通过充分的沟通和协商达成一致的认识”。

研究中心采取面向实施的规划“协商”工作机制。整村统筹试点工作最早在坪山开始，通过南布和沙湖两个“整村统筹”土地整备项目，深度实践“自上而下”与“自下而上”工作机制融合的规划编制新模式。整村统筹土地整备专项规划涉及部门众多，包含社区、规划国土部门、土地整备中心及街道办等多部门，通过多方、多轮沟通协商，逐渐形成并达成一致的规划方案。在整个土地整备工作过程中，规划师作为协调者，促进政府与社区在同一目标平台进行多次意见反馈、诉求表达，实现全过程规划协商。同时政府、社区及规划师等多方参与人员共同形成“领导—决策—监督控制—执行—实施及中介服务”多层级工作小组，明确职责分工，确保项目稳步推进和实施。这种协商式的规划模式有效地反映了“自上而下”和“自下而上”相融合的工作机制的优越性，达到事半功倍的效果。

规划是协调多方主体、平衡多方利益、促进规划实施的协调性规划。坪山在 “半城镇化”社区的转型探索中，以六和社区为例，规划指出多方利益分配未能达成共识是制约规划实施和社区转型的瓶颈，不明晰权益，规划实施受限，社区在经济、社会、产业等方面的转型更无从谈起。项目组先后对街道、社区工作站、股份公司、居民、开发商等主体开展了 30 余次访谈，针对有物业居民和租户设计了 2 套调查问卷并发放 450 份，通过多方主体参与，明确各自利益诉求。按照“公共设施用地优先，政府、社区、开发商等多方利益平衡”的原则，平衡各个主体之间的权益与责任，通过多方案情景实施模拟以确定最优方案，最终将多方共识转换成规划内容，使规划具有更强的合理性及可操作性（图 6-1）。

规划在编制和审批过程中伴随着大量的沟通、协商和对利益的博弈。容积率、配套设施等规划条件是开发商、村集体、规划团队和政府主管部门“协商”后达成共识的结果，市场和政府共同成为规划的决策方，这种方式体现了协商式规划的含义和意义所在。

7.2.4 综合考虑资金和利益

在项目规划编制过程中，综合考虑资金来源、利益分配等内容，保障项目的可实施性。缺乏政府及市场的资金投入，再好的规划设想也无法实施。各方参与主体利益分配未能达成一致，也会导致项目编制审批时间过长，最终影响项目的实施。如何更好地统筹各方利益、实现共赢，也是推进规划项目落实的重要方面。研究中心已有案例从两个角度开展探索，一是项目建设及运营引入投融资规划，二是城市更新和土地整备项目考虑了利益统筹。

《坪山新区城市综合发展投融资规划（2014—2020）》统筹考虑和安排全社会固定资产投资，充分利用现有金融、土地、规划政策，保障社会事权投资空间，争取上级政府事权投资，大力引入社会资金解决区级事权投资资金缺口问题。基于新区资源支撑能力，针对市级以上政府、区级政府和社会主体的不同事权和要求，明确各自投资边界，编制具有较强实施性的投融资方案。对于社会事权项目，合理控制土地供应节奏并逐步完善招商引资政策，促进固定资产投资落地。针对市级及以上政府事权项目，按照现行财政体制积极申请资金并做好配套工作，对于短期内难以纳入市级投资计划的战略性项目，可考虑利用新区资源先行启动，再向市政府申请财政补贴或者返还建设资金。

在当前的城市更新项目开发中，开发主体为了提高项目经济收益，忽视或只考虑项目本身的公共服务设施，导致片区公共配套不足，严重影响城市服务水平。研究中心创新了片区统筹规划方法。统筹的首要目标，就是要配足公共服务设施。针对开发主体接受土地贡献率同时提高开发容积率的现象，以牺牲城市居住环境为代价，则需要通过一定的规则、合适的标准和普遍接受的方式，确定各开发单元的规划权益，平衡各开发主体的拆迁责任，实现各项目之间经济利益的均衡，同时保障公共利益。针对开发主体通常选择城市更新中经济效益较高的“工改居”或“工改商”项目，鲜有以产业为导向的城市更新项目，则需要探索“政府引导 + 市场主导 + 国企参与”的城市更新实施模式，为保障项目可实施，需要预先做好经济测算与利益平衡，保障市场开发主体的经济可行性。

7.2.5 规划技术及标准创新

在城市规划工作中，对上层次的规划政策解读有利于指导下一阶段的规划工作开展。但上层次的政策和标准往往并非放之四海而皆准。研究中心在对上层次的最新政策进行解读的同时，也根据坪山区社会经济及建成环境的特殊性，在一些城市规划政策、技术及标准方面进行创新，并选取重要片区进行试点工作。

尤其是在深圳市“强区放权”背景下，研究中心在城市更新规划编制中，充分解读市级层面相关政策文件，并因地制宜地进行政策创新：①规划引领，加强城市更新顶层设计。坪山区通过编制《坪山区城市更新“十三五”规划》，划定坪山区城市更新优先拆除重建区及限制拆除重建区，并对更新用地规模、计划规模和配套设施规模等内容进行控制引导，为区城市更新工作提供战略指引。②事前监督，规范项目前期管控流程。

根据《坪山区城市更新项目计划申报前期工作规程（试行）》和《坪山区城市更新项目优先推进及负面管理清单（试行）》政策要求，通过提前编制可行性规划研究报告对潜在项目进行把控，避免类似五类用地指标严重不足区域提前签订开发合作意向等不规范行为；通过正负面清单管理，对项目进行“一票否决”负面审核，优先推进重点片区、重要节点、保障民生等的更新项目。③强化统筹，探索创新主导更新模式。研究中心在全市率先探索片区规划统筹研究工作，已全面开展燕子湖片区、碧岭片区、站前商务区、龙田片区等多个片区的规划统筹研究工作，通过强化统筹开发模式规避碎片化城市更新带来的诸多问题，平衡各方利益和优化资源配置，实现公共利益最大化，促进城市功能整体升级，为区城市更新工作提供规划依据。

此外，规划编制中不拘泥于现有的规划标准与准则，不断推陈创新。比如《深圳市坪山区教育设施专项规划（2017—2035 年）》中，因地制宜地制定了教育规模与结构、教育普及与公平、教育质量与竞争力和就近入学在内的四方面共 26 项指标。形成区分近、远期的详细指标体系，尤其是制定了比全市更为严格的学位配置标准，适应教育事业发展特点。以空间量化目标，落地教育愿景（表 3-4）。

在全市强区放权的大背景下，研究中心还积极参与坪山区重点片区及重点项目试点推进，探索“提前拆迁”“ 捆绑拆迁”等新的规划实施手段，试点新工作方法。例如，在重点推进坪山大道、坪山河沿线、高新区南片区等区域城市更新项目中，制定《坪山大道和坪山河中心区段关键节点建筑物提前拆迁工作方案》，为坪山大道拓宽及坪山河整治提出总建筑面积约 13.1 万 m^2 共 186 栋建筑物的捆绑拆迁方案。

7.2.6 长期合作与系列规划

研究中心立足于深圳市坪山区，作为区政府直辖事业单位，与区政府及相关局处开展稳定的长期合作，系统参与一系列重要规划。融合多元主体进行多层面、系统性的“驻地式”规划工作，积累了丰富的坪山实践经验。正因为长期深耕，系统掌握了现状及问题，研究中心也能在大部分项目公开投标中立于不败之地。

2011 年至今，研究中心参与了覆盖全区、重点片区、街区的共计 100 多项规划，内容包括综合发展、更新统筹以及产业、公共服务、市政、交通等多个方面专题。参与的坪山区系列规划包含全区综合规划、专项规划、法定规划体系、规划研究、城市设计等五大类规划（图 7-1）。近年来，研究中心以片区统筹、法定图则编制、社区更新单元等规划统筹及实施研究，结合坪山当地发展特征，积极探索并创新经济可行的规划体系。

研究中心编制的坪山区系列规划具备较好的整体性及连续性，做到规划的动态调整及协调统一。在法定规划中详细规划层面，研究中心统筹编制法定图则年度个案调整，

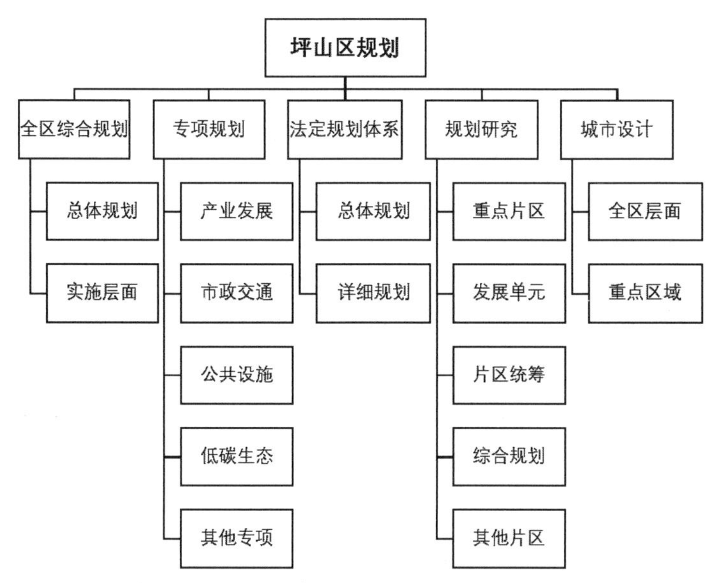

图 7-1 研究中心坪山区规划工作内容

紧跟社会经济发展动态及时做出相关规划调整，做到规划实施与时俱进。以沙田地区法定图则编制与个案调整为例，土地利用以产业功能为主导，居住、商服及公共服务用地布局分散，西北角布局少量发展备用地，片区对外交通承载量较大。为解决宇锋机电历史遗留问题，按照省国土资源厅相关会议精神，以“在已办理用地手续的土地上提高容积率补足建筑面积”为原则，提出三种调整方案达到最终效果（彩图 7-2）。

研究中心长期对口服务区政府相关部门，承接了许多年度计划、规划编制工作，统筹多规成果互为参考以保障实施。以《坪山区近期建设规划年度实施计划》为例，研究中心自 2013 年起至今，一直承担着区近期建设规划年度实施计划的编制和研究工作。通过强化城市建设用地规划管理以及引导土地供应安排，构建规划国土和财政部门统一计划编制平台，最终落实了城市空间管控、保障公共配套设施和市政交通设施建设。在多年编制年度实施计划的经验基础上，探索出一条适合坪山发展的年度计划编制路径，实现了在空间资源需求矛盾和冲突加剧条件下的空间资源集约和高效配置。

研究中心与区政府相关部门保持紧密合作，完成了许多部门的系列规划，如承担教育局委托的系列教育设施规划。近年来，完成的教育设施及相关规划包括《坪山基础教育阶段学位需求调查及配置策略研究》《坪山区基础教育学位预警及应对策略研究》《坪山区中小学和幼儿园建设专项规划》《坪山学前设施和幼儿园选址及策划研究》《坪山区教育设施专项规划修编》等。同一个项目组完成系列规划，既保证了相关规划内容的连续性，也有效保障了项目成果落地实施。

7.2.7 主动作为推动实施

城市规划的实施及其实际的运作，并非只是由规划部门来进行的，而是由社会的各个组成单元、城市的各个组成要素来共同进行的。城市规划部门并非自己去实施规划，而是运用城市规划及规划管理的手段去鼓励社会各个方面实现城市发展的目标。在这里，城市规划既是城市公共政策体系的导向，也是一种政策实施手段，不仅要在城市建设和发展过程中在全社会范围内得到贯彻执行，而且也需要将城市规划视作政府行为的决策依据和准则，是政府各部门之间相互协同作用的基础。

研究中心在规划项目编制中一般会编制实施保障专题，主动作为，推动政府、相关部门与全社会共同推动规划的实施。评估实施条件、明确工作路径、制定实施方案、实施分期计划及实施推进分工，便于规划项目分阶段实施推进。

实施方案致力于指导并进一步明确实施工作内容、实施路径和保障措施。以《坪环片区标准单元 12 片区统筹规划》中的实施保障专题为例，通过对潜力划定研判，明确实施路径及任务（彩图 7-3）。实施潜力划定从土地现状、用地权属、建筑年限、开放强度、地均效能、改造意愿及相关规划多个维度来评价适宜的改造方式。改造方式为现状保留、综合整治、产业用地提容、土地整备及拆除重建。实施潜力划定分区以地块及已批社区更新单元边界识别区块，制定不同的实施路径（彩图 7-4）。城市更新拆除重建类实施分区参考《深圳市城市规划标准与准则》及《深圳市坪山区城市规划标准与准则》核定开发量，为经济可行性测算及规划统筹提供依据。

研究中心制定初步实施方案后，都会征求项目委托单位或开发商、社区等利益相关方意见，充分考虑利益参与者的意见，并形成详细的实施方案和近期实施工作计划。

在实施方案中，大多提出相关部门的明确工作内容、项目清单。例如《坪山新区综合发展城市投融资规划》中，在工作中成立坪山新区综合发展投融资领导小组（如重大办）作为决策机构，负责审议新区投融资工作重大决策以及协调相关职能部门，建立工作小组联席会议制度和常态例会制度。围绕新区综合发展投融资目标，以资金来源为主线，综合考虑各方主体，结合新区城市建设重点事项，从操作角度将投融资规划的实施工作分解为争取上级政府投资、充分利用区级财政资金、科学经营土地资源、社会资金推动片区综合开发、有效利用新区融资平台五个方面，具体化、项目化新区投融资工作任务，制定工作任务时间节点，落实到责任部门。实施方案编制中密切沟通合作的部门包括综合办公室、发展和财政局、市规土委坪山管理局、街道办事处、土地整备中心、坪山交通运输局和城投公司等十个相关单位。

在以综合解决社区矛盾为目标的碧岭片区统筹规划及实施方案中，提出规划实施保障机制，建议成立专班组自上而下推进。建议成立由区委书记、区长任组长，常务副区长任常务副组长，区水务局、区更新整备局、街道办、规划分局等相关区职能部门为成员的碧岭片区专班组。其中规划分局负责规划统筹，区更新整备局负责更新项目技术指导，街道办负责基层协调。高效组织、协同推进，采取政府规划统筹与市场主体实施联动，协调解决各类问题，整体推动片区快速建设。

7.3 实施推进及保障

7.3.1 跟踪服务推进实施

在城市规划的实施推进环节，有效的实施保障机制能够确保规划顺利落实。因此，规划后期的实施跟踪推进是有必要的，这既是维护规划实施的关键，又是规划工作的延续。研究中心很多规划项目都会在项目实施阶段提供进一步跟踪服务，少则几个月，多则两三年，服务内容包括对项目成果的解释、宣传服务工作、技术顾问支持等。

在《坪山社区便捷服务标准化设施规划布局》实施中，派出社区规划师作为每个社区便捷服务设施优化的技术顾问。在项目实施过程中，将设施优化建议收集和实施情况跟踪纳入社区规划师工作范畴中，负责为社区提供具体项目的规划技术指导，搭建起社区和政府间沟通民意政策的桥梁。还通过将近期项目实施计划与“民生微实事”“群众点菜”工程相结合，根据实际情况选取近期项目实施计划中的具体项目纳入以上项目计划中实施。

在《坪山区六和社区转型发展规划》中，创新社区规划编制方法，从重视成果质量转向推动规划过程，由“送成果下基层”转变为“送过程下基层”。为了更好地服务社区，项目组同时承担社区规划师职责，从 2013 年至今扎根社区，采取“长期跟踪，定期问诊”手段，建立“编制—反馈—调整—实施”机制，根据社区反馈不断修正和完善方案，协调解决社区面临的各项发展问题。

在《坪山区近期建设规划年度实施计划》项目实施中，综合考虑“多手段推项目、科学供应资源、动态化管理”等因素，按照“建设必要性、建设内容、投资匡算、意向选址、规划条件、用地条件”等六个因素进行评估和分类，实行长期跟踪和一年内进行年中、年末两次评估制度，提高计划实施落地性及实施效果。

7.3.2 规划编制与实施工作互动

随着各行各产业发展和政策的变化，需要对规划的成果做出适时的调整，实现规划的正面反馈。研究中心开展了坪山区一系列规划，包含全区综合规划、专项规划、法定规划及城市设计等规划。规划编制的标准单元、规划编制工作及编制成果相互协同且互为工作基础。

（1）规划标准单元划定与协同

根据《坪山区国土空间规划》（在编），坪山区拟划定43个标准单元（彩图2-9）。国土空间规划中划定的标准单元作为坪山区相关规划的工作基础。在片区层面中，法定图则及片区统筹及实施规划中研究单元与国土空间规划划定标准单元基本一致，有利于规划成果相互传递及动态调整。在国土空间规划编制的工作数据以法定图则的编制内容汇总到一张图中。

（2）规划编制协同机制

在法定规划及专项规划相互协同机制中，专项规划需以法定规划为基础编制，法定规划需结合专项规划成果进行协同调整。以坪山区法定图则编制及城市更新专项为例，在城市更新专项工作中，为化解城市碎片化更新带来的城市空间割裂、利益分配不均、功能布局不善等诸多问题，坪山区以重点片区统筹规划，连片推进规划统筹及实施工作。其工作内容从片区整体角度对城市更新单元的实施路径、规划建设量、用地功能方案等方面进行研判，其规划成果将直接为城市更新专项规划提供整体性的统筹实施保障，同时为专项规划及法定图则编制协同提供重要研判依据。通过将规划成果落实于法定图则编制中，法定规划将进一步为专项规划成果的实施确立法律保障。

7.3.3 与甲方单位的密切合作与沟通

研究中心的发展一直得到政府相关部门的重视和支持，也与这些单位保持密切的沟通，包括市规土委坪山管理局、发展和财政局、公共事业局和土地整备中心等相关部门。研究中心内部不同部门、不同项目组，分别与政府相关局处保持对接服务和定向沟通，保障了项目的准确和全面实施。

在探索存量开发背景下年度实施计划编制新路径中，整合统一了区内各计划间的编制平台，强化计划融合性（图2-15）。研究中心利用自身优势，提出规划国土和财政部门联合编制坪山区年度实施计划和政府投资计划的构想，统一编制平台，统一编制时间和要求，统一对项目前期工作进行联合审查，从区级层面高度统筹，做好项目建设的用地和资金需求分析。按照政府部门职责工作分工，区年度实施计划由坪山管理局负责编制，区政府投资计划由区财政局负责编制。

自2013年提出“土地供应—政府投资”计划统一编制平台、强化建设项目前期联审制度、重视项目预选址和土地预整备等实施策略后，年度实施计划落实规划的效果逐年提升。近十年来，坪山区年度的土地供应任务完成率由38%提升至91%。

研究中心与政府部门和市场主体密切合作，通过统一平台，更容易实现前期申报、项目联审、计划安排、预选址、土地预整备、过程跟踪管理、动态更新和年中评估等工作，提升了规划计划的统筹和引导性。

附录　专家点评

由中国城市规划学会城乡规划实施学术委员会主办、深圳市坪山规划和自然资源研究中心承办的“存量规划实施好案例研讨会”于 2020 年 9 月 20 日（周日）上午召开。

进入存量时代，城市规划的可实施性越发重要。深圳城市发展率先进入存量时代，并已形成城市更新和土地整备两大存量土地开发模式。其中，位于“东进战略”中心的坪山区也跟随存量规划的步伐，在原农村已基本建成的土地上进行二次开发。面对城市快速发展的历史机遇，围绕土地的各种矛盾和历史遗留问题，探索如何编制科学、合理、面向实施的规划，坪山规划和自然资源研究中心近年来进行了大量的实践。

由中国城市规划学会城乡规划实施学术委员会指导，坪山规划和自然资源研究中心组织编制了《存量背景下面向实施的城市规划编制实践》一书，以存量规划编制实践为主题，精选了研究中心近年来编制的 21 个规划案例，分为总体规划实施、专项规划实施、片区统筹实施、土地整备利益统筹、社区规划实施五篇章进行整理。

本次研讨会介绍了全书的整体情况，并精选了 6 个不同类型案例进行详细介绍：（1）坪山城市综合发展投融资规划；（2）教育专项规划及近期实施；（3）基于乡愁的地名专项规划实践；（4）坑梓中心片区统筹规划及实施方案；（5）整村统筹总体介绍及沙湖案例；（6）六和社区转型发展规划研究。

会议邀请到规划实施学委会李锦生主任委员、叶裕民副主任委员等 8 位专家对案例进行了精彩点评。按照专家发言顺序，依据会议录音，对专家观点进行摘录选登，每节标题为著者添加。

坪山存量规划的探索与创新

深圳市坪山区在存量时代遇到的规划实施问题，或是城市政府遇到的工作问题，我想一定是全国各个城市的普遍性问题。自然资源部空间规划局赵处长今天也在线观看收听，他跟我交流说这些案例都特别好，只是讲得太短了，还没有彻底听明白，内容太多了，虽只是选了六个案例。估计其他朋友也有同感，短短一点时间把案例背后的逻辑讲明白不是一件容易的事。

我也感觉到增量规划有时只是平面规划，因为以前都是土地的一次开发，需要大量土地，规划了道路网布局完用地性质就可以。但到了存量时代，如果规划工作者不把背后这些问题搞明白，直接编规划，那这个规划就属于瞎编，起不到实质性作用。

这些平淡的案例凝聚着工作的创新，现在就是要解决钱从哪来，好开发的地都开发了，剩下的都是“硬骨头”，大家把所有劲都使出来“招商”，但是“商”怎么招回来？

尽管今天没有讲产业方面的案例，但我看到书稿案例中讲到产业空间规划的技术路线。坪山区产业规划的技术路线跟过去产业空间技术路线完全不同，这个不同就在于它是真正面对市场、面对招商的产业规划，是让市场、让投资者读懂的产业规划，而不是静态的产业规划。只有这样的规划才能起到指导产业未来的发展和管理的作用，这些案例的探讨非常好。

通过这些案例的研究，说明坪山规划和自然资源研究中心在规划的实施方面发挥了特别重要的作用。我们天天讲规划统筹、统筹规划，肯定不是靠几张蓝图就能统筹的，它需要一个团队或者一个机构，或者若干机构，多项工作来统筹。我看了这个成果，也给研究团队提一个建议，这么多案例凝聚起来也需要形成一个经验思路，坪山区规划实施这几十个案例，囊括了总规、专规、社区规划和土地整备，各个方面提高都需要做规划的统筹和规划实施的引领。而规划实施是建立在前期规划研究基础之上的，不是简简单单依葫芦画瓢的实施，在这个过程中是有一个技术机构帮助政府做相关的研究支撑工作，实际上会形成一套系统的规划实施顶层技术思路或业务思路，我希望增加一个章节把这个思路写出来。

看得出来各个案例都要讲一些背景，整个坪山区的背景也专门放在前面统筹介绍，不用每个项目都介绍背景情况。现在看来，有些案例受到篇幅的影响，没有把案例的整个过程呈现出来，我想还是要讲清楚、讲明白。所谓讲清楚就是让别人一看就明白这个案例。现在这个案例作为写作者来讲特别清楚、特别明白，但是其他城市的人看这个案例可能受到篇幅的影响有看不明白的地方。因此简单的事文字可以少一点，如果需要文字多的还是要多一点，也不一定要平均用力，有些可长，有些可短。这个工作从平淡之中看到了一份责任，我们也见到了水平，见到了工作的创新。

眼下这本书怎么修改？建议它是三个部分：第一部分是就坪山规划实施或规划统筹

有一个全面概述，规划实施好案例也有两种形式，一种形式是针对一个城市，一个城市多个案例，就像坪山。另一种形成是多个城市一类案例，比如城中村，全国汇集20个案例，这20个案例编成一本书，一个城市一本书肯定是从宏观讲到微观，多个案例，把这个城市的各种案例系统地讲下来。这本书的第一部分一定要讲整个坪山区从宏观规划到微观规划，你们是怎么在实施上进行全面统筹，这个统筹包括政府怎么抓，专业机构怎么服务，这20多个案例编制了一个实施体系，而且是主动实施工作体系。规划实施好案例这本书实际上是工作经验案例，你也不用讲那么多理论问题，把这个事讲明白就行。第一部分要把坪山的基本情况、总体上面对的问题，系统进行规划设计全面统筹。

第二部分是这21个案例，最后可能比21个多，也可能比21个少，这些案例就是管理者直截了当看明白，案例题目不要带"研究"二字，我们不是研究，就是案例，标题可以长一点，这个案例一句话说不清楚，可以两句话，两句话说不清楚甚至可以三句话，至少从标题就可以知道是什么案例。引言跟写论文的引言不太一样，这个引言尽管只有几行字，引言讲这个案例解决了什么问题、采用了什么对策、取得了什么实效，简简单单几行字。属于坪山的基础内容放在第一部分讲，这样就不用每个案例都去讲坪山的基本情况。当然，基本情况也讲，面对教育时，教育有什么特殊情况，一定要讲政府是怎么组织实施这个案例的，因为这个书是给政府看的，大家对这个案例最希望看到的是政府干了什么、部门干了什么、技术机构干了什么。这个过程中的逻辑关系，看这些问题是怎么解决的，解决问题的过程中一定要注意现行法律法规、政策文件是怎么规定的，哪些东西突破了现有条条框框，是创新的，对于创新的部分，跟现行法律法规政策要求不一致的东西，一定要写出来。当然，也不是毫无保留地写出来，有些东西要换一种技巧。

第三部分可深可浅，做一点浅浅的理论、技术的小总结，有多少算多少，不强求，写一本书，尽快把它完成很重要，时间拖长，大家都疲了。第三部分等于是大家看完以后是不是属于理论，或者技术，或者对行政工作的延伸思考。

关键是第一部分和第二部分，第一部分强调坪山工作的系统性，全面统筹性，二十几个案例不是孤立的。第二部分讲的时候是孤立的，但第一部分讲的时候一定不是孤立的，而且一定有很多指导思想和工作理念在里头，第一部分是对这本书的工作提升，不是理论提升，这本书是工作经验案例，所以第一部分一定是工作经验的系统性，甚至于对坪山规划实施工作从行政层面和业务层面可以概括出什么理念、原则来。现在看来，各个城市政府特别是中小城市的政府对于规划实施缺乏系统管理，为什么说要提高治理能力和水平？城市政府规划实施想起一出是一出，今天晚上想到这个事，明天就干这个事，后天又想到一个事，规划实施在各级政府特别没有系统性。

我听了你们的工作，感觉确实是很系统的东西。回过头来看，不管是总规还是什么规划，最后实施的都是乱七八糟，没有按规划实施。你们编制出来的这些经验对规划编制单位和编制人员特别有意义，为什么规划出了这么多差错？是因为编规划并不知道规划怎么实施、规划实施有什么语言、有什么方式、有什么政策，会遇到哪些难题，特别是今天在城市更新的情况下编总体规划、编控规，从规划师的知识上都是空白，编出来的规划是一块一块颜色。

我说的不一定对，请大家一块儿考虑。

（本节点评嘉宾：李锦生主任，
中国城市规划学会规划实施学术委员会主任，
山西省住房和城乡建设厅一级巡视员，教授级高级工程师）

教育专项规划的案例价值

各位专家好，我想重点评价一下教育专项规划。刚刚白小梅同志介绍了坪山区的教育规划，我觉得这不是一个普通的教育对话，给我的印象是非常实，特别突出的有三点。

第一点是以面向教育体系与社会城市双向促进的发展模式。这一块给我印象特别深，全方位描画了人口画像，建立了契合型终身教育体系，内容体系是全链条的，涵盖从规划编制到规划实施再到实施管理全流程的规划内容，还建立了学位预警机制、学位动态调整机制等，是科学化运行管理机制的规划，印象非常深刻。另外，还做了对服务对象的全覆盖，构建面向全口径、全龄人口、与未来城市发展相适应的教育设施谋划，这是特别突出的一点。

第二点是建立了数据库以及新的坪山指标，首次建立了全区适龄人口分布和现状设施空间匹配数据库，从匹配度、设施服务压力、学生上学距离、生均用地指标等，全面识别本区基础教育短板以及缺项内容。通过事业规划和空间规划相结合，也就是教育专项规划和国土空间规划相结合，从 4 方面 26 项指标建立了一个崭新的坪山指标体系，形成近远期的详细指标体系，体现了教育普及的公平和质量。

第三点是教育留白，远期结合人口不确定性，在保证现有 160 万常住人口学位的基础上，预留了 40 万弹性人口教育留白用地，留了 $25hm^2$ 用地，采取弹性供地原则，优先保证公共利益和教育发展。

以上三点给我印象非常深。这个规划围绕深圳东部中心的定位，围绕吸引人才、留住人才，提升城市竞争力，是做得比较完善的规划，也是高质量、高标准的教育规划。既明确了近远期发展目标，又进行了空间统筹布局，具有长远计划又贴近实际，非常具有指导性，为坪山区教育发展提供了有力的支撑。

下面提一点小建议。我也学习了深圳新总规，注意到坪山教育规划中对于远期形成“两园三区”高职教体系布局做了安排，在谈到的案例中有两所高校进入洽谈、选址阶段，职校签订了合作框架协议，进入选址阶段，有很实的想法。但深圳总规中谈到，坪山作为深圳城市副中心，应当发挥地理优势，引领东部、惠州、大亚湾等区域协同发展。与此同时，还应充分发挥产学研深度融合的创新优势，推动科学城建设，形成高质量发展高地。

当前深圳要建设全球标杆城市，瞄准全球标杆城市的指标、内涵、国际化程度，要求非常高。如何使坪山高等教育、职业教育提升到更高水平，甚至全球国际化水平，加强源头创新能力，真正担负起湾区引领和国家创新创业中心使命，肩负起中国特色社会主义先行示范区的责任担当，下一步还要结合实际管理进一步深化研究。

（本节点评嘉宾：秦铭健副总督察，
北京市规划和自然资源委员会副总督察，教授级高级工程师）

地名规划：不仅是记住乡愁，更是溯源中华文脉

《基于乡愁的地名规划编制探索——坪山区地名专项规划》（以下简称《坪山地名规划》），不仅对深圳城市的文化传承具有重要的创新价值，也对中国城镇化中的很多城市的文化保护工作具有积极的探索价值。因此，《坪山地名规划》的工作非常值得肯定。以《坪山地名规划》为基点，城市地名规划对于今后的城市规划实施具有两方面的重要文化价值：

首先，地名本身就是重要的非物质文化遗产，保留着中国语言的 DNA。中国文字是语义学非常发达的语言学。中国上古汉语造字极其精确。在中国庞大的字库中，各种准确描述地形地貌的字词不仅丰富，而且大量使用于地名之中。例如，孟良崮之"崮"，指四周陡峭且顶端平坦的山；白鹿塬之"塬"，专指中国西北部黄土高原地区因冲刷形成的呈台状，四边陡高地。但是中国的北方方言经过漫长的历史流变，其中很多古意地名已经消失，例如西安的盩厔已被取代为周至。

所幸的是，较之北方方言，南方方言仍保持着与中原古语很强的关联性。据估算，不同的南方方言中，客家话和古中原语言的相似度可能达到 70% ~ 80%，粤语保存中原古语的比例在 40% ~ 50%，闽南话保存中原古语的比例在 20% ~ 30% 。所以，各个南方方言中仍然保留了大量古意地名字词，其中尤以客家话为最多。例如，"壆"（音 bó）则为南方方言中"垅"。最著名的客家方言地名，莫过于深圳之"圳"，即客家话中从"浒"从"川"，田间水沟之意。

因此，在城市化过程中有意识地规划保留这些地名，尤其是客家话中的地名，就是保留链接中华文脉的语言 DNA，具有深远的文化价值。

更为重要的是，客家话地名的梳理和日常化使用，具有传播中华文化的战略价值。较之其他南方方言，客家话在中华文化传播中具有以下三大价值：

1. 更接近本源的中国语文学案：客家话之所以被称为唐宋中原古汉语"活化石"，是因为客家方言中继承了较多古汉语的特性。例如，苏轼的《念奴娇 · 赤壁怀古》全部使用的入声韵，用普通话念并不押韵，但使用客家话则就押韵。可以说，客家话是将现代的我们载入中国古典诗词意境的摆渡舟，是更接近本源的中国语文的学案工具。

2. 更国际化的本土交流语种：客家话在海外华人中具有较大的使用群体。不仅是在东南亚地区，南美洲北部的苏里南共和国，由于历史原因，其官方语言中就包括客家话。因此，客家话是一种可以在海外进行本土化交流的语种。

3. 更务实的台海统战文化载体：台湾客家人（指具有汉族客家民系认同的台湾人），为台湾第二大族群，根据 2017 年台湾当局公布的调查报告，台湾客家人口达到 453 万之多（平均每五个台湾人就有一个为客家人）。可见，在对台统战工作中，客家话是重要的交流文化载体，是更务实的统战沟通工具。

正是基于这三个优势，在城市经常使用的地名中有意识地规划保留客家话的要素，会让我们的城市更具有中国语言的风韵，加强与海外华人联系保留亲情通道，常态化增强台海统战工作。

目前，《坪山地名规划》已经做出了很好的尝试，为了进一步突出客家话的文化战略价值，建议可以进行以下两个方面的提升：

提升建议 1：增加街道铭牌的二维码，打造客家文化的“百科街区”。

目前《坪山地名规划》是对地名的文字进行规划保留。但是如果仅仅是字面保留而缺乏对字意直观的解释，那么客家话的深远古意则无法得到有效体现，不能很好地起到文化传播的作用。建议坪山区政府可以借鉴英国蒙茅斯（Monmouth）小镇的方式，更有效地对地名进行解释与传播。

英国小镇蒙茅斯是世界上第一个维基百科城镇。蒙茅斯利用智能手机的普及，对城镇中每一个著名地点、文物等进行二维码标注。而且为了保障持久耐用和统一性，城市建筑上的百科二维码标签的材质统一为坚固耐用的瓷。现在小镇布设了超过 1000 块瓷质二维码铭牌。更为重要的是，城市中的所有居民都可以自由编辑维基百科，而且对于其中的优秀标注者，其姓名和编写条目也将永久显示在维基百科“蒙茅斯百科”项目首页上并颁发相应的奖章。这一措施激发了民众的标注热情，更为城镇提供了更准确、更详细、更及时的说明。

客家话地名的传承离不开当地居民的口口相传，尤其是本地老者，更在其中起到了不可忽视的作用。因此，建议坪山区能够借鉴英国小镇蒙茅斯的经验：在相关客家话街道铭牌上增加相应二维码，让大众能够通过手机扫码后，得知更详细的地名含义。同时号召本地居民参与到地名含义的撰写中，将坪山地区打造成客家文化的“百科街区”。

提升建议 2：在社区公共文化服务中，增加“客家话吟诵中国古诗词”公众文化活动。

以上对客家话的文化价值已经进行了说明，为了让更多的城市居民对客家话的文化价值有所认知并能够通过客家话接近中国语言的真谛，建议在坪山区的社区公共文化服务中，增加“客家话吟诵中国古诗词”的公众文化活动，这对于让客家话更有生命力，让坪山区更有乡土凝聚力，让公众更具有中国文化的感知力，都是非常有益的。

总之，地名规划不仅是记住乡愁，更是溯源中华文脉。在城市化迅速发展的新时期，深圳的《坪山地名规划》非常具有现实意义和长远价值。

（本节点评嘉宾：李忠董事长，
华高莱斯国际地产顾问（北京）有限公司董事长兼总经理）

存量空间规划的实践探索

深圳一直是我们学习对标的城市，从今天上午展示的案例来看，一个很重要的特点就是坪山区规划研究与实践一直扎根于现实问题。在存量时代需要解决城市发展实实在在的问题，以空间为载体，突破传统纯粹的物质空间规划维度，从多个截面进行存量空间规划的实践探索。

在分享的案例中，既有总体空间格局构建的研究，也有对各个要素的深入探索；既包括实体要素，比如教育研究，也包括虚体要素，比如地名。最后还涉及了空间治理、社区转型，做得比较系统。像这种扎根于现实问题的研究，是规划创新和理论发展的重要来源。

接下来我想重点针对坑梓片区空间统筹案例作点评。依据坑梓片区四个问题，从实体空间和虚体层面进行分析，提出空间总体格局并进行生态空间重构，包括文化、服务空间的重构。空间要素层面主要围绕公共服务设施、基础设施如何保障进行开展。第三、第四节分享了如何统筹主体，包括政府、市场、社会的利益空间，最后是关于规则的统筹。这个片区把规划编制、规划统筹、规划实施整合在一起，不是完全的空间方案的构造，而是把衔接规划和实施的载体联系起来，这样的规划将来实施衔接的界面是可以找得到的。

我也有同样的感觉，就是时间太短，可能书稿出来之后我们可以了解到更多细节。今天 PPT 展现出来的信息，感觉还没听过瘾就结束了，比如如何进行主体利益协调，规则如何进行创新，在实际操作过程中有很多值得我们探讨和学习的东西，由于时间关系，今天只是提一个概念，而真正难的地方都是具体操作。

作为案例研究，如何把这本书写得更好，我有一些提议。

首先这一轮创新来源于城市的实践，但我们的实践仅仅立足于把问题解决掉是不够的，还是要回归理论层面，反思现有理论解决这个问题存在什么缺陷，这是需要完善的一条线索。

另一条线索是如何让别的城市的人看懂这本书，在这个方面需要做一些分析，因为他们具有和深圳不同的时代背景，在看这些案例时需要知道不同案例思考关注的点是什么，提炼出来的经验适用条件是什么，属于哪些阶段。另外，也要讲讲案例自身的特点，把自身特点归纳清楚，创新性也就出来了，把这个案例的创新在规划理论和学科上的突破提炼出来，可能对于学术研究有更大价值。

我就讲这些不成熟的意见，仅供参考。

（本节点评嘉宾：何子张博士，厦门市规划设计研究院副总规划师）

整村统筹土地整备的探索和意义

大家好，很高兴对整村统筹土地整备案例作一个简单评议。刚才罗超英对这个案例作了非常详细的介绍，我受益颇多。通过介绍我也了解到整村统筹土地整备源于城市更新，是在更新的基础上根据当地的实际情况进一步创新的土地开发和规划模式。

从目前案例的发展情况来看，主要是半城市化地区基于对区域发展的考虑，在整个规划过程中运用行政、法律、政策等多种手段，通过三个核心要素即土地、规划、资金，来制定相关的补偿方式，一揽子解决制约区域发展的问题。这些问题既包括社区中的土地利用低效问题，也包括城市、乡村混杂分布的空间破碎化问题，以及城市发展历史遗留的问题。通过整体统筹的手段，实现空间腾挪，为社区发展清除障碍，最终实现由原来的泛城市化向整个区域的城市化转变。

这个案例有三个方面创新，一是通过利益统筹的方式解决规划实施过程中各种土地问题，尤其是存量时代背景下土地的统筹利用问题。二是充分利用土地、规划、资金这三个要素推动规划的实施。三是通过各方协商，上下结合编制规划。

在案例分析过程中，或者以后在陈述过程中，有几个值得探讨的问题。

一是作为规划实施案例，应该突出实施性，如果我作为读者或者我想借鉴这个案例，可能更想了解实施过程中的经验。首先想知道的是案例是怎么从规划走向实施的？从规划背景、项目来源、方案设计，到指标确定，整个项目的实施流程是怎么走的，谈到的补偿方案是如何征求意见的。

二是顺利实施案例的关键环节和因素，什么决定案例落实的可能性，其关键作用的环节是什么。案例中提出的政策是如何突破原有政策进行创新的。这个政策在实施过程中，居民对它的反映怎么样，产生的正面和负面影响又是什么。

三是案例实施过程中反映的问题，成效说了挺多，但是实施过程中肯定还会有一些问题，关键需要展示的是碰到了问题我们是怎么解决的。

因此，对于规划实施案例我特别关注三个方面，一是为突出实施性应该更详细介绍整个案例的实施过程。二是土地整备过程涉及多元主体，有政府，有集体，有村民，还有集体项目经营者，整个项目是否顺利实施，利益共享和统筹是决定项目能否顺利实施的关键因素。坪山案例也涉及这个方面，我们国家对土地制度改革有了大方向的确定，在土地改革过程中要兼顾国家、集体、个人的土地增值收益分配。而案例对于利益共享机制，即如何在政府、原村民、集体经营者之间合理分配增值收益，这方面还可以进一步分析。三是关于案例的适用性，刚才何总也谈到这个问题，深圳坪山在全国来看属于经济比较发达的地区，这个案例对于经济不够发达的地区或者农村地区来说，借鉴意义是什么？是否可以实施？如果可以实施，实施路径是否需要调整？这方面还可以深度分析。

同时还有一些问题值得探讨，比如现在是村域统筹，有没有可能实现镇域或者更大范围片区的统筹？如果能够实现大范围统筹，这种方式的优点和缺点是什么？

此外，村域原有的集体建设用地二次开发，绕不开乡镇企业或集体企业的发展问题。在整村统筹过程中，对原有集体企业怎么处理从而保障其相关利益，通过统筹社区获得的自留经营性用地怎么进一步开发利用，保障其收益。

最后，理论方面，深圳 2007 年开始探索土地整备，已有十多年，理念、目标、实践过程也在不断变化。目前整村统筹土地整备是在深圳土地整备概念之上的发展，且已经形成了一系列制度安排。从当下来看，相关研究或探讨还是停留在案例总结经验的层面，对于理论分析有些不足，这也会引起大家对政策的公平性、合法性、合理性质疑。如果想把案例进一步做深，是否可以结合案例对制度设计的内在逻辑做一些理论上的分析，以回应政策的合理性和公平性的相关质疑。

我主要是从以上这几个方面对案例进行评议。

（本节点评嘉宾：张正峰教授，中国人民大学公共管理学院）

半城镇化社区转型规划的探索价值

我想评议的是六和社区半城镇化转型的问题。这个案例跟其他案例一样非常精彩，在推进坪山城市更新的过程中抓住了社区转型的契机，并以社区利益保障及社区利益与城市发展利益的整合这几个关键问题展开和分析。分析基础是社区的问题非常突出，原来的土地犬牙交错，没有办法用，出租房屋租金低，老百姓也富不了，城市由于土地的交叉混合导致公共投资环境比较差，城市也强不了。基于问题导向的思路，六和社区开始进行系统探索。这个报告有两个亮点：

第一个亮点实现了社区由半城市化向城市现代化发展的转型。首先作为案例解析，始终立足于社区转型，即由半城市化走向全面的城市化、现代化。这个规划思路抓得很准，主线非常清晰。规划立足于集体经济弱、土地混乱的问题，通过踏访、调研，帮地方建立数据平台，让社区认清现状，看到自己的潜力，找到未来发展的问题。告知社区必须要主动寻求自身的发展，在与多方主体博弈时进行适当妥协，才能达成共识实现各自的发展。通过这样一个更新治理的过程，最终让社区在经济上物业资产上升了282%，租金收益上升665%，实现了社区的可持续增长。

第二个亮点是在互动、治理、博弈、交流过程中，社区不仅学会自我治理，还学会与社会进行妥协，并在多方协调的过程中增强了社区的韧性。这样一个调整、发展、博弈、协调的过程，为六和社区将来遇到外部的各类冲击，增强了自我协商、自我解决的能力，这是一个重要的社会进步。

现在我们非常强调要建立社区的韧性，我认为社区的转型还体现在第三条，即社区和社会的融合，原来社区跟社会是对立的、割裂的，你是你、我是我，相互没有办法融合，导致城市利益和社区利益都不能得到保障，但是通过规划和调整，使得城市公共利益优先得到保障，致使城市在公共利益框架下实现了自身的平衡和发展，进而促进了社区和社会的融合。推进社会大融合和一体化发展是整个城市更新治理最为关键的目标。原来大城市是断裂的，王富海经常说深圳是两个深圳，城中村一个深圳，现代化城区一个深圳，因为很多城区的城中村跟城市是断裂的。而这个案例解决了社区、村庄和城市的断裂问题，形成了一体化发展的态势，最终实现六和社区由半城市化向城市化现代化发展的转型，这个主线非常突出，也很清晰，基本达到案例本来的目的。

第二个亮点是对规划手段的梳理，规划手段主要体现在三条：

第一个手段是协商式规划，但我认为你们比协商式规划更进一步，创立了一个合作式规划。因为合作治理是最高的一种状态，我觉得你们已经是合作式规划了。30余次访谈、1万多张图片、几千个视频，展示了非常复杂的协作过程，这是规划最重要的手段，也是最难学的，但是你们没有把怎么访谈，如何在访谈中达成利益分享出来，而只是交代访谈几千次就达成一致了。第二个难点是土地调整非常困难，怎么把它调整出来的？

案例中还争取了政府的很多政策，一个村庄怎么争取到政府的政策？有什么特殊性、解决了什么具体问题？第三个难点是企业的引入，案例顺利引入了企业、民资、社会资本一起合作，这个民资进入的盈利点是怎么形成的，其盈利跟社区的盈利并不冲突，为什么不冲突？第四个难点是转完有物业、有实业，怎么扶持起地方实业的发展，这是珠三角各个大城市地方经济的难点。最后一个难点就是村民个体之间的利益怎么达成协调，因为最后让所有人就一个方案达成一致，一定是各方的让步，那让各方让步的条件是什么，这中间是如何进行调整的呢。对于这些关键问题，案例如果能在分享的时候说清楚，就会更加精彩。

第二个手段很多地方都在用，案例中也用得非常好，即公配优先，优化布局，其实就是达成社会与社区共赢的空间手段。

第三个手段是系统性规划。因为这个社区是中心区边界重合，案例的成功实际上是赢得社区和中心区高质量发展，同步解决了这两个问题，因此这是一个系统性规划。但是如果能够提前给出系统性规划的框架，然后在系统性框架下赢得社区的发展，并把这个框架说出来我想也会更好。这确实是一个系统性规划，既是经验，也是经验介绍中的缺憾。

案例分析中还存在两个问题，一是没有把问题解决机制解释清楚，二是作为案例总结，没有理论层面提升。如果要将案例推向全国，一定要让大家觉得这个规划符合社会发展规律，符合城市更新共性趋势，抓住了城市更新共性问题。在这个分析中可以有案例特殊的个性在，但个性与共性之中，哪些是共性的规律，哪些理论可以作为支撑，是需要建构的，这样才能丰富中国新时代城市更新知识体系，年轻的团队可以做这个事情。

刚才也听了对六和社区的介绍，大概浏览了一下方案，知道研究中心对城市更新的方方面面做了非常具体、详细的探索。从投融资规划到改变政府的五年规划，跟政府协同，为城市整体利益把脉；细到终身教育专项规划和地名规划，我还没有看到哪个城市、哪个社区做了终身教育规划。

研究中心已经形成了坪山对城市更新的系统性探索，实践已经走在理论的前面。下一步我建议年轻团队第一步是攻克理论难关，建构中国城市更新的坪山模式，义勇老师有责任跟小平的团队一起，看看有没有可能真正在理论上做出建树，这样你们的案例才能走向全国，才能和世界对话，才能形成中国存量时代城市更新的解决方案。

城市更新是中国现阶段最难做的事情，但也是必须做的事情，是中国发达城市现代化的必由之路，但是目前存在很多城市止步不前，你们可以做出更高程度的贡献。

最后，我想再谈一点感受，研究中心年轻的团队真的是主动作为。你们在每个案例中都总结了一条主动规划，我觉得坪山的研究中心整个团队不拘泥于传统土地管理事务，主动作为，在研究前沿案例、在实践，并且在影响政府。有一个能影响政府决策的规划，才实现了规划引领城市发展。我们听得最多的是“规划就是工具”，但规划现在已经不是简单的工具，而是在引领坪山的城市发展，我为年轻的团队做出这么多成就而骄傲，从规划学术委的角度对你们今天召开的这个会，以及在推进规划实施的思考表示感谢。

坪山的探索非常系统，但是有一个是我长期关注的问题，就是在所有研究中忽略了一个非常重要的群体，即流动人口的利益。坪山和其他区一样，流动人口占劳动力市场一半以上，他们创造的财富至少占三分之一到一半，但是对于他们的居住权、孩子的受教育权并没有进行系统研究。虽然今天在教育设施中有面向出租屋、面向流动人口的群体，但是关于流动人口的住房、生活、子女教育、社会保障缺乏系统研究。这是中国新型城镇化绕不开的话题，不管是国家新型城镇化规划，还是习近平总书记讲新型城镇化时，总是把流动人口市民化作为新型城镇化的第一任务，这个第一任务在城市更新中如何完成，希望在以后的探索中予以关注。

（本节点评嘉宾：叶裕民教授，
中国城市规划学会规划实施学术委员会副主任，
中国人民大学公共管理学院学术委员会主任，教授）

跳出深圳看坪山，总结案例的经验启示

感谢坪山规划和自然资源研究中心给我们带来的特色案例，也感谢前面各位专家的精彩点评，特别是叶老师对深圳未来的规划总结和理论构建提出的高期望。从我个人对案例的理解，我想坪山的案例有三个方面的经验特别有价值，也特别值得我们总结。

一是勇于探索，敢于创新，不拘泥于现有政策法规、现有规划编制方法手段，想方设法推动规划的实施，撸起袖子加油干。比如传统土地征收拆迁的方式，在深圳行不通，村民不跟你干。坪山便创新地提出整村统筹土地整备的办法，将留用地留一块给村集体，这种探索很有价值。《土地管理法》中没有对留用地的规定，怎么能在城市中保留一块村民集体土地呢？但是坪山确确实实把这个事情往下推动了。针对城市更新存在的问题，坪山也探索出片区统筹的规划方法，把以往自下而上、市场主导的城市更新，跟自上而下、政府统筹的更新结合起来。比如针对学位短缺的问题，制定了全国最高的学位配置标准。这也是新时代深圳创新精神的体现，敢为人先，敢于探索。只要能推动实施，我们就不固守原有的手段和方法。

二是规划编制过程中充分考虑到案例实施的途径、方法和手段，同时用实施去调校规划目标和空间方案。比如在投融资案例中我们就用投融资调校社会经济发展目标和空间开发方案。现在全国很多地方都有巨额债务，甚至要破产，就是没有做好投融资规划。坪山的思路是将资源、土地、国有资产等盘点得一清二楚，然后针对性地确定城市的发展目标，制定规划实施方案，最后推动城市规划落实，实现城市的可持续发展。这些经验希望可以总结成论文和著作，突出规划的价值。

三是创新性地把实施过程中的利益、资金及利益分配等要素跟规划结合，把社区的账、企业的账、政府的账、村民的账算得很清楚，有力地推动城市规划实施。比如整村统筹的案例和六和社区的案例，以往规划核心考虑的是人口、社会、经济、土地、空间等要素，但这几个案例把利益分配、资金、财政考虑进来，我觉得特别好。

今天的交流虽然是基于深圳的案例，但我们一定要跳出深圳看全国其他城市的思路和做法，再总结坪山探索的经验对于其他城市存量发展的启示。深圳案例具有特殊性，一方面，坪山虽然是在存量土地上的开发，但是建筑有巨大的增量，本质上仍是增量规划。而北京、上海等城市已经实现减量发展，用地和建筑双减量，我们国家大部分城市将来都不可能像深圳这样通过建筑增量实现发展，“蛋糕”不能再做大的情况之下，很多思路要变化。比如 1∶2 的拆建比在其他地方实现不了，怎么推动规划的实施？另一方面是违法建筑的问题，全国没有第二个城市像深圳一样，存在这么多违建，这么多城中村，也不像深圳政府这么弱势，对违建如此容忍。现在深圳更新中的许多做法被学界广为诟病。深圳刚被国家赋予社会主义先行示范区的重任，恐怕需要站在更高的角度对城市更新的探索进行辩证总结。

当然，坪山案例还是具有一定的普遍性和示范性，比如外来人口比重非常高，快速城市化，历史文化保护利用很难，蓝绿空间被侵占，公共服务严重不足等问题，这些问题也正困扰着我国许多城市。今天案例交流的目标是规划思想的传播，通过交流、学习，总结探索经验、模式，包括叶老师刚刚提出的理论要求，需要把这些经验进一步总结推广，就像改革开放时期市场经济的探索一样，形成具有普遍性的经验推广到其他城市甚至其他国家。

因此，我们需要深入总结这些案例的普遍性价值。比如教育的案例，深圳的教育问题非常严重，像高中入学率在全国大中城市中处于垫底水平，因为教育的各种问题导致供给矛盾尖锐。而坪山的教育设施规划不是采用传统的规划思路，仅根据人口去落实城市教育设施的空间布局，而是针对需求出发，基于人口年龄结构、就业结构，发现《深标》的适用性问题，再重新调研人口结构、社区需求，并制定针对性标准，综合解决教育缺口的问题。规划自2016年实施以来，坪山的学位缺口已经基本解决，而深圳其他区政府、区领导还在为学位短缺问题发愁，所以这方面经验值得深入总结。

还有片区统筹案例，很像台湾地区的市地重划，但是具体做法差别很大，很多人在研究市地重划，但那是基于资本主义制度以及土地私有背景之下的，我们更应该深入探索和总结深圳坪山的更新统筹模式，因为这才是基于社会主义土地公有制下的存量土地开发模式。

总之，我们要好好总结坪山模式，把它写成书，写成论文，让更多人学习、研讨。深圳今天遇到的问题，其他城市也正面临或者将来要遇到，我期待坪山的规划师们深入比较坪山与其他地方做法的异同，并进一步探索坪山经验对其他地方的启示。从解决存量发展的思路，保障公共利益的机制，营造高品质城市空间的手法等方面，总结提炼存量规划的坪山模式。也请来自全国各地的专家给坪山的好案例总结出谋划策，推动深圳经验走向全国，先行示范。

（本节点评嘉宾：陈义勇副教授，深圳大学建筑与城市规划学院）

面向实施的规划编制启示意义

我在具体评议之前还要跟各位专家、在线观众简单解释一下坪山案例跟其他案例之间的区别。规划有两类案例，一类是大案例，有理论阐述还有深入的案例分析，这次要研讨是另外一种新型的案例方式，更多是比较短的案例，浅显易懂，更强调实践性，强调对规划师实践的启示和借鉴作用，这也是这六个案例以及后面二十多个案例的出发点。

基于这个出发点，可以看到今天上午分享的案例特别好，都是以坪山为具体区域，做的全方位的规划。之前我们在城市规划、城乡规划过程中更多侧重于传统规划类型，比如总规、详规这种以土地资源分配为主体的规划。但在现实城市发展中需要更多类型的规划，例如地名规划、教育规划，这些也是空间规划中非常重要的相关联的规划。未来随着城市的发展，如果要实现精细化管理，就需要这些规划跟空间规划共同推动城市的发展。随着城市越复杂，需要统筹协调的内容越多，也要越深入。从这一点来讲，我觉得今天上午的案例特别好，因为它是全方位的规划。

我跟前面几位专家，尤其是跟叶老师、正峰教授的观点一致，案例介绍时除了讲结果是什么，还需要讲讲为什么会形成这种结果，我们都希望向深圳学习。深圳是改革开放的前沿，有很多制度创新，但没有一个创新是一帆风顺的，刚开始都会面临很多问题、很多困境、很多矛盾，很多利益主体需要相互衔接。因此我们更想知道它是怎么实现创新的。例如深圳是如何用创新的方式、埋头苦干的方式，以对问题不推诿、处理问题现实态度的方式创新机制。我想这不仅有益于坪山的发展，对于深圳也有很重要的启示，对于很多南方、北方的其他城市也有很大启示。目前就全国的经济发展来看，南方城市比较活跃，北方城市活跃度要低很多。这里面有大环境的影响，但跟地方管理机制、创新机制都有非常大的关系。深圳坪山的案例应该加强对过程的描述和分析，让大家知道这些创新机制、创新做法、创新型规划是怎么来的。

因为在深圳待得时间比较长，我个人非常赞同深圳市政府的很多做法，我不认为深圳的政府是弱势政府。这种弱势恰恰体现了尊重社会、尊重市场规律。深圳的更新做法肯定不是全都正确，比如补偿过高，但更新的过程实际上是政府、集体、社会、村民之间的利益协调。至于是不是在某些方面（如村民）补偿过高还可以再商量，最终实现的是动态平衡。我非常敬佩深圳的很多做法，它本身也在不断探索，例如当补偿过高时就叫停，看看是不是可以往下调一调，到市场活跃度不足时，就考虑是不是可以适当激励市场。

编制规划可能一次就编成，但实施的过程中，很多实施方法和工具是动态调整的，想一次制定出一个效果非常好、非常完美的政策不太现实。敢于探索、敢于创新，尊重市场主体、尊重村民，有服务社会、服务市场的意识，这非常重要，这是深圳作为社会主义改革开放前沿和社会主义制度探索的先锋城市所应肩负的责任。我们也希望未来从这些案例中看到创新的过程。通过展示这个过程，相信能给其他地方的规划实践带来很多启示和帮助。

（本节点评嘉宾：张磊教授，
中国城市规划学会规划实施学术委员会秘书长，中国人民大学公共管理学院）

参考文献

[1] 毕波 . 浅议新常态下城市基础教育空间规划转型思路 [C]// 中国城市规划学会 . 新常态：传承与变革——2015 中国城市规划年会论文集（06 城市设计与详细规划）. 北京：中国建筑工业出版社，2015：13.

[2] 陈敦鹏 , 李蓓蓓 , 蔡志敏 . 转型发展期公共设施规划标准研究 [J]. 规划师，2013，29（6）：52-56.

[3] 陈宏军，施源 . 城市规划实施机制的逻辑自洽与制度保证——深圳市近期建设规划年度实施计划的实践 [J]. 城市规划，2007（4）：20-25.

[4] 陈志杰，许文桢，唐艳 . 基于利益统筹的片区城市更新模式初探——以《深圳市大鹏新区葵丰片区城市更新统筹》为例 [C]// 中国城市规划学会 . 活力城乡 美好人居——2019 中国城市规划年会论文集（02 城市更新）. 北京：中国建筑工业出版社，2019：8.

[5] 程永辉，刘科伟，赵丹，等 . "多规合一" 下城市开发边界划定的若干问题探讨 [J]. 城市发展研究，2015，22（7）：52-57.

[6] 戴小平，赖伟胜，仝兆远，等 . 深圳市存量更新规划实施探索：整村统筹土地整备模式与实务 [M]. 北京：中国建筑工业出版社，2019.

[7] 丁洁芳，汪鑫 . 我国城市产业规划研究进展与展望 [C]// 中国城市规划学会 . 共享与品质——2018 中国城市规划年会论文集（16 区域规划与城市经济）. 北京：中国建筑工业出版社，2018：10.

[8] 段磊，许从强，岳隽 . 深圳 "整村统筹" 土地整备改革：坪山实验 [M]. 北京：中国社会科学出版社，2018.

[9] 段晓梅，刘红 . 地方政府投融资平台建设的框架研究 [J]. 社会科学家，2009（12）：108-110.

[10] 傅一程，吕晓蓓 . 城市更新中基础教育设施空间配给研究——《深圳市罗湖区笋岗片区教育资源梳理与布局》的规划实践 [J]. 上海城市规划，2017（5）：40-44.

[11] 高军波，余斌，江海燕 . 转型期基础教育设施供给模式演变及其驱动机制研究——以广州市花都区为例 [J]. 城市发展研究，2012,19（9）：81-87.

[12] 顾明远 . 学习和解读《国家中长期教育改革和发展规划纲要（2010—2020）》[J]. 高等教育研究，2010，31（7）：1-6.

[13] 郭存芝，凌亢，白先春 . 城市化与我国基础教育资源的优化配置 [J]. 中国人口・资源与环境，2008（1）：128-132.

[14] 郭全 . 基于 GIS 的城市基础教育资源布局均衡性研究 [D]. 兰州：兰州大学，2011.

[15] 韩娇，王卫城 . 双轨城市化向并轨城市化转变进程中的深圳社区转型与规划变革 [J]. 规划师，2012，28（7）：28-31.

[16] 姜秋全，刘昆轶，陈浩 . 空间规划与产业发展的互动研究与实践——以株洲产业新城为

例 [J]. 城市规划学刊，2012（S1）：211-215.
[17] 阚凤芹 . 浅析我国土地权属争议及处理 [J]. 中国土地科学，1994（4）：39-43.
[18] 李佩娟 . 快速城市化背景下的城市地名规划编制探讨——以厦门市为例 [J]. 规划师，2008（8）：45-48.
[19] 李伟，资亮，宫朝岩 . 通过投融资规划优化城镇开发流程 [J]. 系统工程理论与实践，2007（3）：50-55.
[20] 林楚娟，庄毅璇，戚月昆 . 香港地铁及上盖物业开发情况调研及其对深圳市地铁上盖物业开发建设的启示 [J]. 科技和产业，2011，11（12）：143-146，150.
[21] 林强 . 城市更新的制度安排与政策反思——以深圳为例 [J]. 城市规划，2017，41（11）：52-55，71.
[22] 林雪艳 . 社区发展规划编制方法探讨——以上海宝山区吴淞街道社区为例 [J]. 规划师，2007（10）：48-51.
[23] 刘永红，刘秋玲 . 深圳市近期建设规划年度实施计划制度探索与实践 [J]. 规划师，2011，27（3）：66-69.
[24] 倪梅生，储金龙 . 我国社区规划研究述评及展望 [J]. 规划师，2013，29（9）：104-108.
[25] 牛汝辰 . 地名与城市规划 [J]. 北京测绘，1996（2）：34-36.
[26] 马奔，李竹颖 . 工业 4.0 时代产业园区发展和规划路径初探——兼谈对成都的启示 [J]. 城乡规划（城市地理学术版），2017：24-30.
[27] 庞金爽 . 香港地铁三十年“经营之道”的启示 [J]. 中国电子商务，2013（8）：265.
[28] 秦颖 . 基于区域综合开发的投融资规划思路探讨——以天津为例 [J]. 经济视角（下），2013（5）：27-28，114.
[29] 荣幸 . 电动汽车充电站选址问题研究 [D]. 北京：首都经济贸易大学，2017.
[30] 深圳市规划和自然资源局 . 关于深入推进城市更新工作促进城市高质量发展的若干措施 [Z]. 2019-06-11.
[31] 深圳市人民政府 . 深圳市近期建设规划 2009 年度实施计划 [Z]. 2009-05-12.
[32] 深圳市人民政府 . 深圳市近期建设规划 2010 年度实施计划及土地利用计划 [Z]. 2010-05-24.
[33] 深圳市人民政府 . 深圳市近期建设与土地利用规划 2011 年度实施计划 [Z]. 2011-07-27.
[34] 深圳市人民政府. 深圳市近期建设与土地利用规划 2012 年度实施计划 [Z]. 2012-07-03.
[35] 施源，周丽亚 . 对规划评估的理念、方法与框架的初步探讨——以深圳近期建设规划实践为例 [J]. 城市规划，2008（6）：39-43.
[36] 覃成林，黄龙杰 . 粤港澳大湾区城市间协同创新联系及影响因素分析 [J]. 北京工业大学学报（社会科学版），2020，20（6）：56-65.
[37] 汤海孺 . 构建推进城乡规划有效实施的新平台——杭州近期建设规划年度实施计划探索 [J]. 城市规划，2011，35（4）：49-54.
[38] 唐婧娴 . 城市更新治理模式政策利弊及原因分析——基于广州、深圳、佛山三地城市更

新制度的比较 [J]. 规划师，2016，32（5）：47-53.

[39] 万昆 . 基础教育设施布局规划实施制度探讨 [J]. 规划师，2011，27（2）：88-92.

[40] 汪晓茜，黄越 . 当前国际新能源汽车产业和充电设施规划发展综述及启示 [J]. 现代城市研究，2015（1）：107-116.

[41] 王吉勇 . 分权下的多规合一——深圳新区发展历程与规划思考 [J]. 城市发展研究，2013，20（1）：23-29，48.

[42] 王天义，朱鹏华 . 深圳经济特区 40 年对国家治理现代化的启示 [J]. 特区实践与理论，2020（4）：99-108.

[43] 王伟，朱洁 . 国土空间规划编制实施应设立投融资规划重点专题 [EB/OL].https：//mp.weixi.

[44] 伍笛笛，蓝泽兵 . 香港地铁带动城市经济转型升级的经验启示 [J]. 成都行政学院学报，2014（1）：61-64.

[45] 吴铎 . 城市社区发展规划的几个问题 [A]// 上海市社会科学界联合会，上海市民政局，上海市社区发展研究会，上海大学上海社会发展研究中心 . 社会转型与社区发展——社区建设研讨会论文集 . 2001：7.

[46] 谢英挺，王伟 . 从“多规合一”到空间规划体系重构 [J]. 城市规划学刊，2015（3）：15-21.

[47] 许世光 . 国家级新区近期建设规划编制的刚性与弹性策略 [J]. 规划师，2018，34（12）：90-95.

[48] 薛金鑫 . 边缘地区的社区与城市共融共生的规划指引探索——深圳市龙岗区同乐社区规划介绍 [J]. 南方建筑，2015（4）：25-29.

[49] 姚早兴，许良华，高宇，等 . 城市更新片区统筹规划实践——以深圳坪山为例 [C]// 中国城市科学研究会 . 城市发展与规划论文集 . 北京：中国建筑工业出版社，2017：5.

[50] 袁媛，柳叶，林静 . 国外社区规划近十五年研究进展——基于 Citespace 软件的可视化分析 [J]. 上海城市规划，2015（4）：26-33.

[51] 岳隽，陈小祥，刘挺 . 城市更新中利益调控及其保障机制探析——以深圳市为例 [J]. 现代城市研究，2016（12）：111-116.

[52] 岳升阳，杜书明 . 城市地名文化遗产评价体系及应用——以北京市牛街地区为例 [J]. 城市问题，2011（8）：66-71.

[53] 张澈杨，陈石 . 城市道路名称体系构建 [J]. 规划师，2014，30（6）：123-127.

[54] 张惠璇，刘青，李贵才 . “刚性 · 弹性 · 韧性”——深圳市创新型产业的空间规划演进与思考 [J]. 国际城市规划，2017，32（3）：130-136.

[55] 张磊 . “新常态”下城市更新治理模式比较与转型路径 [J]. 城市发展研究，2015，22（12）：57-62.

[56] 张鹏，张安录 . 城市边界土地增值收益之经济学分析——兼论土地征收中的农民利益保护 [J]. 中国人口 · 资源与环境，2008（2）：13-17.

[57] 张少康，杨玲，刘国洪，等 . 以近期建设规划为平台推进“三规合一” [J]. 城市规划，2014，38（12）：82-83.

[58] 赵琨，周琳 . “工业 4.0 时代” 产业空间规划的思路变革 [J]. 中国土地，2019（11）：37–39.

[59] 赵世佳，赵福全，郝瀚，等 . 中国新能源汽车充电基础设施发展现状与应对策略 [J]. 中国科技论坛，2017（10）：97–104.

[60] 郑明远 . 广州地铁 1 号线的沿线物业开发 [J]. 城市轨道交通研究，2003（5）：50–53，57.

[61] 中共中央国务院 . 粤港澳大湾区发展规划纲要 [Z]. 2019–02–18.

[62] 中国人民银行广州分行国库处课题组，徐宏练 . 经济新常态下地方财政体制问题的财力结构视角研究：演变趋势、负面影响及成因分析——以广东省为例 [J]. 西南金融，2019（9）：21–32.

[63] 周素萍，全世海 . 学习型城市评价指标体系的建立及应用研究 [J]. 开放教育研究，2014，20（4）：111–120.

[64] 庄京朴 . 多元主体参与社区治理问题研究 [D]. 南京：南京大学，2014.

[65] 邹兵 . 增量规划向存量规划转型：理论解析与实践应对 [J]. 城市规划学刊，2015（5）：12–19.